中国苹果病虫害图鉴

COLOR ATLAS OF APPLE DISEASES
AND INSECT PESTS IN CHINA

曹克强　　王勤英　　王树桐 ◎ 主编

中国农业出版社
北京

编辑委员会

主　　编：曹克强　王勤英　王树桐

副 主 编：李保华　孙广宇　张金勇　尹新明　王亚南　胡同乐
　　　　　孟祥龙

参编人员（按姓氏音序排列）：

曹洪建	曹钰晗	畅文选	陈汉杰	陈　曲	程助学
崔建军	戴蓬博	董建平	董燕红	董震杨	国立耘
韩立华	惠抗弟	冀子轩	江彦军	孔宝华	李　波
李　超	李东山	李东旭	李国安	李林光	李启敬
李夏鸣	李晓静	李玉玲	李云皓	李紫腾	练　森
梁晓飞	刘安泰	刘　君	刘　丽	刘利民	刘　猛
刘霈霈	刘　晓	刘　志	马　钧	马　明	毛艺萌
苗松辉	潘鹏亮	秦孟超	任红敏	任小林	邵建柱
石朝阳	司丽丽	宋　南	宋　扬	孙立志	孙梦伟
童金晖	王彩霞	王金政	王　磊	王　璐	吴　迪
席玉强	谢红江	徐秉良	杨廷祯	于松涛	张静怡
张莲英	张　荣	张　瑜	赵政阳	朱明旗	邹养军
俎晓明					

　　中国是世界第一大苹果生产国,苹果常年种植面积达
200万hm²,产量达4 000万t。苹果寓意平安,既是人们喜
爱消费的水果,又是果农和苹果产业从业人员的重要经济
来源。苹果广泛种植于山区,还发挥着水土保持、美化环
境等重要的生态功能。

　　病虫害是影响苹果产量和品质的重要因素,在生产上造
成重要危害的病虫害有上百种。这些病虫害可以危害苹果树
的地上部和地下部,病害可以引起组织坏死、腐烂、畸形、
变色、萎蔫等症状,害虫则通过咀嚼、刺吸等方式对树体
和果实直接造成各种伤害,严重的导致死树和毁园。不良
的气候、环境及生理因素也能对苹果造成伤害,我们把这
类病害称之为非侵染性病害,虽然这类病害不传染,但是
对苹果造成的伤害不亚于侵染性病害,如花期冻害往往会
导致当年苹果产量下降,对后续年份的生产也会造成不利
影响。

　　对病虫害的正确识别是进行科学防控的前提。受苹果
品种、气候、病虫害发生时期等因素的影响,各类病虫害
所造成的症状常发生各种变化,不同病虫害之间的症状极
为相似,即使有多年经验的技术人员也很难准确诊断。因
此,广大果农、基层农技人员、植保工作者及从事苹果病
虫害科研工作的人员急需一本图文并茂的工具书,以便为
苹果病虫害的识别防控和科学研究等工作提供参考。鉴于
此,笔者组织国家苹果产业技术体系植保团队,同时邀请
活跃于科研和生产一线的苹果病虫害研究人员编写了《中
国苹果病虫害图鉴》。以近20年来对我国苹果主产区的田间

实践、深入研究以及对国内外资料的汇总积累，用图文并茂的方式，呈现中国苹果病虫害发生全貌、背景知识和最新防控技术。本图鉴收录了苹果病虫害及天敌图片 1100 余幅（除特殊标注外，病害图片主要由曹克强拍摄，害虫图片主要由王勤英拍摄），包括苹果病害 51 种、害虫 54 种，以及害虫天敌 6 类，介绍的病虫害种类多、展示详细。此外，还对一些关键防控技术进行了图片展示，旨在更好地发挥实践指导作用。随着国内外贸易活动的开展，不断有新的病虫害传入苹果种植区，本图鉴收录了笔者发现且目前正在蔓延的新的危险性病虫害，体现了内容的新颖性。希望本图鉴能够帮助读者准确识别苹果病虫害，提升对这些病虫害发生规律的认识和防控水平。

　　受编者水平所限，书中内容难免有误，一些观点可能还需要更多的验证，欢迎同行和广大读者批评指正。

《中国苹果病虫害图鉴》编委会

2024 年 8 月

目录

第五章　苹果园有害生物的调查及预测

第六章　苹果园常用农药

第七章　苹果有害生物综合治理

第一章　苹果侵染性病害

第一节　枝干真菌病害

1. 苹果树腐烂病

苹果树腐烂病是我国苹果树上的重要病害，据资料记载，中华人民共和国成立以来苹果树腐烂病已经有5次发病高峰，第一次在1950年前后，主要发生地为辽宁省，平均株发病率达60%，造成150万株大树染病；第二次发病高峰在1960—1963年，发生地主要还是辽宁省，平均株发病率达50%～63%，导致24万株大树死亡，使辽宁省在中华人民共和国成立前栽植的大树大多残缺不全；第三次发病高峰在1976年前后，发生地扩展到渤海湾苹果产区，最高株发病率达70%左右，不少果园被毁；第四次发病高峰在1985—1987年，分布范围已扩展到渤海湾、黄河故道和黄土高原苹果产区，各地株发病率均达40%以上，导致1958年栽植的苹果树基本死亡。进入20世纪90年代后，我国苹果种植面积进入了一个快速增长期，种植面积逐年扩大，至1995年，全国苹果种植面积近300万 hm^2，由于新种植园较多，过去的老品种国光、秦冠和部分新红星等品种还未大量发病就大面积高接换头，或将老品种毁掉，重新栽植经济价值高的红富士、乔纳金等新品种，因此，在20世纪90年代，腐烂病没有表现出明显的发病高峰。然而，进入到2005年后，腐烂病开始表现出第五次高峰。2006年在陕西省礼泉县、旬邑县、铜川市、洛川县、澄城县5县（市）腐烂病发病株率5%以下的占10%，发病株率5%～20%的占10%，发病株率20%左右的占40%，发病株率30%左右、40%左右、50%左右的各占10%，发病株率50%～90%及以上的占10%。2007年成立国家苹果产业技术体系后，苹果病虫害防控研究室于2008年对我国10个省份的140个果园苹果树腐烂病的发生情况进行了问卷调查，结果显示平均株发病率已达52.5%。

这表明，苹果树腐烂病是随着我国苹果种植区分布扩大而随之扩展的，从渤海湾到黄河故道，再到黄土高原、西南冷凉高地等，目前我国凡是有苹果栽植的地区，基本都有腐烂病的分布。目前腐烂病是我国北方苹果产区为害最为严重的病害，也是对苹果生产威胁最大的毁灭性病害。目前陕西和甘肃是我国苹果种植面积最大的两个省份，腐烂病的发生也非常普遍，已经成为制约苹果产业发展的瓶颈。另外，该病在日本和韩国发生也比较严重。

症状

苹果树腐烂病主要为害枝干，一般进入结果盛期的树容易发病，新栽植的幼树如果管理不善也容易发病。在枝干上主要形成溃疡型和枝枯型两类症状，偶尔也可为害果实和果柄。在人工致伤接种条件下，病菌也可以侵染叶片，但在自然条件下一般不会发生。

（1）枝干溃疡型症状。多发生在主干、主枝上，春季2～4月是症状表现最明显和一年中发展最快的时期。发病初期病部表面红褐色、水渍状、略隆起，随后皮层腐烂，常溢出黄褐色汁液。病组织松软，湿腐状，有酒糟味。表面产生许多小黑点。根据笔者的观察，一年四季中只要遇有降雨、浓雾或降雪的天气，病斑上的小黑点都可溢出橘黄色卷须状孢子角。笔者研究发现，病原菌的分生孢子器在冬季也能释放分生孢子角，这在以前很少报道，但是这些分生孢子角却在病害侵染中发挥着十分重要的作用。

（2）枝干枝枯型症状。枝枯型症状多发生在二至四年生的小枝及剪口、果薹、干枯桩和果柄等部位。病斑红褐色或暗褐色，形状不规则，边缘不明显，病部扩展迅速，全枝很快失水干枯死亡。后期病部表面也产生许多小黑点，遇湿溢出橘黄色分生孢子角。枝枯型症状往往是由于枝的基部被病斑环绕，然后枝干因养分和水分的输导受到影响，而后病斑迅速扩展，导致整个枝干发病的一种表现。

总结溃疡型和枝枯型症状，可概括为：皮层烂，酒糟味，小黑点，冒黄丝。

（3）果实和叶片症状。人工制造伤口侵害果实后，在果实上产生近圆形或不规则形，黄褐色与红褐

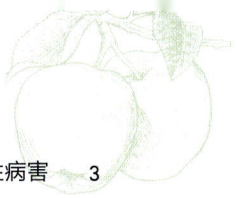

色相间的轮纹病斑。病斑边缘清晰，病组织软腐状，有酒糟味。后期病斑表面产生略呈轮纹状排列的小黑点，遇湿溢出橘黄色分生孢子角。在自然界，很少见果实发病。对离体叶片针刺接种腐烂病菌后，在保湿条件下，经过几天在叶片上就会表现出褐色坏死斑，并不断扩大，直至整片叶腐烂。可借此评价品种的抗性、病原菌的致病性、杀菌剂对病菌的抑制效果等。

病原

有性态为苹果黑腐皮壳（*Valsa mali* Miyabe et Yamada），属子囊菌门黑腐皮壳属真菌；无性态为壳囊孢（*Cytospora mandshurica* Miura）。子座瘤形或球状，位于寄主韧皮部内，子座着生位置较浅，菌丝则可以蔓延至木质部并沿木质部导管上下传导一定距离，病斑发展到中后期，在木质部的扩展长度一般长于其在韧皮部可见的病斑，病菌深达髓部后可以沿枝干上下扩展，表现出系统性传导。分生孢子器位于子座内，呈花瓣状分成几个腔室，有一个共同的出口。孢子梗排列紧密，呈栅栏状。分生孢子单胞、无色、腊肠状，大小为（3.6 ～ 6.0）μm×（0.8 ～ 1.7）μm。子囊孢子排列成两行或无规则排列，无色、单胞、香蕉形，比分生孢子稍大，大小为（7.5 ～ 10.0）μm×（1.0 ～ 1.8）μm。

病菌菌丝生长温度范围为5 ～ 38℃，最适温度为25 ～ 28℃，分生孢子萌发最适温度为23℃左右。然而，笔者研究表明，在5℃条件下处理6d，孢子萌发率可达90%以上，在0℃条件下处理18d也有67%的孢子能够萌发，因此，在冬季低温条件下，分生孢子具备萌发和侵染的能力。分生孢子和子囊孢子在蒸馏水或雨水中不易萌发，当给予一定的补充营养（苹果汁、苹果树皮煎汁、麦芽糖或蔗糖等）后，萌发良好。

侵染循环

腐烂病菌主要以菌丝、分生孢子器和分生孢子在田间病株及修剪下的病枝干上越冬，是病菌初侵染的重要来源。有些地方如甘肃等地发现病株上病菌的有性世代，经过有性生殖，病菌会发生更多的变异，包括致病力的变化，然而，子囊孢子在直接侵染中发挥的作用目前还不清楚。

腐烂病菌为弱寄生菌，病菌侵入后，首先在侵入点潜伏生存，如果树势健壮，抗病力强，病菌就不能进一步扩展致病，而长期潜伏。当树体或局部组织衰弱，抗病力降低时，潜伏菌丝才得以进一步扩展致病。病菌在扩展时，首先产生有毒物质杀死侵入点周围的活细胞，而后才能向四周扩展，致使树皮坏死腐烂。

调查发现在陕西、甘肃黄土高原苹果产区以及山东、河北渤海湾苹果产区，60% ～ 80%的腐烂病均发生在苹果树剪锯口部位，因此，剪锯口是最重要的侵入途径。由于苹果的修剪主要在冬季进行，冬季的伤口最不容易愈合，而冬季空气湿度大时，病菌依然可以产生分生孢子，这就造成病害通过修剪工具进行人为传播。试验还表明，越是在寒冷的月份修剪，通过修剪传病的概率越高。此外，病菌还容易在冻伤、机械伤口处已死亡的组织中生存扩展。落皮层也是病菌侵入的途径。所谓"落皮层"是指树体表面翘起的、鳞片状的、容易脱落的褐色坏死皮层组织。落皮层一般在6月上中旬开始形成，7月上旬逐渐变色死亡。由于落皮层组织处于死亡状态，并含有较丰富的水分和养分，因此为腐烂病菌生存扩展提供了良好的基质。落皮层是腐烂病菌潜伏生存的重要场所，也是枝干腐烂病发生的主要菌源地。在渤海湾苹果产区，苹果枝干轮纹病发生较为严重，发生轮纹病的部位，由于病瘤与周边健康树皮之间经常有裂缝，这些缝隙也是腐烂病菌侵染树体的通道。

腐烂病菌一旦引起发病，病斑可以周年进行扩展，直到环绕树体一周导致枝干或树体死亡。在病斑发展过程中，可以持续不断地形成分生孢子器及子囊壳，分生孢子随孢子角释放出来以后，可以对伤口处造成再侵染。

2016—2017年笔者采用分子生物学检测技术发现，海棠的种子以及由种子萌发形成的幼苗都可以检测出腐烂病菌。海棠通常作为苹果树的砧木使用，我们对新建园的健康树体进行检测也能发现腐烂病菌，只是不同的部位（木质部、韧皮部以及树体不同高度）含菌量有差异。因此，认为腐烂病菌具有内生菌的特性，也是一种机会致病菌，一旦树体内的病菌正好处在机械伤、冻害、日灼等伤口处或其他易感部位，即使没有外来菌源，本身树体所带的腐烂病菌也会从潜伏状态变为致病状态，导致树体发病。

腐烂病菌可以经种子和幼苗传带，这一现象的发现，进一步加深了人们对该病的认识，这一特性并不影响上述所谈的侵染循环，只是增加了在环境和自身条件适宜情况下，无外来菌源侵染也能发生腐烂病的情况。这也解释了为何一些远离病区的新建园也会发生腐烂病的现象。病原菌的潜伏侵染特点，也解释了为何腐烂病难以治愈以及病斑被治愈后会经常复发。

流行规律

腐烂病菌的传播主要靠分生孢子，通过雨水冲溅分散后随风雨进行传播扩散。另外，孢子也可黏附在昆虫体表，随昆虫活动迁飞而造成果园之间的传播。农事操作，尤其是修剪工具造成的交叉感染是园内病害传播的主要途径。病菌主要从伤口侵入，但也能从叶痕、果柄痕和皮孔以及树皮缝隙（包括枝干轮纹病病瘤造成的缝隙）侵入。侵入伤口包括修剪伤、冻伤、机械伤、虫伤和日灼等，其中以从剪锯口侵入导致的病疤最多。

该病一年有大小两次高峰，即春季发病大高峰和秋季发病小高峰。春季发病高峰一般出现在 3 ～ 4 月。此时树体经过越冬消耗，树干营养水平降低，再加上萌芽、展叶、开花，枝干营养大量向芽转移，营养状况更加恶化，导致树体抗病能力急剧降低。由于冬季造成很多剪锯口和病菌的侵染，随气温上升，病斑扩展加快，新病斑出现数量增多，外观症状明显，病组织软腐状，酒糟味浓烈，对树体为害加重。据调查，3 ～ 4 月出现的新病斑数量和同一病斑的扩展量均可占全年总量的70%左右，表现出明显的发病高峰。秋季发病高峰一般出现在7 ～ 9月。此时由于花芽分化，果实加速生长，枝干营养水平及抗病能力又一次降低，夏季修剪和扭梢等也容易造成一些新伤口，所以到秋季新病斑又开始少量出现，旧病斑又有一次扩展，形成秋季高峰。但与春季高峰相比，新病斑出现数量及旧病斑扩展量仅占全年总量的20%左右。

此病发生轻重与多项因素有关，如伤口、树势、气候条件以及果园的病菌数量等。

（1）伤口。

修剪伤：尤其是新造成的伤口，最容易被病菌侵染。经过一段时间愈合的老伤口不易被侵染。一年四季中春、夏、秋三个季节造成的伤口相对容易愈合，尤其是夏季，一般经过半个月以后即不容易再被侵染，而冬季修剪造成的伤口则长期不能愈合。研究发现冬季造成的伤口经过 1 个月后再接种仍可造成50%以上的发病率。加上冬季的伤口容易发生冻害，这样就造成冬季剪锯口往往会成为发病的部位（表1-1）。

表1-1　不同季节和新旧不同伤口条件下苹果树腐烂病菌的侵染发病率

不同处理	春季发病率（%）	夏季发病率（%）	秋季发病率（%）	冬季发病率（%）	平均发病率（%）
新伤口	40	90	20	80	58
15d 后的伤口	10	40	10	60	30
30d 后的伤口	10	0	10	50	20
平均发病率（%）	20	43	10	63	34

冻伤：苹果树受冻会造成冻伤，冻伤往往在树的向阳面，尤其是西南面，主要由于冬季没有叶片的保护，太阳光会直射树体表面，由于昼夜温差较大，向阳面极易造成褐色的冻伤和日灼伤。冻害还会造成树皮开裂，伤口部位易被腐烂病菌感染。

虫伤：天牛、吉丁虫等蛀干类害虫，无论是产卵造成的刻痕还是幼虫在枝干内的钻蛀，都会诱发腐烂病。2012年，新疆新源县反映，当地10万亩*野苹果林受到苹小吉丁虫的为害，造成大量死树。笔者赴现场调查后发现，吉丁虫的为害只是诱因，真正造成野苹果树大量死亡的是腐烂病。

（2）树势。腐烂病菌具有内生性和长期潜伏侵染特性。树势强壮时，抗病菌侵染及抗扩展能力强，病菌处于潜伏状态，虽然树体带菌但很少发病；树势衰弱加上有外伤时，抗扩展能力急剧降低，潜伏病

---

* 亩为非法定计量单位，15亩 = 1hm²，全书同。——编者注

菌迅速扩展蔓延，导致该病严重发生。一般幼年树和刚进入结果期的果树营养充分，树势壮，发病轻；而老年树营养缺乏，树势衰弱，发病重。果园增施有机肥、菌肥，土壤疏松、有机质含量高，树体抗性会增强。

土壤肥力不足、负载过重、不科学修剪和早期落叶病都是削弱树势的重要因素。一般来说，土壤有机质含量小于0.4%时，果树不能结果；有机质含量在0.6%时，每亩只能有400kg的产量。在我国苹果主产区，土壤有机质含量在0.8%时，属于一般果园水平。对于丰产园，果园的有机质含量一般要在1.2%以上。我国果园土壤有机质含量大都不足1%，在土壤肥力不足的情况下，片面追求高产，是果园树势偏弱的一个重要原因。

研究发现，黄土高原优势区90%的果园苹果树叶片钾含量偏低或严重不足，且显示树体钾含量与腐烂病的发生程度呈极显著的负相关关系。苹果树腐烂病病情指数与营养元素含量及其比例的相关分析发现：苹果树树势的强弱不仅受单个营养元素含量的影响，而且也受营养元素平衡的影响。特别是我国苹果优势区及特色产区苹果生产中偏施氮肥，但钾肥用量不足问题普遍存在。通过适当提高苹果树叶钾含量、降低叶氮含量，使氮、磷、钾含量及比例达到合理的水平，可以有效降低苹果树腐烂病的发生与流行。

（3）气候条件。气候条件中以温度与腐烂病关系最为密切。极端的高温和低温可以造成枝干的日灼和冻害，受伤部位是腐烂病发生的位点。冻害使树体抗病性降低，树体发生冻害之年及以后2～3年，往往腐烂病大发生。冻害除冬季低温对树体的直接伤害以外，还包括春季晚霜对树体的伤害。例如在2018年，我国黄土高原苹果产区花期遭遇低温冻害，当年产量减少10%～80%不等，冻害发生后，果农当年的管理放松，肥、水、药投入不足，夏、秋季叶部病虫害发生严重，由于树体养分积累不足，导致2019年春季腐烂病发生呈现加重趋势。我国东北和新疆苹果产区，由于冻害发生频次更多，相对于其他苹果产区来讲，腐烂病的发生状况也更加严重。

笔者研究发现，低温除可能对树体造成冻害等不利影响外，还能刺激腐烂病菌，反而使其致病力增强。

气候干旱，树皮含水量低，有利于枝干病斑的扩展，反之，降雨多有利于病菌分生孢子的释放和传播。遇到极端的气象灾害如冰雹，会造成很多树体的伤口，有利于腐烂病菌侵染。

（4）病菌数量。若果园中病菌基数高，传播蔓延快，会加重病害发生。有了病斑不及时治疗，上面产生大量孢子，分散传播，会增加树体的潜伏菌量，只要出现适宜条件，就会导致严重发病。不及时刨除死株，去除病死枝，或将病树、病枝在果园中堆积存放，有些果园用苹果枝作支架用于支撑结果枝或作为开角的支架，都会明显增加果园中的病菌基数。

枝干轮纹病发生严重的果园，由于枝干裂口增多，树势衰弱，也有利于腐烂病菌侵入树体和在枝干内扩展。

防治技术

根据国家苹果产业技术体系病虫害防控研究室的调查，60%～80%的腐烂病发生在剪锯口部位，人们主要在寒冬季节进行修剪，病原菌在冬季可以产生分生孢子并造成侵染，修剪工具是造成病菌传播的重要途径，因此，冬剪环节不注意对伤口进行保护是造成腐烂病大发生的重要原因之一。在果树管理中如强拉枝、大改型等操作，凡是造成伤口，都为病原菌的侵染创造了条件。由于人们对苹果树腐烂病发病规律认识不清，生产上主要还是以病疤治疗为主，且多在春季集中治疗，往往处于刮治—复发—再刮治—再感染—再复发这样一个恶性循环当中，这都是重治轻防错误观念带来的后果。

因此，为了有效防控苹果树腐烂病，要采取以强壮树势为基础，以保护剪锯口为关键，以防止日灼、冻害和虫害为前提，清除果园病死枝，喷药预防和及时刮治病斑，落实以预防为主的综合防治策略。

（1）壮树防病。

①合理施肥。合理施肥的关键是施肥量要足、肥料种类要全，提倡增施有机肥和秋施肥。土壤施肥方法与标准（按照亩产3 000kg标准测算）：在9月下旬或采收果实后立即亩施腐熟农家肥3～4m³，氮、磷、钾复合肥（15∶15∶15）150kg；来年春季5月每亩冲施99%硫酸钾30kg，7月每亩冲施99%硫酸钾30kg。根外追肥：6月中旬至8月中旬喷施0.3%磷酸二氢钾2～3次，可与其他药剂一起施用，不需单独喷施。

②合理灌水。秋季控制灌水，有利于枝条成熟，可以减轻冻害；早春适当提早浇水，可增加树皮的含水量，降低病斑的扩展速度。雨季注意防涝。

③合理负载。及时疏花疏果，控制结果量，不但能增强树势，减轻腐烂病，也能提高果品品质，增加经济效益。

④保叶促根。加强果园土壤管理，为根系发育创造良好条件，培育壮树；及时防治叶部病虫害，避免早期落叶削弱树势。

⑤预防冻害和日灼。对易发生冻害的苹果产区，提倡冬季对树干及主枝向阳面以及因腐烂病造成的裸露疮面涂白，或使用微生物菌剂轮纹终结者、腐轮4号等涂干，这两种涂干剂可以在树干上保留一年，能在每日下午温度最高时降低树体向阳面表面温度8～9℃，可有效避免日灼并减轻冻害发生的概率。

（2）推迟修剪、保护剪锯口，防止修剪工具造成交叉感染。研究表明，冬季用带腐烂病菌的修剪工具修剪健康枝条时，可以传播腐烂病。而且11月至翌年1月传播概率远高于翌年2～3月（图1-1）。因此，建议在不误农时的前提下，尽可能推迟冬季修剪的时间，或将冬剪改为早春修剪，以便伤口愈合。避免在大雾或降雪天气进行修剪，防止病菌产生的孢子角随着修剪工具进行人为传播。避免在同一枝段内留有多个剪锯口，被剪枝留3～5cm的短桩并立即涂抹药剂，药剂可以选用甲硫萘乙酸膏剂、腐植酸铜水剂、甲基硫菌灵糊剂等，这样可以预防绝大部分腐烂病的发生。

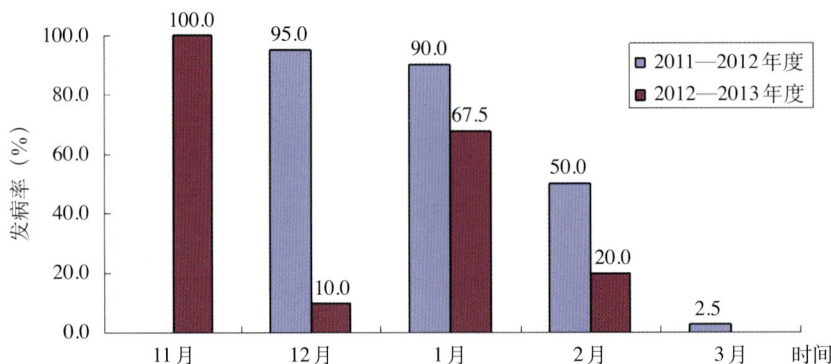

图1-1   不同时期带菌修剪工具导致的苹果树腐烂病发病率

（3）清除病菌。

①注意果园卫生。及时清除病死枝，刨除病树、残桩等。修剪形成的枝干要运出果园，这是降低果园菌量、控制病害蔓延的基本措施。

②生长季喷药。生长季腐烂病菌可以随风雨进行传播，可以结合对叶部病害的防治，喷药时使枝干充分着药，可以有效兼治腐烂病。药剂可选用抑霉唑、噻霉酮、戊唑醇、苯醚甲环唑、丙环唑等。

（4）预防蛀干性害虫。对天牛和吉丁虫等蛀干性害虫要加强防控，具体措施详见第三章有关害虫的防控措施。

（5）病斑刮治。及时治疗病斑是防止死枝、死树的关键。用刮刀将病组织彻底刮除并涂药保护。刮治法成功与否的技术关键点包括：一是彻底将变色组织刮干净，往外再刮1～2cm。二是刮口不要拐急弯，要圆滑，不留毛茬；上端和侧面留立茬，尽量缩小伤口，下端留斜茬，避免积水，以利愈合。三是涂药，可用甲硫萘乙酸、腐植酸铜、氟硅唑、苯醚甲环唑、菌毒清等药剂。此外，保护伤口的药剂必须具备三个特点，即具有铲除作用、无药害和促进愈合。3～4月为腐烂病春季发病高峰期，也是刮治病斑最为关键的时期。其他季节，只要发现病斑就要及时刮治，由于腐烂病菌有在木质部深层扩展的特点，因此刮治越早，越容易治愈，病斑复发率也会越低。

笔者研究表明，对刮后的伤口涂抹微生物菌肥（木美土里菌肥）与泥土按1：3配成的菌泥，然后再用布条或塑料薄膜包裹患处，这样治疗的病斑两年之内没有复发，其效果不亚于化学药剂防治，原因是伤口经过包裹，避免了树体水分的蒸发，保持了树势。如果同时在土壤中施入木美土里菌肥则效果更优。

为了帮助恢复树势，有经验的果农经常在刮治病斑以上的部位进行树体桥接，这也是缓解腐烂病对树体为害的一种方式。

彩图1-1　被苹果树腐烂病毁坏的果园及发病树

彩图1-2　单株苹果树腐烂病病斑，边缘组织已经愈合，中间木质部暴露并开裂

彩图1-3　腐烂病引起的伤流

彩图1-4　发生在苹果果台枝上的腐烂病症状

彩图1-5　腐烂病菌在木质部的扩展

彩图1-6　复发的苹果树腐烂病病斑

彩图1-7　春、夏、秋季雨后可见苹果树腐烂病溃疡型病斑及表面溢出的分生孢子角

彩图1-8　冬、春季降雪或大雾天果园及树皮上溢出的分生孢子角

彩图1-9　腐烂病菌的分生孢子角及树皮上的分生孢子器（右下图为分生孢子器放大，可见中心孔口和多个腔室）

彩图1-10　放大的腐烂病菌分生孢子角

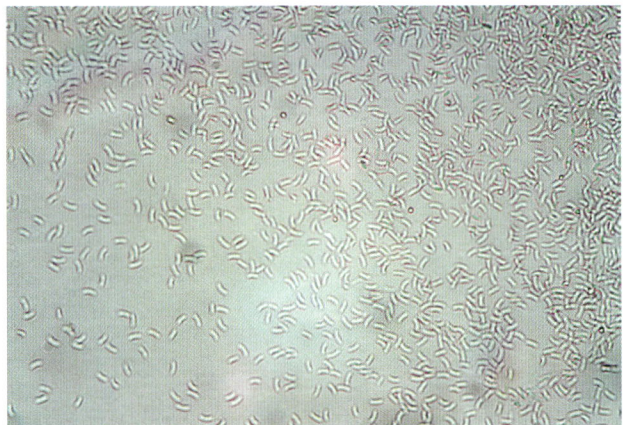

彩图1-11　分生孢子角遇水分散成大量分生孢子

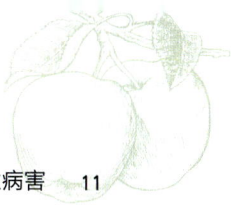

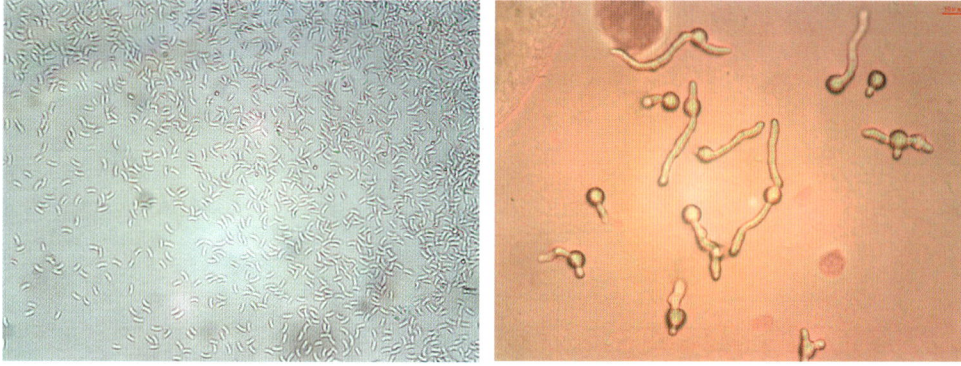

彩图1-12 腐烂病菌香蕉形分生孢子（左），萌发时膨大变成球形并长出粗壮的芽管（右）

彩图1-13 腐烂病菌的分生孢子器（左）和子囊壳（右）
（徐秉良提供）

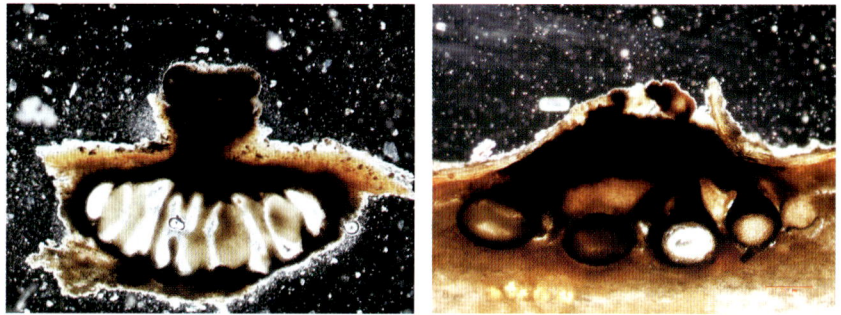

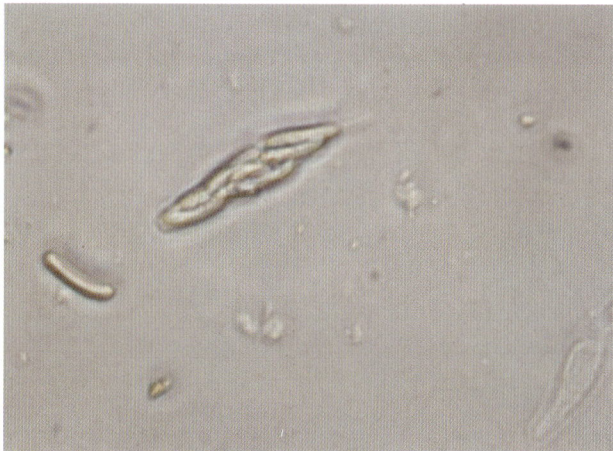

彩图1-14 腐烂病菌子囊及子囊孢子
（徐秉良提供）

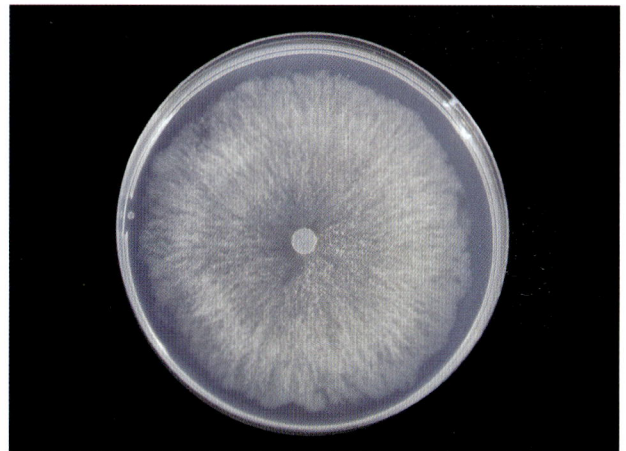

彩图1-15 腐烂病菌在培养基上的生长情况

彩图1-16 春季3～4月同一腐烂病病斑在1个月内的扩展情况

彩图1-17　剪锯口是诱发苹果树腐烂病的主要位点

彩图1-18　冻害引起的树皮开裂导致腐烂病发生

彩图1-19　由日灼损伤树皮引发的苹果树腐烂病　　　　　彩图1-20　锯掉腐烂病病枝时极易污染修剪工具

彩图1-21 枝干轮纹病造成的裂缝诱发腐烂病（深褐色病斑）（3张图片是同一部位不同深度的病斑）

彩图1-22 腐烂病导致新疆新源县大面积野苹果林枯死

彩图1-23 苹小吉丁虫钻蛀树干诱发腐烂病

彩图1-24 为防治苹小吉丁虫打孔注药诱发腐烂病

彩图1-25 苹果树腐烂病病斑的刮治和涂药

彩图1-26　修剪后涂药并适当覆盖有利于伤口愈合

彩图1-27　小枝修剪后及时涂药可预
　　　　　　防腐烂病

彩图1-28　试验展示裸露的木质部创面被塑
　　　　　　料布覆盖2h后可见大量树体汁
　　　　　　液蒸发，严重消耗树势

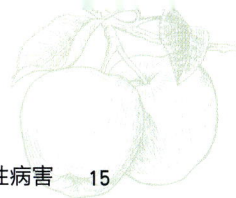

彩图1-29　刮除腐烂病病斑后涂抹菌肥与土壤1：3混合成的菌泥再包扎有利于腐烂病的控制

彩图1-30　根施菌肥有利于增强树势

彩图1-31　通过桥接缓解腐烂病对树体的为害

2. 苹果轮纹病

苹果轮纹病又称粗皮病、轮纹烂果病，与苹果干腐病以及欧美等国发生的苹果白腐病（white rot）属于同一种病害。苹果轮纹病是我国苹果上的重要病害，随着金冠、富士等质优但感病品种的推广，苹果轮纹病已成为生产上造成烂果的主要病害，一般不套袋果园发病率为10%～30%，重者可达50%以上，给苹果生产造成重大威胁。

苹果轮纹病以往主要发生在渤海湾苹果产区，进入21世纪后，随着东部产区带病苗木的调运，西部黄土高原苹果产区也开始陆续发生。目前，除新疆、宁夏、甘肃大部以及陕北部分区域未发现轮纹病外，其他大部分果区均有发生，尤以华北、华东地区最为严重。例如江苏北部和安徽北部的徐淮地区，河南、山东、河北、天津、北京、辽宁等省份，山西运城苹果枝干轮纹病的危害性已经超过腐烂病。2010年，在陕西省礼泉、扶风、白水、洛川等地都发现枝干轮纹病，2011—2012在甘肃礼县、灵台县也发现了该病。轮纹病在我国的发生呈现出由东部向西部转移的态势。

根据相关文献报道，1928年，在辽宁最先发现苹果轮纹病。20世纪80～90年代，果实轮纹病是渤海湾苹果产区的主要问题，一般果园烂果率为30%～50%，严重的果园甚至绝收。在20世纪末，随着果实套袋措施的推广，果实轮纹病的发生得到有效控制，但枝干轮纹病又成为生产上的主要问题。2007—2009年，经笔者对河北省10个地市200余个果园进行问卷调查及实地重点考察，发现唐山市枝干轮纹病病株率最高，达92%；其次是沧州，病株率为83.7%；再次是廊坊、衡水、石家庄和保定，病株率分别为78.3%、77.6%、77.3%和74.0%。其他渤海湾省份情况类似。

症状

苹果轮纹病主要为害苹果树的枝干和果实。

被侵染的枝干可表现出几种不同的症状，包括瘤状凸起、粗皮、溃疡斑、干腐型病斑和枯枝几种类型。被侵染的果实通常初期产生褐色具同心轮纹的病斑，进而扩展形成果腐。

（1）枝干病瘤。新发病的幼树主干或大树的侧生枝条通常以皮孔为中心形成一个中心隆起的小瘤，质地坚硬。随着病害的发展，小瘤逐渐变大，病健组织之间开裂，病斑四周隆起，形成裂缝，病斑边缘翘起如马鞍状。瘤状凸起是苹果树抗病的一种表现，通过组织增生来抵御病菌在组织内的扩展，当树体生长健壮、树皮含水量较高时，这种症状出现较多。也有极个别情况下，寄主抗性较强时，少数病瘤可以自行脱落，树皮上显示出脱落痕。

（2）枝干粗皮。病瘤进一步发展，由小变大，数量由少变多，3～5年后病瘤密集的部位出现粗皮，表面粗糙、变厚，严重时整个主干及主枝会被一层厚厚的粗皮所包裹，犹如柳树皮状，消耗果树大量营养。如果幼树中心干被包裹一圈，其生长会受到严重制约，不再长高，变成小老树。

病瘤和粗皮是轮纹病在枝干上最为广泛的症状表现。

（3）枝干溃疡斑。初期以皮孔为中心形成暗褐色水渍状病斑，圆形或扁圆形，5～6月病部可见褐色的汁液流出，这一阶段通常称为溃疡斑。如不小心，很容易把这种情况判断为腐烂病。这类症状出现较少，有时在成龄树的树干上会见到。

（4）枝干干腐型病斑。在树体水分含量低时，被轮纹病菌侵染后树皮容易形成干腐型病斑。这类病斑深褐色、略凹陷并可扩大连片，病部表面密生隆起的细小点粒，成熟后突破表皮，即病菌的分生孢子器或子囊壳，这一阶段通常称为干腐型病斑。后期，枝条的病、健交界处往往裂开，有时病皮翘起或剥离。病变一般局限于树皮表层，发病严重时数个病斑相连，深度可达木质部。干腐型病斑多发生在剪锯口周边、受日光照射的枝干向阳面，刚栽植的幼树没有及时供水也会出现这种症状。

（5）枯枝。枯枝症状常见于一年生枝条，常发生于春季干旱时期，整个枝条失水枯死。上面遍布细小点粒，即病原菌的分生孢子器或子囊壳。修剪下来的健康枝条在放置一段时间后，就会变成枯枝，仔细观察会发现外皮上生出密密麻麻的小黑点，这些剪下来的枝条如果不及时移出园外或经粉碎后还田，

会变成重要的初侵染来源。

（6）果实症状。典型症状为褐色轮纹状腐烂斑，通常在采收前4～6周至贮藏期发生。初期是以皮孔为中心形成的棕褐色水渍状病斑，后逐渐扩大，病部果肉部分迅速腐解，表面可见清晰的同心轮纹，温度适宜时，整个果实可在几天内腐解。田间发病的果实，后期病斑中心部位通常可见黑色颗粒状物，即病原菌的分生孢子器。通常，在温度较高（25～30℃）时发病的病果，病部为浅棕褐色，质地较软且水分多。温度较低时，病斑颜色为深棕褐色，质地也较硬。

病原

苹果轮纹病的病原菌为葡萄座腔菌 [*Botryosphaeria dothidea* (Moug. ex Fr.) Ces. & De Not.] 和粗皮葡萄座腔菌 [*Botryosphaeria kuwatsukai* (Hara) G.Y. Sun & E. Tanaka]，均属子囊菌门，无性阶段为七叶树壳梭孢（*Fusicoccum aesculi* Corda.）。病原菌的菌落初期为白色，菌丝无色透明，后期菌落颜色逐渐加深呈灰黑色。病原菌的分生孢子器球形，聚生，在果实病斑中央、开裂的小瘤表面、干裂的溃疡斑和枯枝上都可见到，以溃疡斑和枯枝上产生的分生孢子器最多，菌量最大，果实上只有在后期才产生分生孢子器和分生孢子。分生孢子单胞，无色，纺锤形。

病原菌的有性阶段产生假囊壳，通常产生于一年生或多年生的呈干腐型或枯枝型症状枝条的表皮下，呈褐色，球形或扁球形，具孔口。子囊长棍棒状，无色，壁厚透明，双重膜，顶端膨大，基部较窄，内含8个子囊孢子。子囊孢子单胞，无色，椭圆形。葡萄座腔菌的寄主范围很广，除侵染苹果外，还能侵害梨、桃、李、开心果、核桃、槐树等多种果树和林木。

侵染循环

病原菌通过皮孔和伤口侵入树皮。4月，病斑开始扩展，5～6月病斑扩展快，发病严重的枝条或主干上，常可见褐色的汁液流出。7月以后，扩展停顿，病、健交界处出现裂纹，病斑干枯翘起。新形成的病瘤在当年很少形成分生孢子器，直到第二年和第三年分生孢子器才大量形成并产生分生孢子。而新形成的干腐型病斑和枯枝上，当年就可以形成分生孢子器和子囊壳并在条件适合时释放大量分生孢子。笔者在河北保定的田间定点观察发现，6月20日前后遇有降雨，病斑组织内的分生孢子器会大量释放分生孢子，说明此时的分生孢子已经成熟，并适合进行侵染。因此，这段时间也是防控病菌侵染的关键时段。

病原菌可通过皮孔和伤口侵入果实，5月初的幼果至采收前的成熟果均可被侵染。但田间侵染多发生在6～8月的雨季。果实发病多在采收前后。葡萄座腔菌的侵染具有潜伏特性，病菌在幼果中的潜伏期长，可达80～150d，在成熟果中的潜伏期短，约20d。贮藏期发病的果实都是田间侵染造成的。

病原菌以分生孢子和子囊孢子在被侵染的枝干上越冬，分生孢子通过雨水传播，子囊孢子则通过雨水和气流传播。

流行规律

自然条件下，由于病菌侵染后潜伏期很长，因此轮纹病在田间的再侵染作用不是很大。枝干轮纹病具有积年流行性病害的特点，然而，由于苹果属于多年生果树，病菌一旦与枝干建立寄生关系，可以长年在枝干上定殖，病原菌的数量很大，因此，在苹果果实不套袋的情况下，有时即使只有一两次降雨后引发侵染（均为初侵染），果实发病率也可高达70%～80%，显示出单年流行性病害的发病特点。苹果轮纹病的症状表型、发病程度和流行受气候因素、寄主生长状况、品种及管理措施等因素影响。

（1）品种。现有的主栽品种中富士、金冠、元帅等品种都表现为感病。富士约占我国苹果总面积的70%，这也是轮纹病发生如此广泛的基础。国光上的轮纹病发病较轻，进一步研究发现苹果种质资源与苹果轮纹病菌间的抗感关系复杂。不同的种质资源在果实的发病率、潜伏期和病斑大小上均存在极显著差异；同一种质资源接种不同的轮纹病菌菌株后在发病率、潜伏期和病斑大小上也存在显著差异。目前发现的高抗果实轮纹病的苹果种质资源有珍宝、金沙依拉姆和红玉；对枝干轮纹病的抗性研究发现，野生苹果资源及中国苹果栽培种普遍较西洋栽培苹果抗性高。但是，研究中也发现，同一品种的果实抗病性与枝干抗病性不相关，这给抗病品种的利用带来了挑战。

（2）气候。温暖、多雨地区和降雨早、降水量大的年份发病严重，我国渤海湾苹果产区年降水量高，发生较为严重，黄土高原苹果产区降水量少，发病相对较轻。但是，近十几年来陕西的气候条件也在不断发生变化，绿化条件越来越好，降水量也在逐年增多，轮纹病也有逐年加重的趋势。枝条发病的症状和严重程度与寄主的生长状况和环境条件相关。枯枝型症状通常出现在干旱少雨的季节或枝干向阳部位。当树皮含水量降低到一定水平以下时，潜伏的病菌即扩展致病。

（3）管理。

①果树修剪。修剪是重要的田间管理措施，如果不进行剪锯口保护，剪口周边组织特别容易被病菌感染并形成溃疡型病斑，失水后表现干枯，上面有很多小黑点，即病菌的分生孢子器，降雨时病菌会从分生孢子器溢出，顺流水由上至下传染，在下部形成病瘤。有伤接种条件下，通常引起溃疡症状。无伤接种通常形成小瘤，小瘤的形成与树体的生长状况密切相关。5～7月侵染，通常当年发病形成小瘤，7月之后侵染，通常第二年才形成小瘤。症状的表型除与伤口有关外，还与寄主的生长条件相关。春季定植的树苗，易在缓苗期发病，展叶之后，病势减缓，扩展停顿。

②果实套袋。据调查，套袋果烂果率多在2%以下，不套袋果烂果严重。正因为套袋措施在全国的推广，人们放松了对树体的保护，使得枝干轮纹病在20世纪90年代以来逐年加重。因果实套袋费工、费时、成本高，果农对无袋栽培的呼声越来越高，但是，对于一些老果区，枝干轮纹病斑痕累累，病原菌基数巨大，这些区域要想不套袋，难度很大。若没能对果实做好药剂保护，夏季的一次降水就会使收获前后的烂果率大幅提高。果实套袋是防止果实发生轮纹病最重要的措施。果实套袋一般在5月下旬和6月上旬幼果期进行，6月中下旬当病原菌大量释放时，果袋提供了很好的物理保护作用，避免了病菌的侵染。此外，套袋果实外观光洁、果色鲜亮，所产果实适储性更好、果品更加安全，更受消费者青睐。

③苗木调运。根据笔者观察，苗木生产过程中留在砧木上的剪口非常容易被轮纹病菌侵染，从而形成干腐型病斑，以往人们所说的干腐病实际就是轮纹病，只是在不同条件下的不同表现。遇到枝干缺水时，经常造成干腐型病斑，不缺水时常造成病瘤或粗皮。剪口处的干腐病斑一旦遇雨，就会产生分生孢子并侵染下部的砧木。2013年，国家苹果产业技术体系病虫害防控研究室专门对近年推广的矮砧密植园进行了春季病害发生情况调研，发现枝干轮纹病是威胁矮砧密植栽培模式最严重的问题，几乎所有调查园都有轮纹病，严重的发病率达80%以上，其发生都是从主干下部向上发展，很明显这是由于苗木带菌所致。有研究表明，轮纹病菌在田间随风雨传播，其有效传播距离仅为几十米到上百米，从全国的发生情况来看，轮纹病从东部省份向西部省份的转移主要是通过带病苗木的调运。因此，加强苗木质量管理，防止病苗异地转移，是从根本上控制新建园轮纹病的措施。

（4）树势。树势的强弱与病害的发生与否关系很大，近年来，红富士苹果普遍存在环剥次数过多、环剥口过宽、超负荷生产、大小年严重、不施或很少施有机肥等现象，造成树势过弱，枝干轮纹病严重，病瘤多，果园病原菌基数大。

矮砧密植栽培的苹果树树体较小，树势相对较弱，如果保护不好的话，轮纹病对矮砧密植苹果树造成的伤害会更大。

在同一棵树上，我们也观察到病瘤的发生一般始于下部的主干，以后会沿主干向上扩展，有的可高达2m，而主枝上病瘤很少，侧枝上病瘤更少。从病原菌随风雨传播的特点来看，同一棵树高处的中心干表现出症状，而下部的主、侧枝症状不明显，并不是下部枝干内没有病菌，而是这些主、侧枝内含营养物质较多，抗性相对较强，抑制了症状的表现。随着时间的延续，主枝和侧枝也会陆续发病，只是时间较主干和中心干要晚。由于有这样的特点，因此在评价枝干轮纹病发生等级时，我们将发病程度分成以下几级，供读者参考：

0级：树体健康；

1级：只有树体主干有病瘤，病瘤面积占树干的10%以下；

2级：树体中心干有病瘤，病瘤面积占树干的10%～30%；

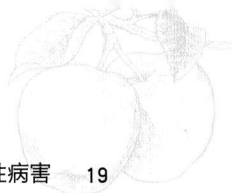

3级：主枝上表现病瘤，病瘤面积占树干的31%～50%；

4级：侧枝上有病瘤，病瘤面积占树干的50%以上。

防治技术

对苹果轮纹病的防控要以使用健康苗木为前提、以增强树势为基础、以新建园和轻病园防侵染为关键，结合清除田间侵染源、果实套袋、喷药保护和采后低温贮藏等措施。

（1）加强栽培管理。苗圃应该设在远离病区的地方；在砧木上嫁接品种时，尽量不用芽接方式，如果采用了芽接，在早期剪砧时，不留干桩，使剪口在出圃前达到完全愈合；起苗和运输过程中应注意包装和保湿，避免造成机械伤，防止苗木失水。

建园时，选用无病苗木，即基砧和嫁接品种树皮上不带病瘤；加强肥水管理，增强树势；如果幼树上发现病斑或病瘤，发病严重的应该及时剔除，对于发病轻的，无法替换时，可将病瘤刮除，然后涂药保护。建园栽植时要及时浇水，有条件的地方要将树苗套塑料膜袋进行保护，下部扎紧以防被风吹跑，直到苗长出幼叶再去掉塑料膜袋，这样可以防止树苗抽条，也可以预防黑绒金龟子对幼芽的啃食。

后期管理上，可通过生草和增施有机肥等，提高果园土壤保水能力；旱季进行灌溉，提高树体抗病能力；合理疏果，控制负载量。

（2）树体保护。对于新建园或枝干轮纹病轻发生园要对树干进行涂药保护。根据笔者的试验，每年入冬前或早春在树体主干部位涂抹微生物菌剂轮纹终结者1号，可以在生长季有效保护树干免受病原菌的侵染，入冬前涂刷兼有一定的防日灼和防冻害的作用。因树体生长季会不断变粗，涂层到秋季会逐渐脱落，因此，每年要涂抹一次。实践证明，涂干保护是预防枝干轮纹病发生最为有效的措施。

（3）清除田间侵染源。轮纹病的越冬菌源，主要来自于枝干轮纹病病瘤、干腐病斑、枯死枝、枯桩、支棍等。轮纹病菌分生孢子器可陆续释放孢子6年以上，其中3～5年生孢子器释放孢子最多。据调查，凡是铲除轮纹病菌越冬场所彻底、病原菌基数小的果园，轮纹病发生就轻；铲除不彻底，枝干病瘤、病斑、枯枝、干橛残留多的果园，烂果就重。春季结合清园，剪除病枝，对剪锯口一定要涂伤口愈合剂进行保护。否则剪口处很容易被病菌感染而形成干腐型病斑。刮除枝干上老翘皮时一定要轻刮，否则会伤及树皮，对树体造成更大的伤害。将修剪下来的枝条集中销毁或深埋，也可以经粉碎后撒施于果园，经微生物腐解后会变为有机养分。如果用枝干作支撑，应该将表面的皮层去除。

（4）生长期喷洒药剂保护果实和枝干。从幼果期开始，5～7月，根据降雨及田间发病情况，每间隔15～20d喷洒1次药剂，以6月下旬和7月上旬的喷药最为关键，雨前喷药预防侵染的效果更好。目前常用杀菌剂中对轮纹病有效的包括克菌丹、多菌灵、代森联、戊唑醇、己唑醇、吡唑醚菌酯、代森锰锌、甲基硫菌灵、苯醚甲环唑。以这些药剂为主的复配制剂对苹果轮纹病也有较好的效果，而且可以兼治其他叶部和果实病害。如戊唑·多菌灵、丙唑·多菌灵、唑醚·代森联、克菌·戊唑醇、多·锰锌。每次施药都应该使药液遍布果实、叶和枝干。

（5）果实套袋。在北方大部分果区，套袋通常应在5月底进行，6月初完成。套袋前应施用1遍杀菌剂，待药液干燥后即可套袋。果实套袋后不能放松对叶片、枝干病害的防治。一般在果实着色期，通常是采收30d前摘袋。摘袋后如遇降雨，应该喷施1次杀菌剂保护果实。

（6）贮藏期防治。对于准备贮藏和运输的果实，应严格进行挑选，剔除病果和有损伤的果实，可以通过药剂浸洗或熏蒸对果实表面进行消毒，然后放置在0～5℃下贮藏，对预防贮藏期发病效果显著。

彩图2-1　苹果果实轮纹病侵染点

彩图2-2　苹果果实轮纹病轮纹状腐烂

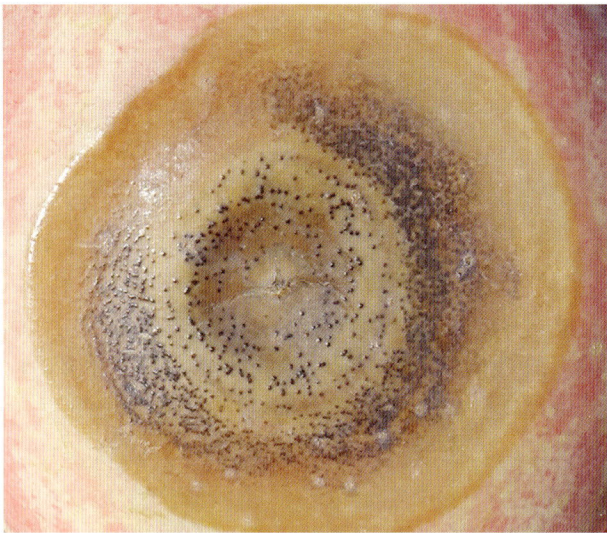

彩图2-3　苹果果实轮纹病病斑上出现小黑点

彩图2-4　苹果果实轮纹病果内半圆形腐烂

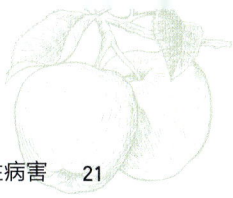

彩图2-5 苹果主干和中心干上的病瘤（病瘤发展由下到上，由少到多，最后变为粗皮）

彩图2-6 苹果轮纹病溃疡型病斑的发展过程（皮孔发病到大面积发病，小黑点为病菌的分生孢子器）

彩图2-7 轮纹病菌侵染主干引起的伤流 [(多出现在5～6月)，树势强壮后个别病瘤能自行脱落]

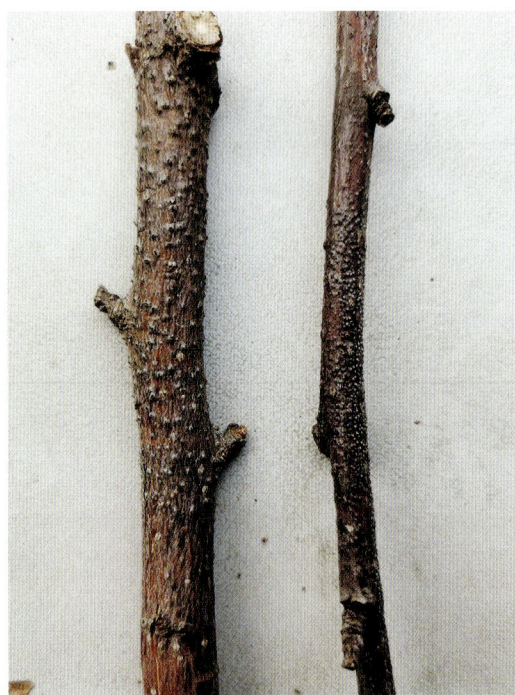

彩图2-8 枝条上轮纹病造成的小黑点（右）比腐烂病造成的小黑点（左）小而密

彩图2-9 轮纹病菌侵染先在苹果枝上形成病瘤，后扩展形成溃疡型病斑

彩图2-10　对病枝上单个病瘤从上到下横切，显示病菌分生孢子器在病瘤上的分布

彩图2-11　修剪下来的健康枝条放置2～3个月后上面形成很多小黑点，切开后可见分生孢子器

彩图2-12　病枝分生孢子器的逐级放大（中空的孢子器表明分生孢子已经释放）

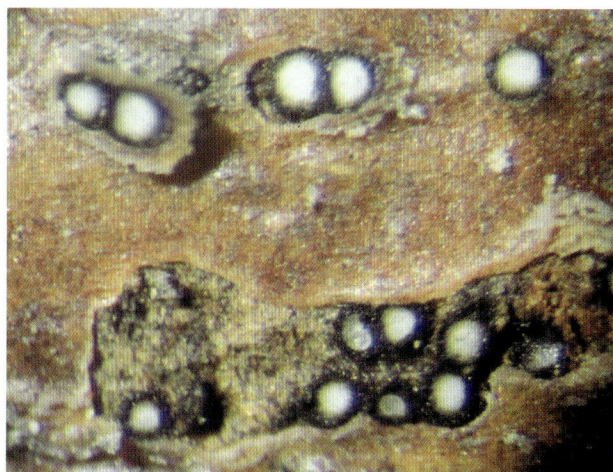

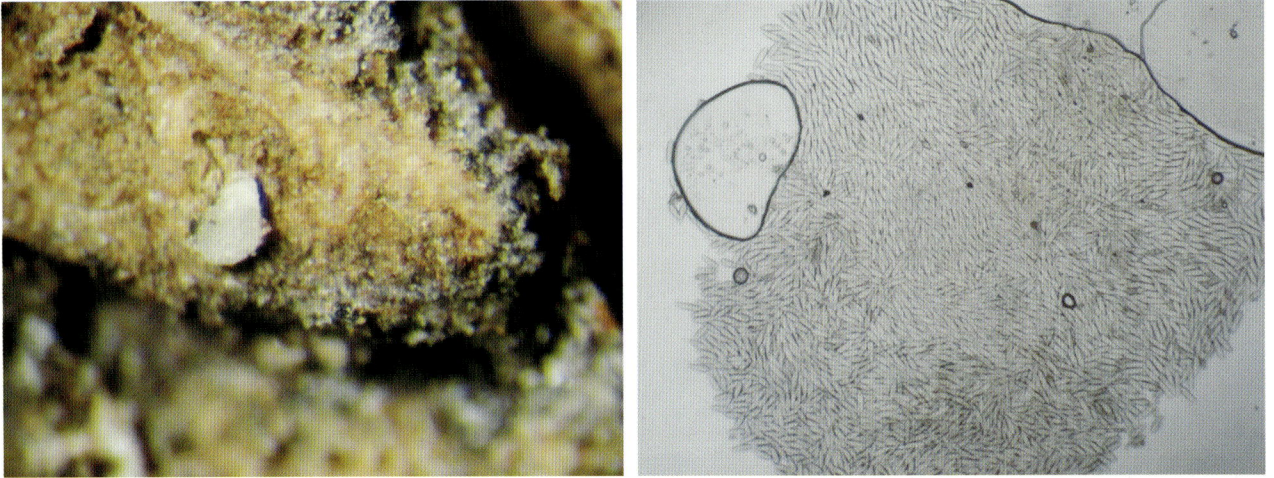

彩图2-13　将分生孢子器内的分生孢子团挑出，在显微镜下可见大量分生孢子

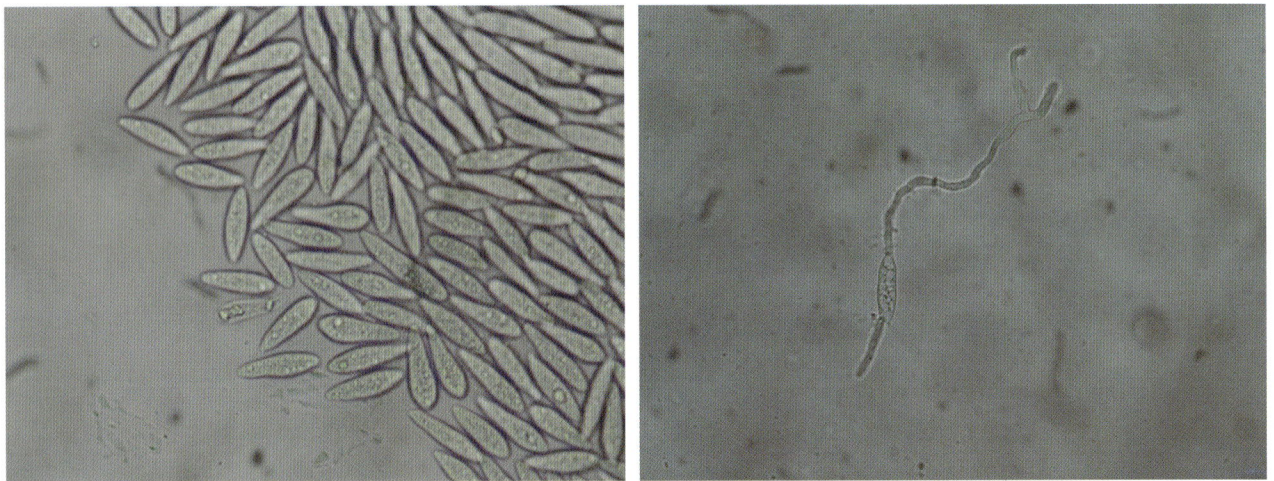

彩图2-14　苹果轮纹病菌分生孢子及其萌发

彩图2-15　用病枝段在田间接种，雨后发现分生孢子器释放出大量分生孢子角

彩图2-16　培养皿内的苹果轮纹病菌菌丝、分生孢子器和释放出的分生孢子角

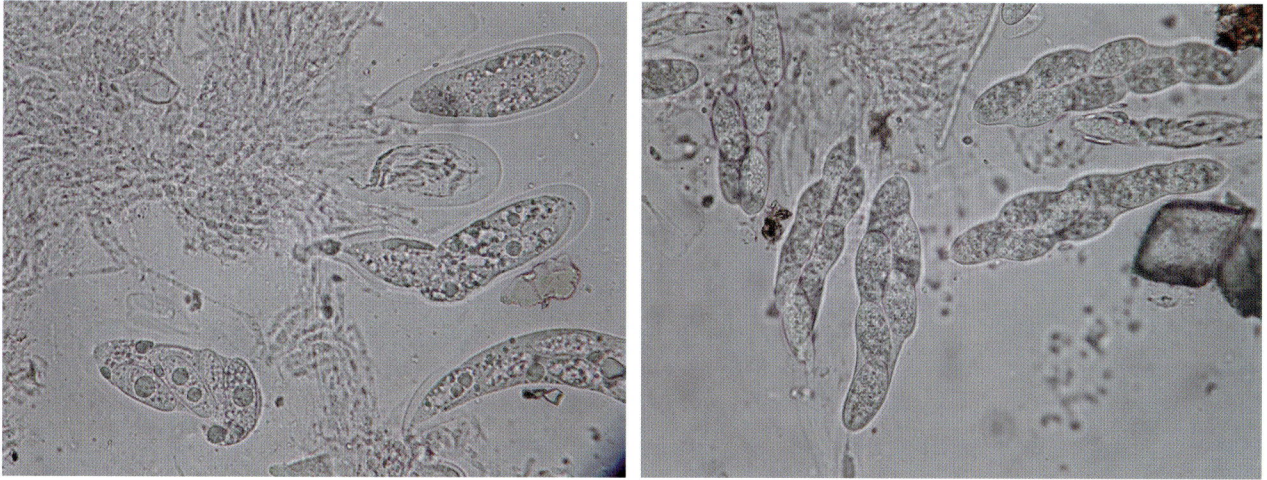

彩图2-17　在苹果轮纹病病枝上分离出的未成熟的子囊和成熟的子囊及子囊孢子

彩图2-18　育苗中要注意清洁田园，将嫁接后留在地里的枝
段捡走，以免造成病菌对树苗的侵染

彩图2-19　基砧上带有轮纹病病瘤的苹果树苗

彩图2-20　苹果树苗的中间砧已被病菌感染并引发溃疡型病斑，不能使用

彩图2-21　修剪后由于没有消毒，在枝条断口下形
成枝枯型病斑和轮纹病菌的分生孢子器

彩图 2-22　苹果枝干轮纹病病瘤的分布先在主干和中心干由下到上扩展，以后会在主枝表现症状

彩图 2-23　对幼龄果树病瘤的刮治，重点在基部，轻刮皮削除病瘤，然后涂药

彩图 2-24　涂抹或喷施微生物菌剂可保护树干免受病菌感染，对新植园和轻病树效果最佳

彩图 2-25　在主枝上涂抹微生物菌剂，1 年后可以看到对枝干的保护作用

（王午可摄）

3. 苹果木腐病

苹果木腐病是苹果上一种常见的病害,在我国各苹果产区均有分布,一般发生在老果园、弱树或成龄果树的伤口部位。木腐病由多种病菌引起,造成的损失主要是由木材和枝干结构完整性下降引起的断裂造成的,也可从伤口侵入造成树体内部组织溃疡,对树体的影响很大。

症状

病菌寄生在树干或大枝上,致受害处腐朽脱落,露出木质部,病菌向四周健康部位扩展,导致形成大型长条状溃疡,外部长出褶状子实体。因刮治苹果树腐烂病斑造成裸露的木质部,后期也容易被木腐病菌侵染,形成褶状子实体,进一步加速木质部的开裂和腐化。在新疆某果园曾发现木腐病引起树干内部组织的腐烂和溃疡,外部流出溃疡液,子实体很大,蘑菇状,高度能达到80mm,为了防控该病,果农将树体内部的腐烂组织掏出来灌入苯醚甲环唑、石硫合剂、波尔多液、泥土乃至石灰等各类杀菌剂或填充物,粗大的树干能灌进几千克填充物,但是往往成效甚微,有的树体已经死亡。

病原

该病可由多种病原菌引起,报道较多的是担子菌门普通裂褶菌(*Schizophyllum commune* Fr.)。普通裂褶菌子实体小型。菌盖直径0.6~4.2cm,白色至灰白色,上有绒毛或粗毛,扇形或肾形,具多数裂瓣,菌肉薄,白色,菌褶窄,从基部辐射而出,白色或灰白色,有时淡紫色,沿边缘纵裂而反卷,柄短或无。

笔者研究发现,多孔菌科真菌木蹄层孔菌 [*Pyropolyporus fomentarius* (L. Ex F.) Teng] 也能引起木腐病,木蹄层孔菌的子实体多年生,木质,半球形至马蹄形,或呈吊钟形,大小为(5~20)cm×(7~40)cm,厚3~20cm。无柄,侧生。菌盖光滑,无毛,有坚硬的皮壳,鼠灰色、灰褐色至灰黑色,断面黑褐色,有光泽,有明显的同心环棱。盖缘钝,黄褐色。菌肉暗黄色至锈色、红褐色,分层,软木栓质,厚0.5~3.5cm,无光泽。菌管多层,层次明显,每层厚0.5~2.5cm,管壁较厚,灰褐色;管口圆形,较小,直径0.2~0.3mm。管口面灰色至肉桂色,凹陷。孢子长椭圆形至棱形,表面平滑,无色,大小为(10~18)μm×(5~6)μm。

侵染循环

病菌以多年生菌丝体和子实体在病树上越冬,翌年枝干内的菌丝体继续扩展为害。树上子实体产生大量担孢子,借风雨、气流或昆虫传播,从伤口侵入为害,尤其以不能长期愈合的锯口侵入为主。病菌侵入后,潜伏期很长,发病缓慢,再侵染作用不大,因病害开始发生时不易引起人们的重视,累积多年后,会造成一定影响。

流行规律

木腐病菌属于弱寄生菌,其发生与果树品种关系不大,主要受树势影响。各类伤口,如修剪伤、虫伤、日灼伤、冻伤以及机械伤等,都是病菌侵染的通道。管理不善的果园病害发生重。

防治技术

(1)加强苹果园管理,发现病死或衰弱老树,要及早挖除或销毁。对树势弱或树龄高的苹果树,应采用配方施肥技术,以恢复树势,增强抗病力。见到病树长出子实体后,应马上去除,集中深埋或销毁,病部涂1%硫酸铜液消毒。

(2)保护树体,千方百计减少伤口,是预防本病的有效措施,对锯口要涂甲硫萘乙酸、腐植酸铜、菌毒清、硫酸铜液等保护,以促进伤口愈合,减少病菌侵染。对容易发生冻害的地区要在冬前对树干向阳面涂白进行保护。

彩图3-1　苹果木腐病在枝干表面形成褶状子实体

彩图3-2　由木蹄层孔菌引起的苹果树木腐病，初期病菌引起树干伤流，后期形成子实体

彩图3-3　木蹄层孔菌子实体菌褶放大

第二节 叶部真菌病害

4.苹果斑点落叶病

苹果斑点落叶病是红元帅、新红星、印度、藤木1号、青香蕉等品种上的重要病害，常造成大量叶片枯死脱落，重者只剩下枝干和果实。苹果斑点落叶病最早于1956在日本报道，我国于20世纪70年代开始发现，80年代为害较重。目前，苹果斑点落叶病仍是感病品种上的重要病害，在我国苹果产区均有分布。

症状

苹果斑点落叶病菌主要侵染叶片、果实和枝条。叶片受侵染后，首先产生极小的褐色坏死斑，后逐渐扩大为直径3～6mm的褐色病斑，病健交界明显，有时病斑边缘紫红色，病斑上有深浅相间的同心轮纹，部分病斑中央有黑色霉状物。在部分品种上，病斑上的同心轮纹明显，有时称轮纹状病斑，简称轮斑。发病严重时，多个病斑连在一起，形成不规则的大斑，病斑枯焦或腐烂，破裂穿孔，重者只剩叶柄和主脉。天气潮湿时病斑背面长出黑色或墨绿色的霉层，即病菌的分生孢子梗和分生孢子。在高温、多雨季节病斑扩展迅速，常使叶片焦枯或腐烂。秋梢嫩叶染病后，一片叶上常形成几十个甚至上百个大小不等的病斑，许多病斑连在一起，形成云朵状花纹，叶尖干枯，叶片扭曲畸形。病菌侵染叶柄会造成黑色坏死斑，一旦水分无法输送，叶片就会沿边缘枯死，类似受旱灾的情况。

果实受侵染，以皮孔为中心形成圆形褐色病斑，直径2～5mm，周围有红色晕圈。病斑下果肉细胞变褐，呈干腐状。果实生长后期如果出现皱裂等伤口，则被病菌感染的机会更大，先形成小的褐色坏死斑，病健交界处常有红色晕圈，以后病斑逐渐扩大，造成果实腐烂。内膛一年生的弱小枝条和徒长枝条容易感病，感病的枝条皮孔突起，以皮孔为中心产生褐色至灰褐色凹陷病斑，多为椭圆形，边缘常开裂。

病原

苹果斑点落叶病的病原为链格孢苹果专化型（*Alternaria alternata* f. sp. *mali*），属子囊菌门链格孢属。异名有 *A. mali* Roberts、*A. tenuis* f. sp. *mali* 等。病菌表现出很强的致病能力。

病菌的菌丝、分生孢子梗和分生孢子多从病叶背面长出，后期叶片正面病斑上也出现黑色霉层。分生孢子梗束状，弯曲多胞，淡褐色，具分隔，大小为（16.85～65）μm×（4.8～5.2）μm。分生孢子自分生孢子梗顶端单生或5～13个串生，倒棍棒状、纺锤形或椭圆形，暗褐色，先端有喙或无，表面光滑或有小突起，具1～7个横隔，0～5个纵隔，大小为（12.5～52.5）μm×（6.3～15）μm。

侵染循环

病菌主要以菌丝在落叶、叶芽、花芽和枝条病斑处越冬。翌年产生的分生孢子随风雨和气流传播，侵染苹果叶片和果实。病菌侵染时，孢子萌发在寄主表面形成芽管，并产生毒素杀死寄主细胞，然后再侵入寄主组织。病菌接种后最快24h后出现坏死症状，一般情况下病害的潜育期为3～5d。该病一年有多次再侵染。

流行规律

苹果不同品种对斑点落叶病的抗性存在明显差异。红星、印度、藤木1号、青香蕉、元帅系品种高度感病；国光、金冠、富士、嘎拉感病次之；鸡冠、祝光、乔纳金等品种发病较轻。苹果斑点落叶病菌主要侵染角质层薄、未发育成熟的幼嫩叶片和生长发育不良的枝条和叶片。徒长枝、细弱枝、内膛枝上的叶片发病较重。红富士以30日龄内的新叶易感病，红星以25日龄内的新叶易发病，秦冠则以15～20日龄内的新叶易发病。

苹果斑点落叶病一年有两个发病高峰，第一个高峰出现在5月中旬至6月中旬的春梢生长期。在春梢速长期，若遇阴雨天气，可导致病原菌的大量侵染，阴雨持续时间越长，病原菌侵染量越大，发病越重。第二个高峰出现在8～9月的秋梢速长期，由于8～9月雨水多，秋梢发病比春梢严重。

防治技术

（1）栽培抗病品种。抗病品种是控制苹果斑点落叶病的根本措施，在发病重的地区，尽可能种植抗病品种；减少易感品种的种植面积，控制病害大发生。对于感病品种，以喷药保护叶片防止病菌侵染为主，辅以田园清洁和其他农业防治措施。

（2）农业管理措施。春季注意清洁果园，将落叶集中深埋。合理施肥，增施磷肥和钾肥，增强树势，提高抗病力；合理修剪，特别是于7月及时剪除徒长枝和病梢，改善通风透光条件；合理灌溉，低洼地、水位高的果园要注意排水，降低果园湿度。

（3）化学防治。春梢和秋梢旺长期是化学防治的两个关键时期。对于斑点落叶病发病较重的果园或感病品种，于5月中下旬，根据气象预报，在阴雨过程来临前，喷施1～2次保护性药剂。8月秋梢生长期，喷施1～2次保护性杀菌剂。防治斑点落叶病常使用的杀菌剂有多抗霉素、异菌脲、代森锰锌、代森锌、波尔多液等。8月，由于雨水多，建议喷施耐雨水冲刷、持效期较长的波尔多液。

彩图4-1　斑点落叶病导致大量落叶

彩图4-2　斑点落叶病在叶片上的典型症状
（李保华摄）

彩图4-3　斑点落叶病菌侵染叶柄导致叶片失水干枯

彩图4-4　斑点落叶病在果实上的症状
（右为李保华摄）

彩图4-5　斑点落叶病单个病斑放大（上有黑色霉层，左为叶正面，右为叶背面）

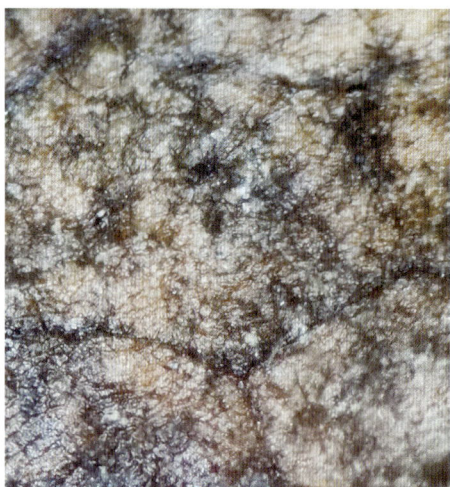

彩图4-6　斑点落叶病霉层放大

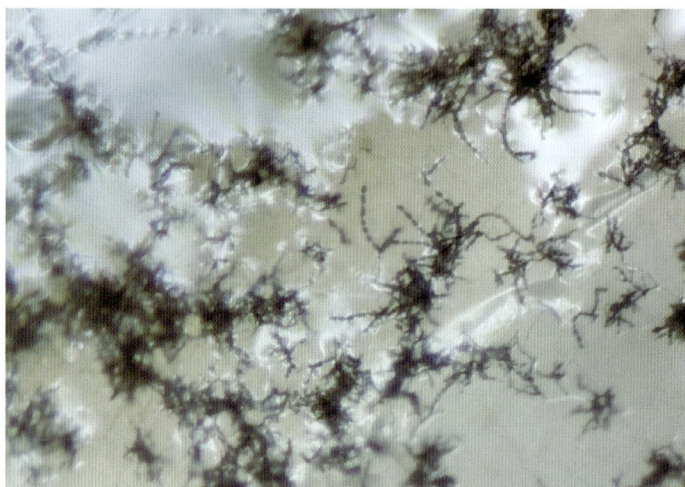

彩图4-7　在显微镜下可见串生的苹果斑点落叶病菌分生孢子

彩图4-8　苹果斑点落叶病菌串生的分生孢子及菌丝

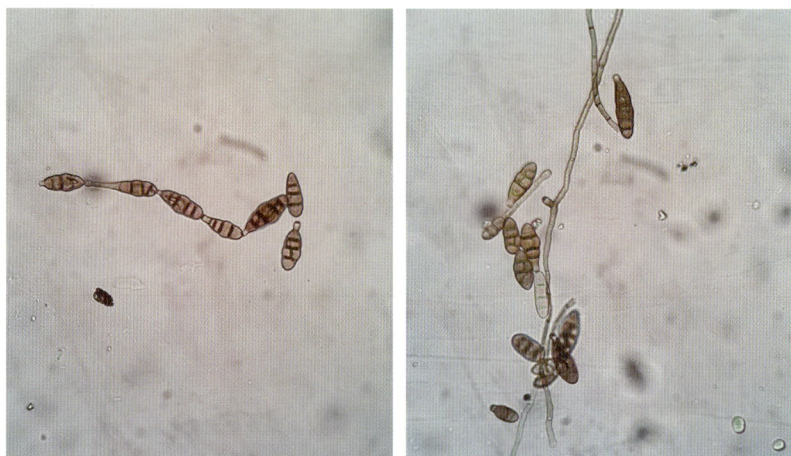

彩图4-9　苹果斑点落叶病菌分生孢子萌发长出芽管

5.苹果褐斑病

苹果褐斑病是造成苹果早期落叶的重要病害，通常人们所说的早期落叶病主要包括褐斑病和斑点落叶病，二者经常混合发生，造成叶片枯死和大量脱落。褐斑病广泛分布于我国各苹果产区，其中多雨地区如渤海湾以及西南冷凉高地苹果产区受害严重。褐斑病主要为害叶片，导致苹果早期落叶，影响树势以及来年的坐果量，降低产量、品质。在我国，褐斑病一直是苹果上的重要病害，自20世纪50年代以来，推广波尔多液防治褐斑病，取得较好效果。20世纪90年代，推广苹果套袋栽培后，果农放松了对叶部病害的防治，导致苹果褐斑病再度猖獗。

症状

苹果褐斑病主要为害叶片，也侵染果实、叶柄等部位。叶片上的典型病斑为褐色，边缘绿色，不整齐，因此有"绿缘褐斑病"之称。叶片正面病斑表皮下有放射状扩展的菌索，新鲜病斑中央直径0.2mm左右，表面发亮、褐色、半球状的分生孢子盘是诊断褐斑病的典型特征。

幼嫩叶片发病初期，叶片正面出现褐色圆形病斑，直径为1～2mm，或仅形成圆形分生孢子器。成熟叶片发病初期，在出现明显的病变之前，病菌常在叶片正面先形成分生孢子盘和菌索。受品种抗性、气候条件等因素的影响，病斑扩展后的症状变化很大，常见的病斑有如下几种类型：

绿缘坏死型：病斑较大，为褐色枯死斑，病斑上有大量黑色小点，为病原菌的分生孢子器。叶片健康组织因受病菌影响失绿变黄后，病斑外缘仍保持绿色，不整齐，可见放射状扩展的菌索。绿缘坏死型病斑多出现在5～7月褐斑病发病高峰之前。

针芒型：病斑小，数量多，病斑上菌索明显，暗褐色或深褐色，呈放射状扩展，菌索上散生分生孢子盘。因菌索向不同方向的扩展速度不同，病斑无固定形状和边缘。菌索下的寄主组织没有坏死。8～9月发病高峰期，叶片上病原菌侵染量大，病斑多，发展为典型的针芒状病斑。

同心轮纹型：病斑较大、圆形、暗褐色，病斑上有大量呈同心轮纹状排列的小黑点，即病原菌的分生孢子盘。病斑上有坏死组织，菌索不明显。10～11月天气转凉后，叶片不易脱落，病菌能在叶片上长时间生长扩展，形成典型的同心轮纹型病斑。

果实发病，在果面出现暗褐色病斑，逐渐扩大成圆形或椭圆形褐色病斑，表面下陷，有隆起小黑点，为病原菌的分生孢子盘。病组织干腐，呈海绵状。叶柄发病，产生黑褐色长圆形病斑，常导致叶片枯死。

病原

病原菌的有性态为冠双壳菌 [*Diplocarpon coronariae* (Ellis & Davis) Wöhner & Rossman]，属子囊菌门冠双壳属；无性态为苹果盘二孢 [*Marssonina coronaria* (Ell.& Davis) Davis]。

苹果褐斑病菌的有性态在落地的病叶上产生子囊盘。子囊盘肉质，杯状，大小为（100～230）μm×（70～125）μm。子囊阔棍棒状或纺锤形，顶端渐尖，具囊盖，大小为（40～78）μm×（12～18）μm，内含8个子囊孢子，平行排列。子囊孢子香蕉形或短棒状，略弯或不弯，两端钝圆，通常有一隔膜，大小为（21～33）μm×（4～6）μm。子囊孢子萌发时产生一个芽管，芽管位置不定。侧丝平行排列，略长于子囊，无色，具1～3个分隔，端部膨大，大小为（48～70）μm×（2～4）μm。

苹果褐斑病菌的无性态在病斑上产生分生孢子盘。分生孢子盘半球形，位于角质层之下，成熟后突破表皮外露，大小为（100～200）μm×（35～50）μm。分生孢子梗无色、单生、圆柱形，栅状排列，顶生分生孢子，大小为（15～20）μm×（3～4）μm。分生孢子无色、双胞、中间缢缩，上胞大且圆，下胞小而尖，呈葫芦状，大小为（20～24）μm×（6～9）μm，内含2～4个油球。病菌可在叶片表皮上形成菌索，直径为20～40μm，菌索内菌丝平行排列，菌丝细胞深褐色。

侵染循环

苹果褐斑病菌以未成熟的子囊盘、分生孢子器、菌索、菌丝在落地的病叶上越冬，翌年4～6月产生拟分生孢子和子囊孢子进行初侵染。其中，拟分生孢子自3月就开始形成，苹果萌芽后随雨水飞溅传播，主要侵染树体下部叶片。分生孢子的侵染量虽大，但发病位置较低，叶片发病后很快脱落，对8～9月病害流行的影响较小。子囊孢子于苹果开花后陆续形成，直到6月底果园内仍能检测到子囊孢子。发育成熟的子囊孢子遇雨后释放，随气流传播，传播距离较远，侵染部位稍高，发病后能产生大量分生孢子进行再侵染，对后期病害流行的影响较大，是导致苹果褐斑病后期发病的主要初侵染菌源。

流行规律

苹果褐斑病一年有多次再侵染，其周年流行动态可划分为4个时期：4～6月为病原菌的初侵染期，其中，5月中旬至6月底子囊孢子的侵染期是防治褐斑病的第一个关键时期。6月底，若果园内的褐斑病叶超过1%，7月需加强防治。7月是病原菌累积期。褐斑病菌平均潜育期约为30d，最短11d，最长60d。5～6月初侵染形成的病斑于7月开始发病，产生大量的分生孢子，随雨水传播进行再侵染。病菌通过不断再侵染积累菌源，当病原菌累积到一定数量后，如病叶率超过3%，可导致8～9月病害大流行。7月是防治褐斑病的第二个关键时期，主要防治目的是控制病原菌的不断积累。8～9月是褐斑病的盛发期，也是褐斑病造成大量落叶的时期。若7月底病原菌累积至一定数量，再遇连续阴雨，可导致病原菌的大量侵染，引起严重落叶。10～11月，随着气温下降，病原菌侵染量减少，病叶不易脱落，病菌能在叶片上长时间生长扩展，为越冬做准备。10月底，果园内的病叶数量决定了第二年病原菌初侵染的程度。

苹果褐斑病的发生与流行与降雨关系密切。降雨是褐斑病菌孢子释放、传播和侵染的必要条件，降雨和高湿同时也能促进病斑显症、子囊孢子发育和分生孢子形成。子囊孢子和分生孢子的萌发与侵染都需要叶面结露，在20～25℃最适于褐斑病菌侵染的温度下，叶面结露持续5h以上，病菌孢子才能完成全部的侵染过程导致叶片发病。春季当日均气温超过15℃，越冬子囊盘遇雨湿润后方能发育，产生子囊孢子，发育成熟的子囊孢子遇水后才能释放。

连续阴雨期以及8月中下旬叶面长期结露和高湿条件能促进褐斑病显症和大量产孢。连续阴雨期间，由于光照不足，树体水分代谢失衡，叶片的抗病能力下降。阴雨过后，受高温、直射阳光和根部生理变化的影响，叶片的生理代谢发生强烈变化，发病稍重的叶片因无法忍受雨后剧烈的生理变化，树体为了自我保护，促使病叶养分迅速回流进而脱落。因此，连续阴雨，尤其是超过7d的连续阴雨，常导致褐斑病菌的大量侵染。连续阴雨前后的光照、水分、温度的变化促进了病害的发展，加速了树体的落叶。

不同的苹果品种对褐斑病的抗性存在一定差异，但目前还未发现高抗品种。生产上的主栽品种，如富士、嘎拉、金冠、红星等都属于感病品种。同一苹果品种不同龄期的叶片对病原菌的抗扩展能力存在明显的差异。在同一枝条上，梢部的幼嫩叶片和基部的老叶片抗性较差，病原菌接种后很快发病。中部生长旺盛的叶片抗病性较强，病原菌接种后潜育期较长。

防治技术

加强前期防治，保证在连续阴雨到来之前，产孢病斑低于一定指标，如产孢的病叶不能超过1%，是控制褐斑病为害的主要策略。清除越冬菌源和生长期喷药是防治苹果褐斑病的主要措施。

（1）田园清洁。彻底清除初侵染菌源，冬、春季结合果树修剪，彻底清除果园内及果园周边20m内的苹果落叶，所清除的落叶可就地掩埋，或带出果园销毁。

（2）化学防治。化学防治以控制子囊孢子的初侵染和病原菌的积累为主，防治的关键时期为5月中旬至7月底。结合轮纹病等病害的防治，分别于6月、7月和8月连续阴雨季到来之前，各喷1次耐雨水冲刷、持效期长的保护性杀菌剂。若苹果套袋前雨水较多，套袋前后可喷施1次内吸治疗剂。6月若雨水较多或果园内病叶率超过0.2%，需在6月底或7月初喷施1次内吸治疗剂。7月若病叶率超过1%或雨水较多，需于7月底或8月初喷施1次内吸治疗剂。对苹果褐斑病治疗效果比较好的内吸性杀菌剂为戊唑醇、丙环唑、氟硅唑、苯醚甲环唑等三唑类杀菌剂。常用的保护性杀菌剂有波尔多液、代森锰锌、甲基硫菌灵等。其中波尔多液具有黏稠力强、耐雨水冲刷、持效期长的特点，是雨季防治褐斑病的首选药剂。

彩图5-1　苹果褐斑病造成苹果树大量落叶

彩图5-2　苹果褐斑病与苹果斑点落叶病混合发生

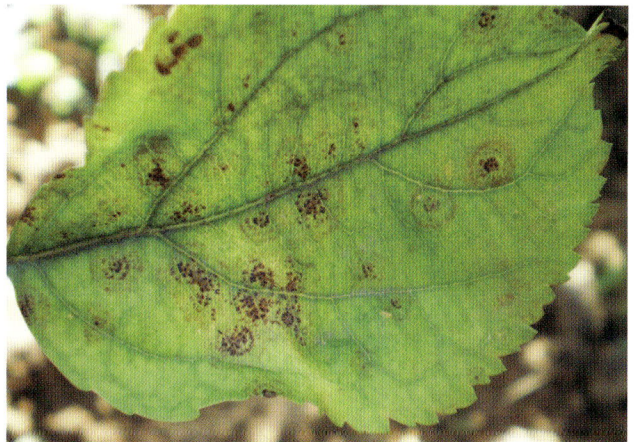

彩图5-3　苹果褐斑病同心轮纹型病斑

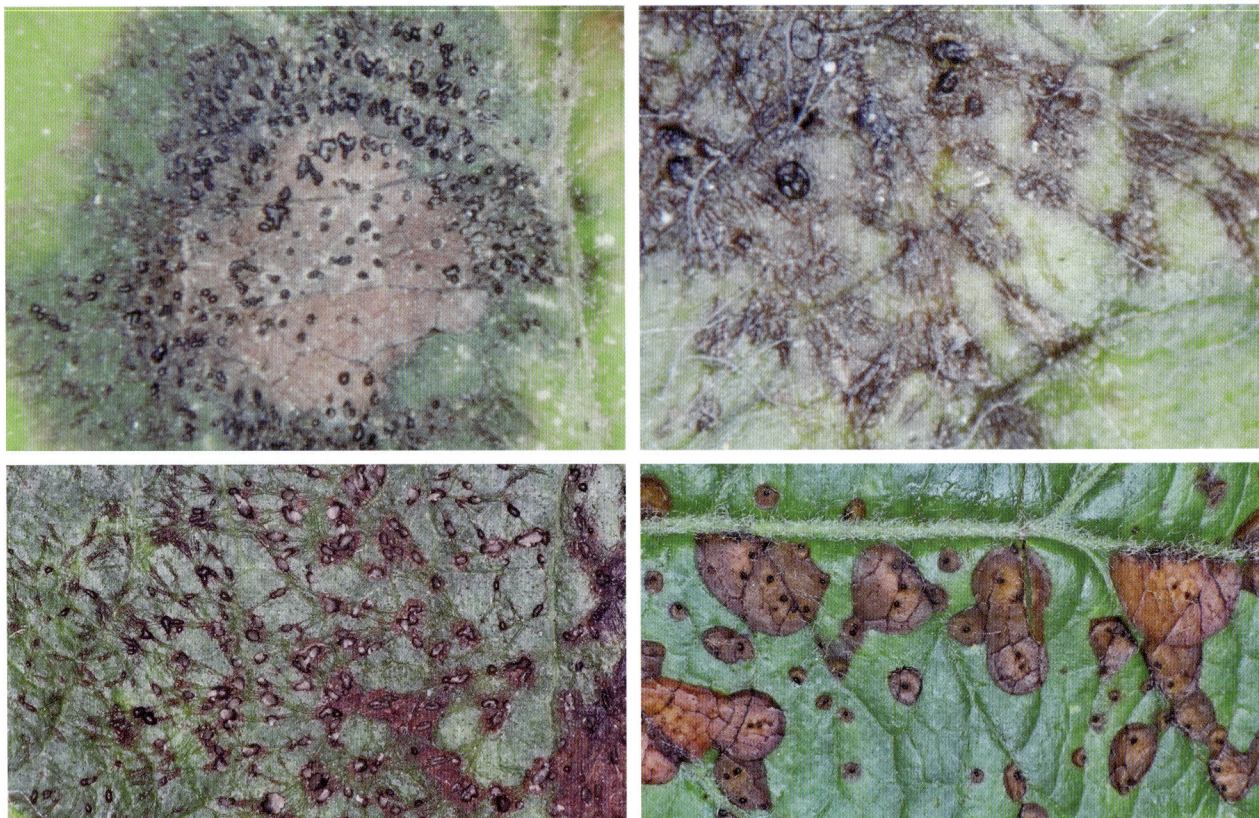

彩图5-4　苹果褐斑病病斑小黑点为分生孢子盘，放射状物为病菌菌索

（李保华摄）

彩图5-5　苹果褐斑病绿缘坏死型病斑（白点状物为叶片经保湿后形成的分生孢子盘）

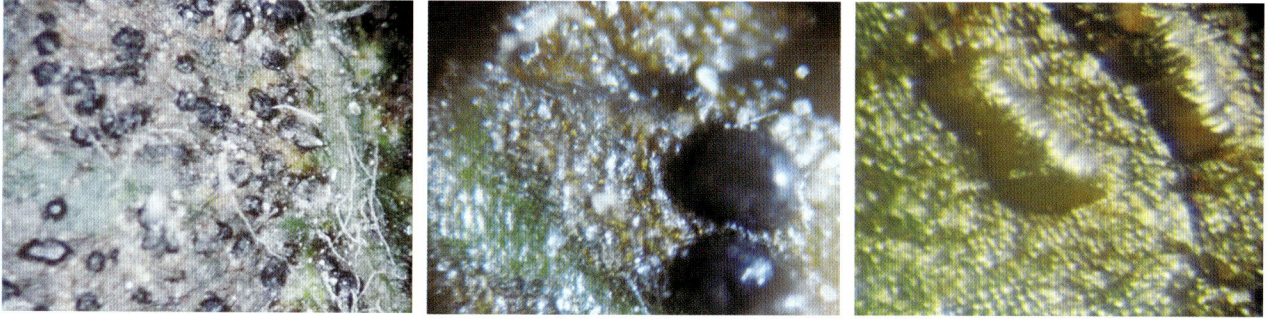

彩图5-6　苹果褐斑病菌分生孢子盘的逐级放大

彩图5-7　苹果褐斑病针芒型病斑

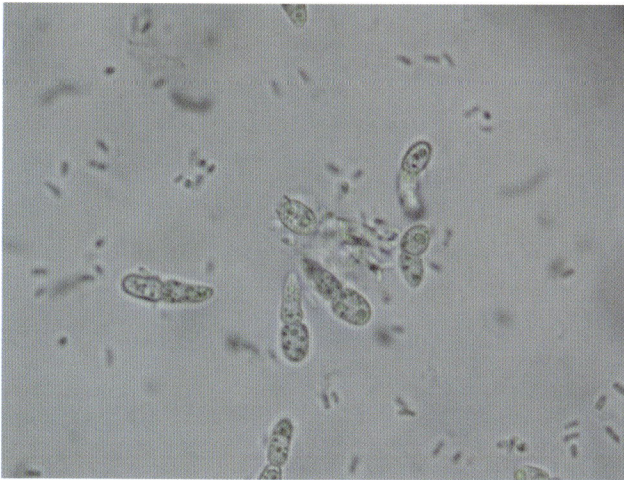

彩图5-8　苹果褐斑病菌双胞分生孢子

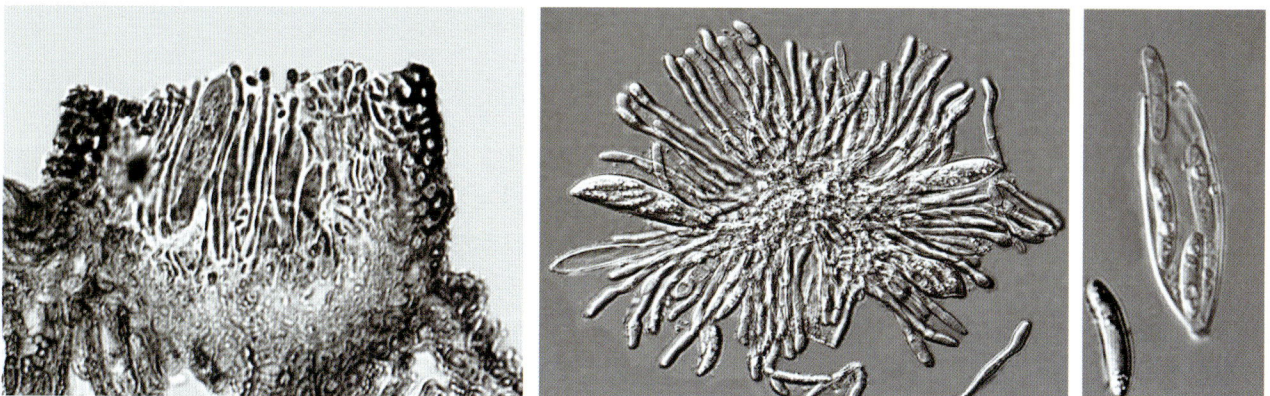

彩图5-9　苹果褐斑病菌的子囊盘(左)、子囊与侧丝(中)及子囊孢子(右)

(李保华摄)

6. 苹果白粉病

苹果白粉病是苹果树生长季发生最早的病害，主要为害苹果的幼叶、幼果和嫩梢，随着这些叶片、枝梢和果实长大，病害持续发展，若不加以防治，病害会伴随被害部位持续一个生长季节。该病广泛分布于我国各苹果产区。由于目前的主栽品种富士抗病性较强，一般年份不会造成大面积为害，但在感病品种上和部分产区，苹果白粉病仍然是重要病害。苹果白粉病菌除了为害苹果外，还侵染海棠、沙果、槟子和山定子等。

症状

病部表面覆盖一层白色粉状物是苹果白粉病的典型特征。

新梢受害，枝条瘦弱，节间缩短，叶片细长，变硬，变脆，叶缘上卷。发病初期表面布满白色粉状物，后期粉状物逐渐变为灰白色，个别情况下能在叶背的主脉、支脉、叶柄及新梢上产生成片的小点，小点前期浅黄色，后期逐渐变为褐色，即白粉病菌的闭囊壳，受害严重时整个新梢枯死。

新叶受侵染变得皱缩畸形。随病害的发展，叶片正反面布满白粉，即病菌的菌丝、分生孢子梗和分生孢子，叶色浓淡不均，叶面凹凸不平，外形狭长，边缘呈波状皱缩。有时白粉在叶面上很难分辨，但叶片也表现叶缘上卷。受害严重时，病叶自叶尖或叶缘逐渐变褐枯死，最后全叶干枯脱落。

新芽受害呈灰褐或暗褐色，瘦长、尖细，鳞片松散，上部张开不能合拢，病芽茸毛少，受害严重的芽干枯死亡。花器受害，花萼洼或梗洼处产生白色粉斑，萼片和花梗畸形，花瓣狭长，色淡绿。受害花的雌、雄蕊失去作用，不能授粉坐果，最后干枯死亡。

果实受害，多在萼片或梗洼处产生白色粉斑，病部变硬，果实长大后白粉脱落，形成网状锈斑，变硬的组织后期形成裂口或裂纹。

病原

苹果白粉病病原菌有性态为叉丝单囊壳 [*Podosphaera leucotricha* (Ellis. et Ev.) Salm.]，属子囊菌门核菌纲白粉菌目。闭囊壳多散生，球形或梨形，褐色或黑褐色，直径70～100μm。顶部附属丝3～10枝，长而坚硬，端部不分支或仅作1～2次二叉状分支。基部附属丝短而粗，呈丛状。闭囊壳中仅有1个子囊，椭圆形或球形，大小为 (50.4～55.0) μm× (45.5～51.5) μm，内含8个子囊孢子。子囊孢子单胞，无色，椭圆形，大小为 (16.8～22.8) μm× (12.0～13.2) μm。

无性态为苹果粉孢霉 (*Oidium farinosum* Cook)。分生孢子梗棍棒形，顶端串生分生孢子。分生孢子无色，单胞，椭圆形，大小为 (16.4～6.4) μm× (14.4～19.2) μm。

苹果白粉病菌菌丝生长最适宜温度为20℃，分生孢子萌发最适温度为21℃，当温度超过33℃时，分生孢子失去活力。分生孢子在1℃下干燥保存，最多只能存活2周，离体情况下分生孢子不能越夏、越冬。适合菌丝生长和孢子萌发的最适相对湿度为100%。自由水不利于分生孢子的萌发，在水滴中分生孢子常吸水胀裂。

侵染循环

苹果白粉病菌以菌丝在植株芽鳞片间或芽内幼嫩组织上越冬。顶芽带菌率高于侧芽，顶芽下侧芽的带菌率依次降低，第四侧芽以下基本不带菌。翌年春季，随着苹果树萌芽，病菌开始活动。新叶展开，病菌产生分生孢子。分生孢子随气流传播，侵染苹果幼嫩组织。生长季节，病菌陆续产生分生孢子，侵染叶片和新梢。6月底，病斑的菌丝密集处产生闭囊壳。苹果白粉病菌为专性寄生菌，以吸器侵入寄主表皮细胞获取营养。病菌孢子侵染寄主后，最快经3～6d便开始产孢，进行再侵染。病菌一年有多次再侵染。

流行规律

苹果白粉病一年有两个发病高峰期，分别为春梢生长期和秋梢生长期，其中春梢生长期白粉病发病

严重。从4月苹果萌芽，越冬病菌开始产孢侵染，到5月中下旬达发病高峰，6月随叶片抗性的增强和雨季的到来，白粉病的为害趋于缓和。9月随雨季的结束和秋梢的生长，再度发病为害，达秋季发病高峰。

苹果白粉病菌适宜生长繁殖的温度为20～25℃，相对湿度为70%以上。空气中孢子的数量与气温及降水量有密切关系。春季随气温升高，孢子的传播数量逐渐增加，而降雨，尤其是暴雨过后空气中孢子的数量骤然减少。

苹果白粉病的发生与气候条件和栽培条件关系密切。春季4～5月气候温暖、少雨、空气潮湿，有利于病害前期流行。前一年秋季少雨，白粉病发病严重，越冬菌源量大，加重春季病害的流行。夏季凉爽、秋季晴朗，则有利于后期发病。果园管理粗放，修剪不当，带菌芽的数量大，会加重白粉病的发生。通风透光不良、偏施氮肥、果树生长过旺果园，也会加重白粉病的发生。

不同的苹果品种对白粉病的抗性有明显的差异，目前的主栽品种中，富士较为抗病，嘎拉、莫里斯等较为感病，多数年份需专门喷药防治白粉病。苹果的幼嫩组织较感病，叶片发育成熟后较为抗病。

防治技术

栽培抗病品种是控制苹果白粉病的根本方法。冬、春季剪除病梢和花期前后喷药是控制白粉病在感病品种上为害的主要防治措施。

（1）冬、春季剪除病芽。结合冬、春修剪，剪除病梢、病芽，以减少越冬菌源。苹果萌芽期摘除漏剪的病梢、病芽、病叶，放入塑料袋内带出果园外销毁，防止病菌传播、扩散。

（2）化学防治。苹果白粉病为害较重的果园，根据发病严重程度，分别于花前、花后和5月下旬喷施3遍杀菌剂。苹果花露红至花序分离期，即白粉病初发时喷施第一遍杀菌剂；苹果落花后10d内喷施第二遍杀菌剂；5月下旬苹果新梢旺长期，白粉病仍有严重为害的趋势，需喷施第三遍杀菌剂。对往年白粉病发生严重的果园，3～4月可喷施代森锰锌和代森锌，只有保护效果，没有治疗作用。5月可喷施甲基硫菌灵及三唑类杀菌剂，如氟硅唑、苯醚甲环唑、三唑酮、戊唑醇等，具有内吸治疗效果，是防治白粉病常用的杀菌剂，但三唑类杀菌剂使用不当会影响幼果、新梢生长，苹果生长早期应慎用。苗圃发病时，还可连续喷布硫悬浮剂，或0.2～0.3波美度石硫合剂，每隔7d喷1次，连喷2～3次。

彩图6-1　始发于新梢的苹果白粉病症状

彩图6-2　苗圃树苗上发生的苹果白粉病症状

彩图6-3 苹果白粉病菌成熟度不同的闭囊壳

彩图6-4 苹果白粉病引起叶片上卷

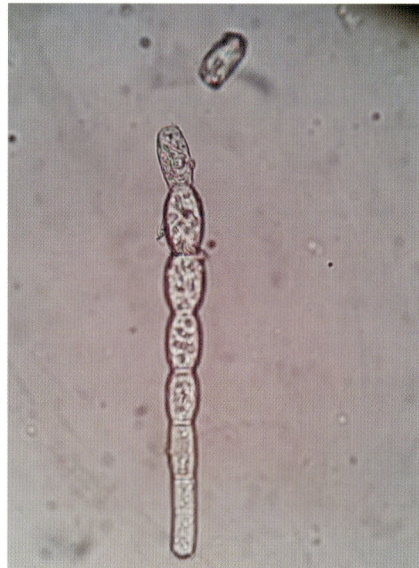

彩图6-5 叶片表面的菌丝及分生孢子，分生孢子串生，单胞，无色

彩图6-6 苹果白粉病普遍发生引起叶片卷曲

（李保华摄）

彩图6-7　苹果白粉病造成叶片上卷（菌丝和分生孢子不易见到）

彩图6-8　发生在嫩枝上的苹果白粉病症状

彩图6-9　苹果白粉病发展到后期引起叶片组织坏死

（李保华摄）

7. 苹果锈病

苹果锈病是我国苹果上的一种重要病害，该病又称赤星病、苹桧锈病、羊胡子病。除为害叶片外，还为害果实与幼梢，该病对果树的影响主要是病原菌在叶片上大量繁殖和扩展，减少了叶片光合作用面积，同时由于病菌对叶片组织的破坏导致大量水分散失，会严重削弱树势，影响苹果质量。苹果锈病属于转主寄生的病害，其发生与否主要取决于果园周围有无桧柏类绿化树，其发生程度取决于病原菌数量的多少，以及4～5月的降雨次数和每次降雨持续的时间。近年来，随着城市、公路绿化条件的改善，柏树的种植越来越多，苹果锈病的为害逐年加重。重病年份，叶片发病率达90%以上，单片叶上多达上百个病斑，发病严重的叶片会出现早期脱落。

苹果锈病在国外主要发生在日本、韩国、朝鲜等地区，在欧洲被列为检疫对象。2009年美国东部地区的缅因等7个州发现了苹果锈病。

症状

苹果锈病发生时期较早，多在春季苹果树展叶后（一般为4～5月）侵染，主要为害苹果树的绿色幼嫩部分，如幼叶、幼果、叶柄、新梢等，随着植株器官变老，病害症状也逐步发生变化。

幼叶被害，先在叶片正面产生橘黄色小斑点，十几天后逐渐扩大为近圆形橙黄色病斑，周围有黄色晕圈，病斑中央产生蜜黄至红色微凸的小粒点，即病原菌的性孢子器，小粒点上溢出淡黄色黏液，即性孢子，黏液干燥后黄色小粒点变为黑色，此时，叶片背面也显出黄色，略有加厚，但表面平滑。进入6月，随着病斑的扩展，叶片正面病斑中部呈现黑色，而四周仍呈橙黄色，为后继形成的性孢子器及性孢子，叶背面病组织肥厚变硬，并长出几根至几十根灰白色或淡黄色的细管状物，即病原菌的锈孢子器，此时管状物还很短。进入7～8月，叶背面的管状物加长，有时能达到1cm以上，内部产生大量褐色锈孢子，成熟后从管的顶端开裂处散出。发病严重时，病叶干枯，早期脱落。

幼果被害，初期症状与叶片相似，先长出性孢子器并产生性孢子，后期病部长出锈孢子器，病斑组织坚硬，生长停滞，发病严重时果实畸形并早期脱落。叶柄、果柄受害，病部橙黄色，并膨大隆起呈纺锤形，病斑上也产生性孢子器和锈孢子器。新梢受害后的症状与叶柄、果柄相似，但后期病部凹陷，易折断。

苹果锈病的诊断要点可概括为"病部橙黄、肥厚肿胀、初生黄点渐变黑、后长黄毛细又长"。

苹果锈病病原菌为转主寄生菌，转主寄主为桧柏、龙柏、欧洲刺柏等松柏科植物。病原菌侵染转主寄主后，在针叶、叶腋或小枝上产生淡黄色斑点，病部于秋季黄化隆起，翌春形成球形或近球形瘤状菌瘿，菌瘿继续发育，破裂长出红褐色的冬孢子角。冬孢子角遇雨吸水后，呈黄褐色，舌状，细长，末端尖细。

病原

苹果锈病病原菌包括山田胶锈菌（*Gymnosporangium yamadae* Miyabe ex Yamada）、梨胶锈菌（*Gymnosporangium asiaticum* Miyabe ex G. Yamada）和球形胶锈菌 [*Gymnosporangium globosum* (Farl.) Farl.]，属担子菌门胶锈菌属。病原菌在整个生活史中产生4种类型的孢子，冬孢子及担孢子阶段发生在桧柏等转主寄主上，性孢子及锈孢子阶段发生在苹果树上，没有夏孢子阶段。

性孢子器扁球状，埋生于病组织的表皮下，直径110～280μm，内生性孢子。性孢子圆形至纺锤形，无色，单胞，大小为（3～8）μm×（1.8～3.2）μm。锈孢子器丛生，淡黄色，大小为（5～12）mm×（0.2～0.5）mm，器壁细胞菱形，有瘤。锈孢子近球形或多角形，单胞，栗褐色，表面有疣状突起，直径15～25μm。冬孢子角舌状或瓣状，深褐色，遇水膨胀变为鲜黄褐色花瓣形胶状物。冬孢子长圆形或纺锤形，双胞，黄褐色，大小为（32～53）μm×（16～22）μm，在隔膜附近每个细胞有1～2个发芽孔，孢子柄细长，无色，胶质。冬孢子萌发产生担子和担孢子。担孢子卵圆形，无色，单胞，大小为（12～16）μm×（7～11）μm。

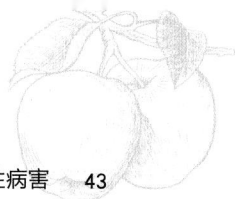

侵染循环

病原菌菌丝体在桧柏、龙柏、欧洲刺柏等转主寄主的病组织内越冬，菌丝能在病组织内存活多年。翌年春季，形成冬孢子角，冬孢子成熟后遇雨吸水膨胀，萌发产生担孢子。担孢子随气流传播至苹果园，侵染苹果叶片。一般担孢子的传播距离为2.5～5km，最远不超过10km。

担孢子从表皮细胞或气孔侵入。病菌侵入后经6～12d的潜育期，即可发病，产生性孢子器和性孢子。苹果锈病潜育期的长短与温度关系密切，当平均温度为20℃时，潜育期最短，为6～7d。性孢子成熟后，由孔口溢出，经昆虫或雨水传带至异性性孢子器的受精丝上。性孢子与受精丝交配3～4周后，叶斑背面或果实、嫩梢病斑正面逐渐长出细小的管状锈孢子器，锈孢子器内产生锈孢子。锈孢子不再侵染苹果，而是经气流传播侵染桧柏的嫩枝，并在桧柏上越冬，翌年春天产生冬孢子角，开始下一个侵染循环。苹果锈病没有再侵染，但初侵染可在春季陆续发生多次。

流行规律

病原菌的冬孢子角自3月开始形成，苹果树萌芽前发育成熟。成熟的冬孢子角遇雨吸水后，萌发产生担孢子，侵染苹果叶片和幼嫩组织。4～5月是苹果锈病的主要侵染期。早期侵染的病原菌于4～6月形成性孢子器和性孢子，锈孢子器于秋季形成，病原菌春、夏、秋季为害苹果，秋季随气流传播侵染柏树，秋、冬、春季为害柏树。

病原菌的冬孢子角和担孢子萌发温度范围为5～30℃，最适15～20℃。冬孢子角在水中浸泡30s就能吸足水分，最快在3h之内就能萌发产生担孢子。担孢子遇水后，最快在1h内即可萌发，3h内就完成全部的侵染过程，导致叶片发病。根据冬孢子角和担孢子萌发侵染所需的温度、湿度条件可以推测：4～5月，若遇降水量超过2mm、使叶面持续结露超过6h的降雨，便能导致冬孢子角萌发和担孢子侵染，受侵染的叶片7～10d后显症。降雨持续时间越长，病菌侵染量越大。在实际生产中可根据这一标准预测有无锈病病原菌侵染及侵染量的大小。

防治技术

因苹果锈病病原菌完成生活史需要两种植物，防控苹果锈病应采用以将苹果树和桧柏树进行有效隔离为主，辅以化学药剂防控的综合措施。

（1）隔离防病。苹果建园时要远离陵园、林木苗圃和有松柏科转主寄主种植的区域（如道路两边），一般要离开5km以上，两者间隔越远，对病害的防控效果越好。在苹果园附近进行绿化，也要避免种植桧柏，这是防控苹果锈病最根本的措施。若两种树木因种种原因无法隔离，需自苹果萌芽期开始喷施杀菌剂，保护幼嫩的叶、果不受侵染。

（2）化学防治。根据以往果园中锈病的发生历史来判断锈病的发生风险，如果果园每年都有锈病的发生，说明周边有桧柏等转主寄主种植，化学防治必不可少。防控关键时段为花芽露红期、落花后7～10d内和落花后20～25d内，这三个时段喷施保护性杀菌剂，可以保护苹果叶片不受担孢子的侵染。一般来讲，花芽露红期是苹果树防控各种病虫害的关键时期，此时期可以通过喷施杀菌剂达到一喷多防的目的，此时期以后是否喷药则主要根据降水情况，应尽可能在降雨之前喷药，如果降雨前没有喷药，遇到降水量大于10mm，且持续时间超过12h的情况，则在降雨后的2～3d内喷施1次内吸性杀菌剂。保护性杀菌剂首选高质量的代森锰锌，其次是百菌清、克菌丹等，内吸性杀菌剂可选吡唑醚菌酯、氟硅唑、戊唑醇、苯醚甲环唑、腈菌唑等。

彩图7-1　苹果锈病病原菌性孢子器聚集成蜜露状（性孢子团）（左为叶背面，右为叶正面）

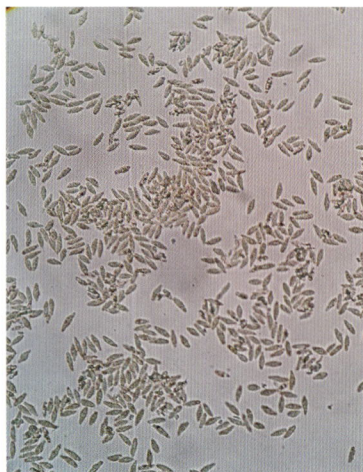

彩图7-2　放大的性孢子

彩图7-3　被苹果锈病
　　　　　病原菌严重
　　　　　侵染的叶片

（欧阳尔乾摄）

彩图7-4　5月下旬的苹果锈病病斑（左为叶背面，右为叶正面）

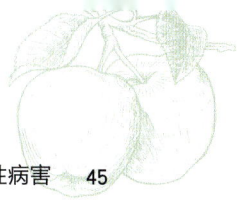

彩图7-5　秋季苹果锈病在叶片上的症状（左上为叶正面的性孢子器，右上为叶背面的羊胡子状锈孢子器；左下为锈孢子器，右下为锈孢子）

彩图7-6　苹果锈病果实症状（左为性孢子器，右为后期性孢子器和锈孢子器）

彩图7-7　苹果锈病严重发生状（影响叶片光合作用，消耗寄主养分并造成落叶）

彩图7-8　病菌锈孢子器成熟后散落很多锈孢子

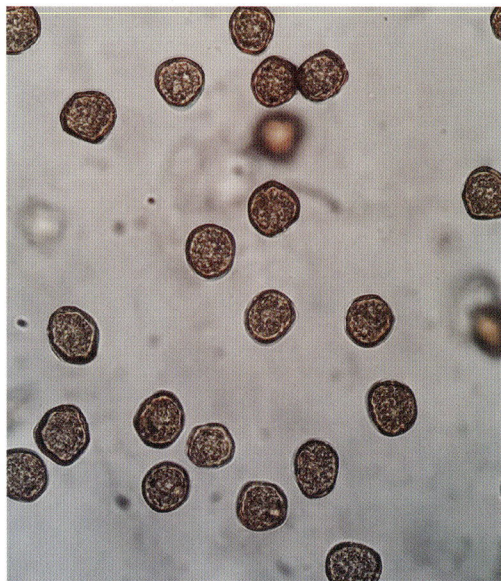

彩图7-9　病菌锈孢子放大

彩图7-10　桧柏和苹果相邻导致苹果锈病严重发生

彩图7-11　处于产孢传染阶段的病菌冬孢子角
（李云皓摄）

彩图7-12　桧柏上的病菌冬孢子角（菌瘿）

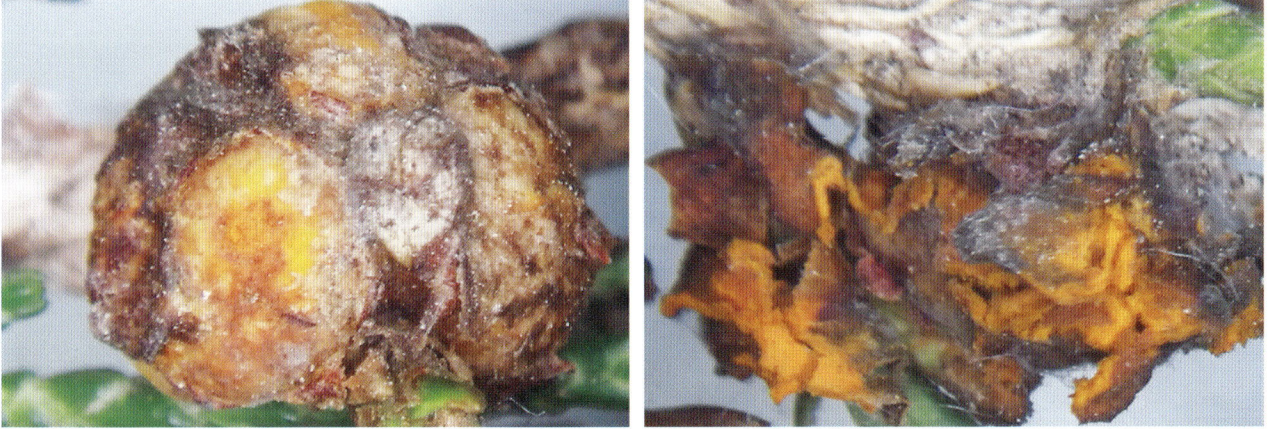

彩图 7-13 放大的病菌冬孢子角及橙黄色的冬孢子团

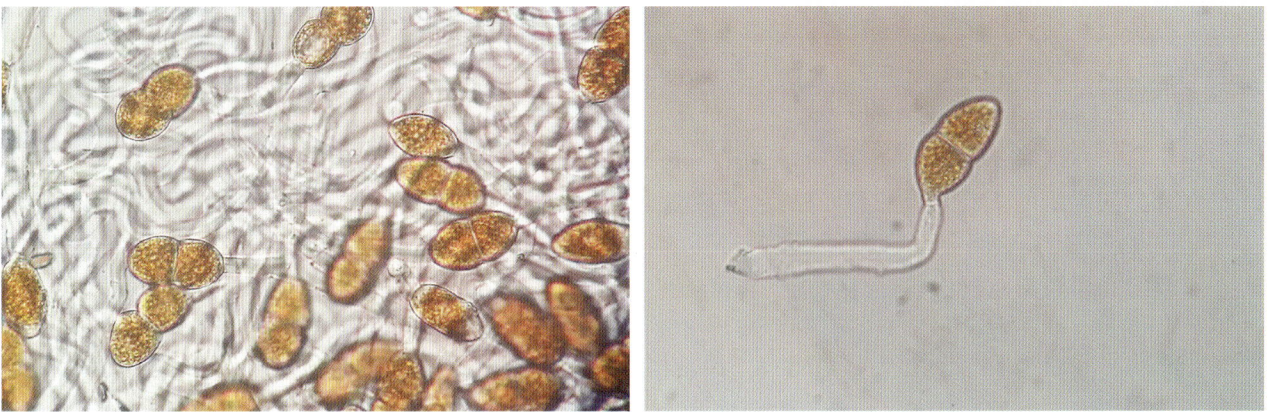

彩图 7-14 放大的病菌冬孢子团和冬孢子（冬孢子双胞并具有长柄）

彩图 7-15 喷施杀菌剂不均匀，有的苹果锈病病斑干枯，有的未受到影响

彩图 7-16 喷施内吸性杀菌剂后病斑变枯，停止发展（左为叶正面，右为叶背面）

8. 苹果炭疽叶枯病

苹果炭疽叶枯病是近年来我国苹果上新发生的重要病害，早在2009年，河南商丘和江苏丰县一带有果农反映苹果上发生了一种叶部病害，叶片上出现褐色坏死斑，发展速度很快，造成叶片迅速脱落，当时以为是斑点落叶病或褐斑病，但是按照褐斑病的防治方法无法控制病害。2010年又发生了相同情况，经国家苹果产业技术体系岗位专家现场调研并实验室分析，确认该病是一种由炭疽病菌引起的新病害，并命名为炭疽叶枯病。自此，该病以每年约100km左右的速度向周边地区扩展，目前，山东、河南、江苏、安徽、河北、山西、辽宁、陕西、甘肃等苹果产区都有发生。国外，炭疽叶枯病最早于1988年在巴西报道，1999年美国也发现了由炭疽病菌引起的叶枯病。

症状

苹果炭疽叶枯病菌主要侵染叶片和果实。侵染叶片时，发病初期出现形状不规则、大小为3～5mm的黑色病斑，病斑边缘模糊，透过光线观察，叶组织变黑，呈不透明的大型黑褐色病斑。病叶在25～30℃离体条件下保湿培养3～5d，病斑上产生大量黑色小点，即病原菌的分生孢子盘，上生橘黄色分生孢子团，可作为炭疽叶枯病的诊断依据。

在高温高湿条件下，尤其是7～8月连续阴雨过后，炭疽叶枯病斑迅速扩展形成大型的黑褐色病斑，多个病斑重叠在一起使整片叶变黑褐色，并失水焦枯，似热水烫伤。当温度或湿度较低时，病斑扩展较慢，形成的病斑较小，病组织枯死。由于病菌的侵染量较大，叶片上形成大量大小不等的枯死斑，最小的不足1mm，最大的达2～3cm。病斑边缘为绿色，外围变黄，与苹果绿缘褐斑病的症状非常相似，但病斑中央没有黑色小点，叶片变黄后脱落。侵染果实，在果实上形成直径为1～3mm的圆形褐色病斑，病组织坏死，病斑凹陷。炭疽叶枯病菌在果实上的侵染量大，一个果实上可形成上千个病斑。

病原

苹果炭疽叶枯病病原菌无性态为胶孢炭疽菌 [*Colletotrichum gloeosporioides* (Penz.) Penz. et Sacc.]，有性态为围小丛壳 [*Glomerella cingulata* (Stonem.) Schrenk et Spauld.]，属子囊菌门小丛壳属。子囊壳产生于叶片上的黑色子座内，暗褐色，烧瓶状，外部附有毛状菌丝，子囊壳球形，直径85～300μm，埋生于叶肉组织中，成熟后突破表皮。子囊壳中具多个棍棒形子囊，每个子囊中含有8个呈麻绳状排列的子囊孢子，子囊孢子长椭圆形，略弯曲，单胞，大小为 (13.0～27.0) μm×(4.0～7.5) μm。

分生孢子盘着生于叶片表面，分生孢子梗单胞，无色，栅状排列。分生孢子无色，单胞，长圆柱形或长椭圆形，两端各含1个油球或中间含有1个油球，大小为 (12～20) μm×(4.5～6.5) μm。分生孢子集合成团时呈橘黄色。

侵染循环

苹果炭疽叶枯病菌能在果苔枝和一年生的枯死枝上越冬，叶部病斑最早于6月出现。病叶不但能产生分生孢子，还能产生子囊孢子。分生孢子随雨水传播，子囊孢子还能随气流传播，传播距离较远，该病一年中有多次再侵染。

流行规律

苹果炭疽叶枯病菌主要侵染嘎拉、金冠、秦冠、乔纳金、王林、明月、陆奥等品种，导致苹果早期大量落叶。富士、红星等品种高抗炭疽叶枯病。炭疽叶枯病在刚开始发生时，其症状特点很难与其他早期落叶病相区别，很重要的一点是通过品种进行判断，同一个果园或相邻果园，如果嘎拉、乔纳金等发病很重，而旁边的富士没有发病，则该病很大程度上是炭疽叶枯病。

目前对苹果炭疽叶枯病的发生规律还不是十分清楚。大量的观察表明，翌年6月当平均气温超过20℃，遇持续3d以上的阴雨天气，在枝条上越冬的苹果炭疽叶枯病菌即可产生分生孢子进行初侵染，

3～5d后果园内可见到初侵染病斑。初侵染发病后，遇适宜的条件病菌形成分生孢子进行再侵染。苹果炭疽叶枯病菌有多次再侵染，直到9月气温低于20℃不适合病害发生为止。7～8月的降雨天数和降水量与该病在当年的发生程度呈明显的正相关关系。病原菌侵染后潜育期最短为3d，因此，该病也是目前我国苹果上发生和流行速度最快的一种病害。由于该病刚出现时很多果农不认识，连续2～3年的病害失控，导致不少果园毁树或更改为富士等其他品种。苹果炭疽叶枯病已经成为我国苹果品种结构调整的一个重要限制性因素。

防治技术

（1）栽培抗病品种。抗病品种的利用是防控苹果炭疽叶枯病的根本措施。对渤海湾和西南冷凉高地降水量较多的地区，在品种选育和利用上应将该病作为重要的考虑因素。

（2）加强栽培管理，清除菌源。控制枝量，合理留枝，防止果园郁闭，保持果园通风透光良好。清除田间越冬病菌。萌芽前喷一遍高浓度的波尔多液或5波美度石硫合剂；5月剪除枯死枝，尤其是小枯死枝、果台枝；6月在发病初期剪除病梢，带出果园销毁。

（3）化学防治。由于该病潜伏期短，流行季节降雨以后3d病害就会大量出现，并造成严重落叶，因此，雨后喷药难以阻止已侵染的病菌发病，一定要在雨前喷药。重点在7月的预防和保护，而不是8月的治疗。或者，在病害流行初期，喷施药剂防止病斑产孢，也能有效控制病害后期的流行。在药剂方面，吡唑醚菌酯和波尔多液效果相对较好，其共同特点是持效期长，可将这两种杀菌剂交替施用。但是，由于波尔多液属于铜制剂，在一个生长季建议使用次数最多不能超过两次，且黄土高原种植区较少施用波尔多液。因此，目前生产上以喷施吡唑醚菌酯为主。但近年来发现，果园内已出现对吡唑醚菌酯产生抗性的菌株，部分抗性菌株的抗性水平已超过1 000倍。

彩图8-1　由苹果炭疽叶枯病引起的落叶并导致二次开花

彩图8-2 苹果炭疽叶枯病果实症状

彩图8-3 苹果炭疽叶枯病在幼叶上发病初期的症状

彩图8-4　苹果炭疽叶枯病在叶片上发病中后期的症状

（李保华摄）

彩图8-5　苹果炭疽叶枯病在叶片上引起类似褐斑病的症状

彩图8-6 苹果炭疽叶枯病发生后期造成叶片枯死

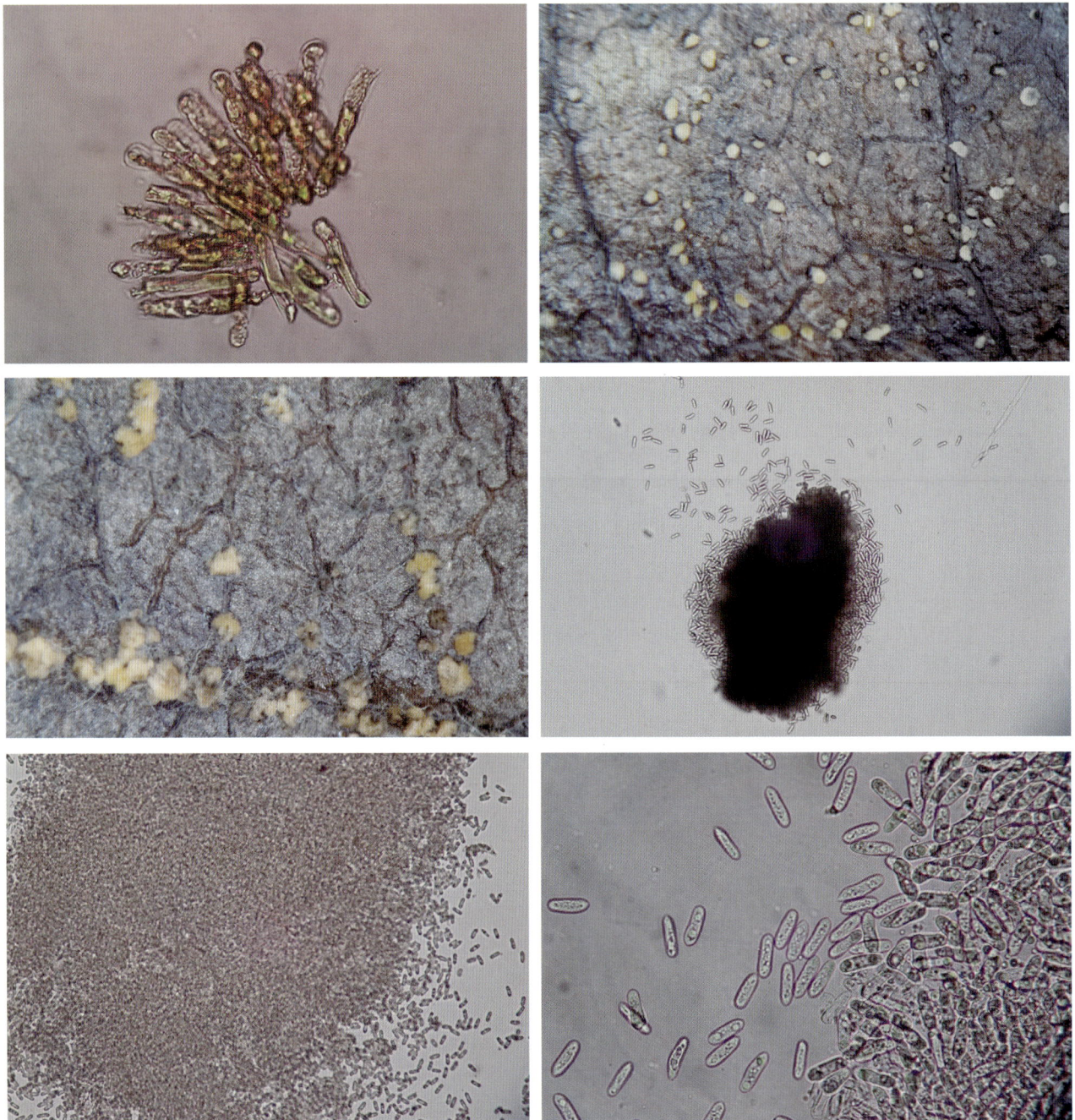

彩图8-7 苹果炭疽叶枯病病叶经保湿后形成的分生孢子团、分生孢子梗及分生孢子

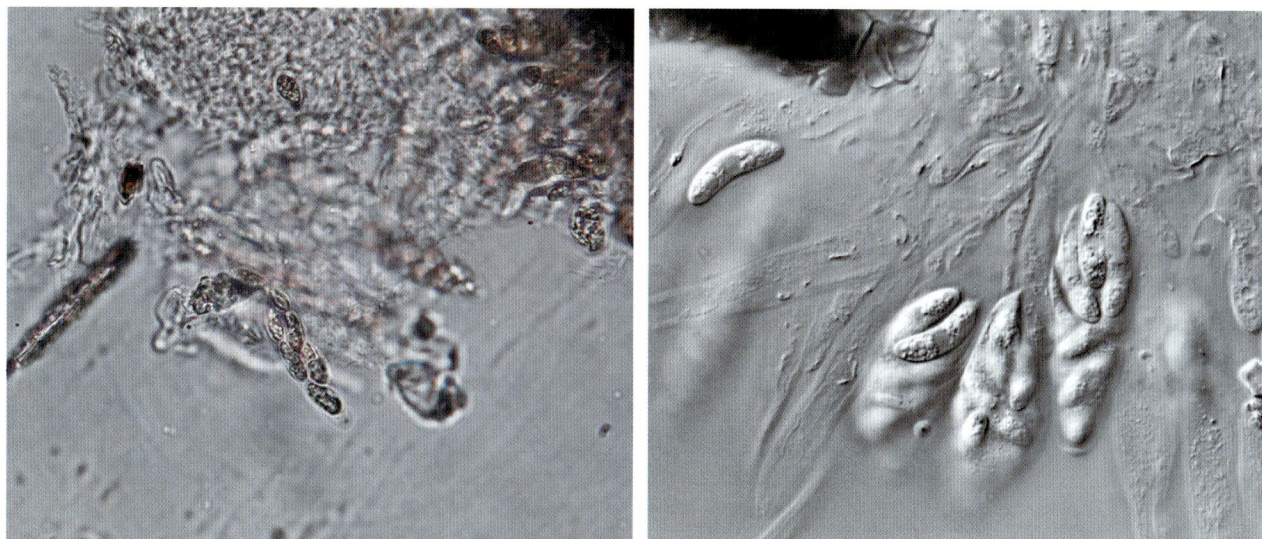

彩图8-8 苹果炭疽叶枯病形成的子囊及子囊孢子

(右为李保华摄)

彩图8-9 苹果炭疽叶枯病发病后期果实症状（病斑放大及分生孢子盘）

彩图8-10　嘎拉感病叶片脱落，旁边的富士抗病

彩图8-11　同一棵树的下部是秦冠，感病且大量落叶，上部嫁接了富士则表现抗病

彩图8-12　感病品种嘎拉喷施波尔多液保护后，虽有少量发病但发病很轻

9.苹果银叶病

苹果银叶病主要发生在江苏、安徽、河南3省的黄河故道苹果产区，其他产区如山东、河北、云南等地也有发生。病树先是部分大枝发病，逐渐扩展到全树，严重的可造成死树。该病的发生多年来比较稳定，总体属于次要病害，但是对于发病的果园则为害严重。

症状

苹果银叶病的明显特征是叶片呈银灰色，带有光泽。春季展叶较晚的健树，落花以后开始呈现症状。首先是一两个枝上的叶片表现症状，在后续年份，发展至其他枝干。病叶症状大致有典型银叶和隐蔽银叶两种类型。典型银叶的叶表面如同涂上一层银灰色薄膜，病叶较健叶小，厚而脆，表皮容易与叶肉组织分离。轻搓叶面，表皮即破裂卷缩，露出叶肉。后期沿主脉出现锈斑，病叶破裂，易早期脱落，病叶边缘焦枯。隐蔽银叶多发生在新病树或经过治疗病势减轻的树上，其特点是叶片褪色，产生不均匀的鱼鳞状和灰、绿、黄相间的斑纹。病树不开花或开花坐果很少。轻病树虽能结果，但果实小而色淡，产量很低。发病的树干上或受影响的枝条常有坏死组织，纵切、横切树干或枝条可见木材变成褐色。引起木材腐烂的病原菌产生一种有毒物质，当转移到叶片上时，会引起银叶症状。

病原

苹果银叶病病原菌为紫韧革菌（*Chondrostereum purpureum*），属担子菌门韧革菌属真菌。病原菌子实体软革质，平伏而边反卷成檐状，呈覆瓦状着生，反卷部分长0.4～2cm，宽1.5～4cm，往往相互连接。子实体上表面浅肉色至浅土黄色，具绒毛，干燥时边缘皱缩并内卷。子实体下表面子实层平滑，初期藕粉色，后呈灰褐色。子实层基部有泡状体，大小为（15～25）μm×（12～20）μm。孢子近椭圆形，光滑，大小为（5～7）μm×（2～3）μm，一侧扁平。子实层上偶然有细而弯曲的突起，似毛状物。

侵染循环

病原菌以菌丝在病枝内越冬，也可在死树树皮上以子实体越冬；发生病害的树体多年都可作为初侵染来源。秋季病原菌的子实体在坏死部位形成，直到来年6月担孢子随气流、雨水传播，从剪口、锯口或机械伤口侵入木质部。担孢子在子实体潮湿、温度高于冰点时即可释放，病原菌侵染新鲜的伤口，如修剪伤口、嫁接裂口或树体在大雪或冰下折断的残茬。一个月以上的伤口很难被感染，这与苹果树腐烂病有相似之处。

流行规律

冬季和早春是侵染的最关键时期，当侵染发生在春季时，大约1个月后可以看到叶片出现银色。苹果银叶病属于积年流行性病害，病害的发生程度取决于初侵染，再侵染在病害流行中的作用不大。排水不良、地下水位高、土质黏重、挂果多、树势衰弱、伤口过多时发病重。不同品种间抗性略有差异，金冠、元帅相对发病轻，而富士发病相对较重。

防治技术

苹果银叶病的防控重在预防，尤其是冬季对剪锯口的保护最为重要。化学药剂防控只是辅助性措施，而且一旦树体发病已经很重，化学药剂往往很难奏效。

（1）冬季修剪以后，对剪锯口马上用甲硫萘乙酸或伤口愈合剂涂抹。

（2）加强果园管理，防止果园积水，增施有机肥，增强树体抗病力。轻病树通过肥水管理可以得到恢复。

（3）保护树体，减少伤口。彻底铲除病树、死树，锯去初发病的枝条并销毁，做好天牛等蛀干性害虫的防控，减少虫伤。入冬之前对树体主干和主枝向阳面涂抹涂白剂（如腐轮4号），可以减轻树体冻害的发生。

（4）在加强栽培管理的基础上，春季对轻病树的病枝干打孔，注入8-羟基喹啉进行药剂封闭。

彩图9-1　苹果银叶病典型症状

彩图9-2　苹果银叶病病叶的上皮细胞与下层的栅栏细胞分
离形成坏死区

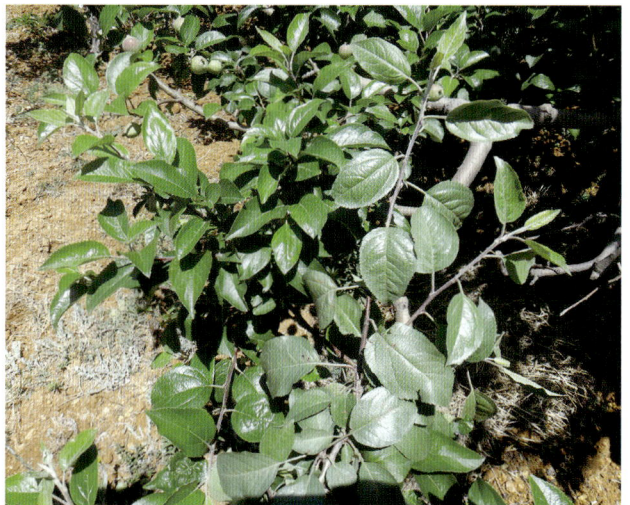

彩图9-3　苹果银叶病叶片与健康叶片的比较

彩图9-4　苹果银叶病侵染导致树体衰弱，枝干死亡

（孔宝华摄）

10. 苹果丝核菌叶枯病

苹果丝核菌叶枯病于20世纪末首先在山东省高青、惠民、博兴、东平等地被发现，2008年在河南濮阳、2011年在河北饶阳和肃宁也发现该病。总体而言，该病属于局部分布的劣势病害，传播和发展速度较慢。但是，该病一旦在果园发生，很难根除，对发病果园会造成较大影响。

症状

发病初期枝表面有白色菌丝蔓延，后经叶柄蔓延至叶背，叶片出现褐色枯斑，逐步扩大，3～7d后致全叶枯死，但不立即脱落。后期叶背及枝表面出现初为白色渐变褐色的菌丝块，最后形成半球形菌核。花芽受害后表现为芽鳞疏松，干枯死亡，不能正常开花结果；叶芽受害后不能正常发芽。病害严重时，发病部位树枝枯死。该病在果园的分布呈点片状，在一棵树上也局限于某个枝杈，一旦树体被菌丝侵染，树枝变弱，最后枯死。健康叶片一旦与病叶接触，叶片即被菌丝粘连在一起，导致叶片枯死。尽管该病扩展速度较慢，但是病原菌非常顽固，侵染枝条后很难被铲除。

病原

病原菌无性态为立枯丝核菌（*Rhizoctonia solani* Kühn），属担子菌门丝核菌属真菌。菌核半球形至不规则形，直径1.5mm，初白色后变黄褐色，由拟薄壁组织构成，菌丝粗壮，幼嫩时分枝近直角，老熟后角度变小，分枝发生点位于菌丝细胞远基端的隔膜附近，缢缩，菌丝初无色，成熟时变褐色，后期形成念珠状细胞。该菌的有性世代属于担子菌，菌丝具有桶状隔膜复合体结构，菌丝细胞多核。

侵染循环

病原菌主要以菌丝和菌核在病株上越冬，来年温湿度条件合适时菌核和菌丝开始生长并侵染，导致枝条和叶片发病。由于病原菌无性世代不产生孢了，所以该病在树体和田间的传播比较缓慢。病原菌有性世代在病害流行中是否发挥作用，目前还不明确。

流行规律

该病一般6月中旬以后开始发病，进入雨季发病严重，6月中旬至8下旬为发病高峰期，9月下旬以后病情停止发展，随后形成菌核。低温潮湿、管理粗放、树冠郁闭有利于发病。富士、乔纳金、新红星、国光、元帅系、鸡冠、烟青、北海道9号发病较重，松本锦、大国光、红玉、金冠发病较轻。砧木平邑甜茶和中间砧M26也可发病，平邑甜茶发病相对最轻。

病原菌通过菌丝的生长和蔓延不断在树体扩展，不排除鸟类和昆虫携带进行株间传播，远距离传播主要靠种苗的携带。

防治技术

（1）加强田园卫生，清除病原菌。一是结合冬剪去除枯死枝，二是生长季节一旦发现病死的枝叶，及早剪除，将病枝叶带出园外深埋，防止发病区域扩大。

（2）使用健康苗木。加强对苗木质量的检查，避免带病苗木将病害带入新建园。

（3）化学防治。平时喷药防控叶部病害时，注意均匀周到，使枝条也着药，这样可以控制住该病的发生。

彩图10-1 苹果丝核菌叶枯病造成叶片和枝条枯死

彩图10-2 立枯丝核菌在叶片上生长蔓延

彩图10-3 立枯丝核菌在枝条上生长蔓延

彩图10-4 立枯丝核菌导致叶片枯死并粘连在枝条上（病菌在枝条上形成菌核越冬）

第三节　花果真菌病害

11.苹果霉心病

苹果霉心病俗称黑心病，是苹果生长后期和贮藏期出现的重要病害，在我国各苹果产区均有分布，但发生的程度受品种、气候影响很大。病害发生轻微时对苹果的食用不构成影响，但会影响果品的商品属性，发生严重时则直接造成心腐，乃至果实由内向外腐烂。

症状

苹果霉心病果实外观无明显症状，病害先从果实心室发生，再由心室逐渐向果肉扩展，其症状可分为霉心和心腐两个类型。霉心型表现为在心室内生有黑色、白色、灰色等霉状物，几乎不向果肉扩展，病组织无苦味；心腐型表现为心室褐变腐烂，并向果肉扩展，在腐烂果的空腔中常有粉红色霉状物，病组织味极苦，严重时整个果实内部变褐腐烂，从萼洼处开裂，从外部也能判断出果实出现了问题。

病原

苹果霉心病是由多种真菌复合侵染果实心室而引发的病害，包括链格孢（*Alternaria alternata* Keissl.）、粉红单端孢（*Trichothecium roseum* Link. et Fr.）、棒盘孢（*Coryneum* sp.）、镰孢菌（*Fusarium* sp.）、狭截盘多毛孢（*Truncatella angustata* Hughers）、茎点霉（*Phoma* sp.）、拟茎点霉（*Phomopsis* sp.）、大茎点霉（*Macrophoma* sp.）、头孢霉（*Cephalosporium* sp.）、盾壳霉（*Coniothyrium* sp.）、芽枝霉（*Cladosporium* sp.）、葡萄孢（*Botrytis* sp.）、青霉（*Penicillium* sp.）等10多种真菌，其中最主要的是链格孢和粉红单端孢。

链格孢属子囊菌门链格孢属真菌。菌丝无色透明，有分隔，直径3～6μm。分生孢子梗聚集成堆，分生孢子倒棍棒形，暗褐色，有纵、横分隔，纵隔1～3个，横隔3～7个，喙孢长短不等，大小为（10～24）μm×（3～5）μm，颜色较浅。分生孢子在孢子梗上串生，靠近孢子梗的孢子最大，孢子链末端的孢子最小，分生孢子的大小因菌龄和产孢时间不同有很大差异，一般大小为（7～70）μm×（6～22）μm。链格孢侵染在果心呈黑霉状，不向果肉扩展，表现为霉心型症状。

粉红单端孢属子囊菌门单端孢属真菌。分生孢子梗直立，有少数横隔或无隔，不分枝，梗端稍膨大。分生孢子自梗端单个地、以向基式连续产生一串孢子，靠着生痕彼此连接而聚集在梗端。分生孢子倒卵形，双胞，上胞大，下胞小，无色或浅粉色，大小为（14～24）μm×（7～14）μm。粉红单端孢侵染果心，致使果心腐烂，并向果肉扩展，表现为心腐型症状。

侵染循环

苹果霉心病病原菌多为兼性菌，在果园分布很广。树上的僵花、僵果、枯短枝、芽鳞片、剪锯口、死树皮上都有病原菌分布。病原菌借风雨传播，苹果开花后，雌蕊、雄蕊、花瓣等花器组织首先感染病菌，至落花时雌蕊已被病菌定殖。元帅、红星、新红星、富士、斗南、北斗等品种感病；国光、秦冠、金冠、嘎拉、寒富、丹霞等品种抗病。品种间因果实萼筒和萼窦开张程度、开张率不同而影响其抗性。抗病品种萼筒和萼窦呈封闭状，阻断了病菌侵入果心的通道。感病品种萼筒及萼窦开放或部分开放，病菌首先通过离生花柱间的花柱缝孔侵入，通过花柱缝、花柱延伸缝扩展，进入心室，再通过心室上的裂缝进入果肉，造成心室生霉、果实腐烂。

流行规律

苹果采收后霉心病发生的轻重与贮藏条件关系极为密切。在没有冷藏条件的土窑洞或地窖中，由于温度较高，发病常常很严重，这是因为高温满足了病原菌的快速繁殖，高温同时促进了果实衰老的进程。在长途运输和货架期，如果不能有效控制环境温度在0℃左右，随着温度的升高，病情逐渐加重。

果园管理粗放、果园清洁工作不细致、结果过量、有机肥不足、矿质营养不均衡、果园郁闭、地势低洼、通风透光不良、树势衰弱等因素都有利于发病。套袋果实霉心病发病比不套袋严重，这是因为袋内湿度较高，光照较弱，更有利于病原菌的侵染。

花期遇雨和开花之后一个月内多雨，当年发病严重。例如山西太谷红星苹果1995年开花到之后一个月（4月20日至5月27日）降雨2次，当年心腐果发病率为2.52%；1996年开花到之后一个月（4月28日至6月4日）降雨5次，当年心腐果发病率22.6%。花期遇雨有利于病原菌对花器的侵染，花后一个月内遇雨，暴露在外的残腐花器获水回软，病原菌可以继续向果心侵染。随着幼果发育，暴露在外的花器部分越来越少，花后一个月以后的降雨不易浸湿花器，病菌向果心的扩展暂时停止。采收后贮藏温湿度高时，残腐花器回软，病原菌可继续侵染果心。

果形指数、果实硬度、果个大小等因素与发病也有一定关系。果形指数和果实硬度与发病程度呈负相关，果个大小与发病程度呈正相关，中心果较边果发病重。笔者曾在保定一个果园连续两年对斗南苹果做疏花试验，发现留边花结果霉心病的发病率比中心花结果的发病率要低50%。这是因为边花结的果实果形指数高，导致萼筒变长，故减轻了病原菌的侵染概率。

有些地区的苹果在管理上有用植物生长调节剂蘸花的习惯，虽然通过该措施可将果实拉长，提高果形指数，但由于蘸花也会刺激萼筒的开张，如遇花期雨水多时，霉心病发生更加严重。

防治技术

苹果霉心病的防治，应贯彻生长期药剂防治为主，农业防治和贮藏期控制温度为辅的防治策略。

（1）萌芽前树体消毒。萌芽前向树上喷5波美度石硫合剂，也可喷70%甲基硫菌灵可湿性粉剂500倍液或45%代森铵水剂200倍液、5%菌毒清水剂100倍液，清除树体上的越冬菌源。

（2）花期喷药。北方干旱地区如果花期未遇雨，可于落花初期喷药1次；花期遇雨，雨后应尽快喷药。可用50%异菌脲可湿性粉剂1 000倍液、10%多氧霉素可湿性粉剂1 000倍液、3%多抗霉素可湿性粉剂300倍液，对霉心型致病菌效果较好；80%代森锰锌可湿性粉剂800倍液、70%百菌清可湿性粉剂600倍液、43%戊唑醇悬浮剂4 000倍液、10%苯醚甲环唑水分散粒剂3 000倍液等药剂对各种致病菌都有较好的防效。利用枯草芽孢杆菌、酵母菌等生物制剂进行花期喷雾，抢占侵染位点，抑制病原菌萌发，达到防病效果，该项技术已有试验报道，有望能在生产上推广应用。

（3）提倡无袋栽培。富士苹果不套袋，霉心病的自然发病率较低，一般不超过10%。但是，套袋后由于袋内湿度较高，特别是透气性差的塑膜袋和内袋为塑膜袋的双层袋，发病率大增，可达30%以上。所以，套袋富士苹果应选用透气性良好的纸袋，红星苹果不要套袋。

（4）清洁果园。果园树下的残枝枯叶、树上的僵花僵果、枯死果苔是各种腐生病原菌的越冬场所，应当在果树萌芽前认真清理，深埋，以降低田间菌源数量。

（5）合理修剪。通过隔株间伐、抬高主干高度、落头开心、疏除过密枝等修剪方法，改善果园通风透光条件，可以减轻霉心病的发生。

（6）改善贮运条件。贮藏环境的温度是影响果实发病及病原菌扩展的关键条件，果实采收后贮藏在冷库或气调库中，对控制采后发病有显著效果。短期贮藏在土窑洞中的苹果要在夜间放风降温，尽快销售。切忌塑膜袋扎口贮运，否则，霉心病发生会很严重。

彩图11-2　苹果霉心病发病中期症状（内核呈心腐状）

彩图11-1　苹果霉心病发病初期症状（症状
仅限于核内）

彩图11-3　甘肃天水花牛苹果霉心病症状（后期果肉腐烂）

彩图11-4   斗南苹果霉心病发病严重时萼洼处开裂，内部呈心腐状

彩图11-5   斗南苹果霉心病症状（果实上伴有水心病和锈果病）

彩图11-6   定果时或套袋前清除果实上残败的花器可减轻霉心病发生概率

彩图11-7　甘肃天水花牛苹果用过植物生长调节剂（左、中）和未用植物生长调节剂（右）萼洼的开张程度不同

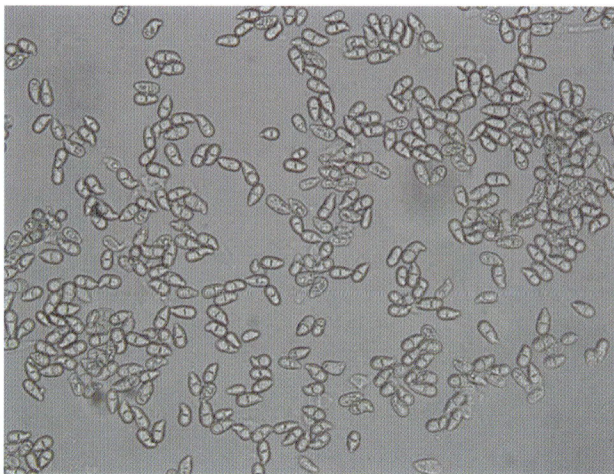

彩图11-8　粉红单端孢分生孢子
（戴蓬博摄）

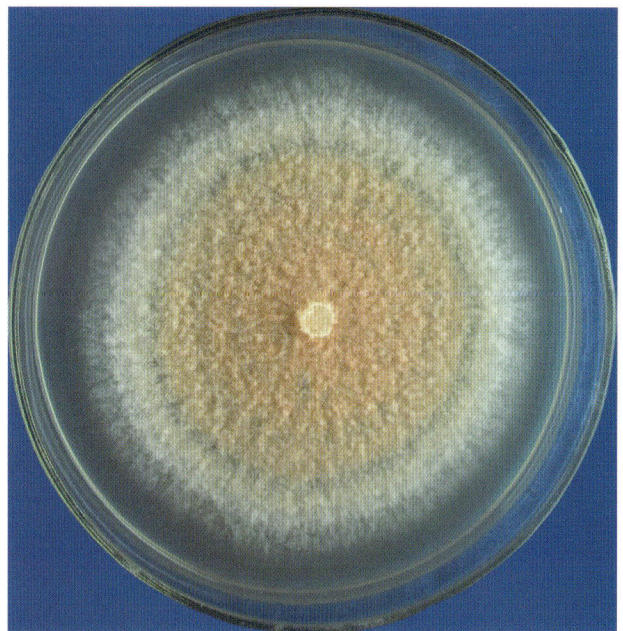

彩图11-10　粉红单端孢在培养皿上的生长状态
（戴蓬博摄）

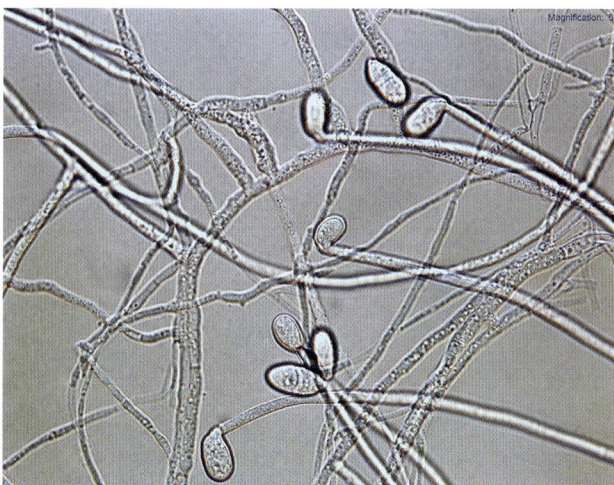

彩图11-9　粉红单端孢分生孢子梗和分生孢子
（戴蓬博摄）

12. 苹果套袋果实黑点病及黑红点病

苹果套袋是20世纪90年代在我国开始推广的一项农艺措施，该措施对提升果品表观质量和防控果实病虫害有很大作用，很快在全国得到普及。果实套袋对果实轮纹病、炭疽病和各类食心虫有很好的防控作用，然而，套袋这种特殊的管理方式也带来一些负面作用，其中之一就是套袋果实黑点病和黑红点病，该病在各苹果产区均有发生，在不同年份和不同果园造成不同程度的影响。

症状

黑点病为害套袋果实，多发生于果实萼洼处。发病初期，以皮孔为中心出现褐色斑点，很快病斑变为黑褐色；伤口发病时，病斑稍大；发病后期，有些黑点从伤口或皮孔渗出病组织液，风干后成为白色粉点。斑点扩展非常缓慢，到果实采收期，多近圆形，直径1～2mm，有的达3～5mm，边缘暗褐至咖啡色，微隆起，周围有黄绿至黄色晕圈。中央稍凹陷，颜色稍浅，棕色或红褐色。病皮以下组织为褐色、干腐、倒圆锥状，深1～2mm。

黑红点病是一个统称，随着研究的深入这类病害还应进行细分，目前黑红点病泛指除已知的造成果实坏死和腐烂以外的各类斑点和后期腐烂。多发生在果实胴部，病菌可从皮孔侵入，更多的是从皱裂、伤口侵入，被侵染部位表现黑色，病斑边缘多表现红色，也有的不表现红色，在果实采收前后，病斑发展迅速，严重影响果品销售和贮藏。

病原

两种病害均由多种病原菌引起。黑点病主要致病菌为粉红单端孢（*Trichothecium roseum* Link.）。此外，也有链格孢（*Alternaria* sp.）、点枝顶孢（*Acremonium stictum* Link.）等致病菌的报道。黑红点病则以链格孢为主，兼有其他病菌。

粉红单端孢分生孢子梗细长、直立、不分枝、有横隔，大小为（95～240）μm×（2.8～3.7）μm，于顶端连续产生分生孢子。分生孢子单生，倒卵形，无色或浅粉色，双胞，上胞大，下胞小，下端基细胞歪向一侧，呈喙状，大小为（14～24）μm×（7～14）μm。

链格孢基本形态特点与斑点落叶病菌相同。病菌侵染皱裂或伤口后，会在果皮下发展，随着病斑的扩大，病原菌会从皮孔或裂纹处长出黑色霉层，为病原菌的菌丝、分生孢子梗和分生孢子。去除果皮后，可见果皮以下的黑色霉层，用针挑取霉层，会发现菌丝呈束状，形成这种结构可能与寄主组织有关。束状菌丝上也产生分生孢子梗和分生孢子。

侵染循环

粉红单端孢是多种植物残体上最为常见的腐生菌之一，其腐生基物范围很广，苹果树上的僵花、僵果、枯死果苔及树下的落果、枯枝都是其越冬场所。病菌借风雨传播，花期开始侵染花器，包括干枯的花萼和花柱、花丝、花瓣等。花期遇雨和从花期到套袋前降雨次数多的年份，花器残体带菌率高，发病严重。在不套袋的情况下，花器残体上的病菌很难获得适宜的繁殖湿度，所以不套袋果实基本上不发生黑点病。果实套袋以后，尤其是使用内黑双层袋，袋内形成暗光、高湿环境，满足了病菌繁殖条件，因而花器残体上的菌源数量大大增加，成为果实的主要侵染源。

流行规律

我国北方套袋苹果黑点病始发于7月上旬，盛发生于降水量最大的8月，个别年份9月降水量很大时，盛发期延后。所以黑点病发生程度与7～9月降水量有正相关性。

由于富士苹果果柄较短，袋口不能收聚在果柄上，所采用的套袋方法为折叠扣压法，这种方法严格意义上是不能阻止雨水顺果柄进入袋内果实上的。进入袋内的雨水在果实胴部和萼洼处滞留，遇到花器残体上扩散的病菌孢子，孢子萌发就会从皮孔和伤口侵入。套袋时没有将纸袋撑鼓，或没有将纸袋下角

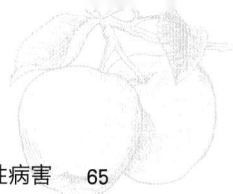

通气排水孔撑开，发病就重；袋口朝上的发病也重，朝侧下的发病较轻。

乱跗线螨、康氏粉蚧、叶螨等害虫时常会入袋为害果面，增加果面伤口，为病菌侵染创造有利的条件，防治不当，常会诱使黑点病严重发生。套袋前用药不当，用药种类过多、浓度过高造成药害，致使果面产生微小伤口，套袋后发病严重。

果袋的透气状况对花器残体上病菌的滋生和果实发病有重要影响。不同质量的果袋，透气性差异较大，使用透气性好的纸袋，发病率低。此外，最近的研究表明，套袋果实果皮表皮蜡质层比不套袋果实薄，抵抗病菌侵染能力较弱，这也是套袋果实易发生黑点病的因素之一。生产中看到，有机肥充足，不偏施化肥的果园，黑点病发生很轻，这也许与有机肥利于果皮结构中蜡质层的形成有关。

防治技术

套袋果实黑点病发生原因复杂，应当采取以药剂防治为主，结合科学栽培管理的综合防治措施，才能取得良好的防效。

（1）清洁果园。果园地面的落果，果园周围堆放的枯枝，树上的僵花、僵果、枯死果苔是病菌的主要越冬场所，苹果树休眠期要对它们集中清理、深埋，降低越冬菌源基数。

（2）萌芽前喷药。萌芽前喷5波美度石硫合剂、70%甲基硫菌灵可湿性粉剂500倍液、45%代森铵水剂200倍液、5%菌毒清水剂100倍液等药剂，清除树体上的菌源。其中5波美度石硫合剂不但有杀菌作用，还有封闭作用，持效期很长。

（3）花期喷药。花期如果遇雨，雨后尽快喷药；花期如果无雨，落花初期喷1次药，重点喷好花器，防止花器感染。可选药剂有80%代森锰锌可湿性粉剂800倍液、40%氟硅唑乳油8 000倍液、10%苯醚甲环唑水分散粒剂4 000倍液、43%戊唑醇悬浮剂3 000倍液、50%异菌脲可湿性粉剂1 000倍液。由于落花期也是多种害虫防治的关键时期，所以，此次用药可与阿维菌素、四螨嗪、吡虫啉、哒螨灵等杀虫杀螨剂混合使用。

（4）套袋前喷药。落花后至套袋前，每次降雨之后都应喷药，并混合氨基酸钙等钙制剂；套袋前对果实进行最后一次喷药，以杀菌剂混合杀虫剂为主。常用药剂有：80%代森锰锌可湿性粉剂800倍液+10%吡虫啉可湿性粉剂2 000倍液、70%甲基硫菌灵可湿性粉剂1 000倍液+3%啶虫脒乳油2 000倍液、10%苯醚甲环唑水分散粒剂4 000倍液+1.8%阿维菌素乳油2 000倍液、50%多菌灵可湿性粉剂800倍液+15%哒螨灵乳油1 500倍液、40%氟硅唑乳油8 000倍液+5%甲氨基阿维菌素苯甲酸盐乳油4 000倍液、43%戊唑醇悬浮剂3 000倍液+20%四螨嗪悬浮剂3 000倍液、50%异菌脲可湿性粉剂1 000倍液+25%三唑锡可湿性粉剂1 000倍液等。

（5）选用优质果袋。果袋质量不仅直接关系着套袋效果，而且与病害发生轻重关系很大。因此，外纸袋一定要选用针叶树木原料造的木浆纸，且纸质厚薄要适中，柔软细韧，透气性好，遮光性强，不渗水，经得起风吹日晒雨淋，边口胶合严。内袋要不褪色，蜡质好而涂蜡均匀，抗水，在高温日晒下不融化。

（6）规范套袋。据各地试验，提早套袋可使幼果早适应袋内环境，果面也更细腻。套膜袋的以谢花后15～20d为宜；套纸袋的以谢花后25～35d为宜；套膜袋加纸袋的，在套膜袋后15～25d再套纸袋。套袋时，果袋要鼓胀起来，上封严，下通透，不皱折，不贴果，果实悬于袋的中央。

（7）加强田间管理。生产上常常见到黑点病与苦痘病、痘斑病混合发生，以至于很难确切诊断主要发病原因。为此，要加强田间综合管理，尤其要做好夏季的疏枝、拉枝工作，使叶幕层厚薄适宜，通风透光，降低果园空气湿度，营造不利于病菌滋生的果园环境。果实生长中后期，控施氮肥，避免氮、磷、钾等矿质元素失调，提高果实自身抗病能力。秋季多雨时，注意排水，以降低土壤含水量和空气湿度。秋季施足有机肥，平衡有机营养与无机营养，为来年生产打好基础。

（8）人工摘除花器残体。试验表明，落花期后人工摘除花丝、花柱，可以有效防止黑点病的发生，其原理就在于去除了病菌赖以生存的基物。此方法可以结合定果工作一起进行。

彩图12-1　发生在果实萼洼处的套袋果实黑点病症状

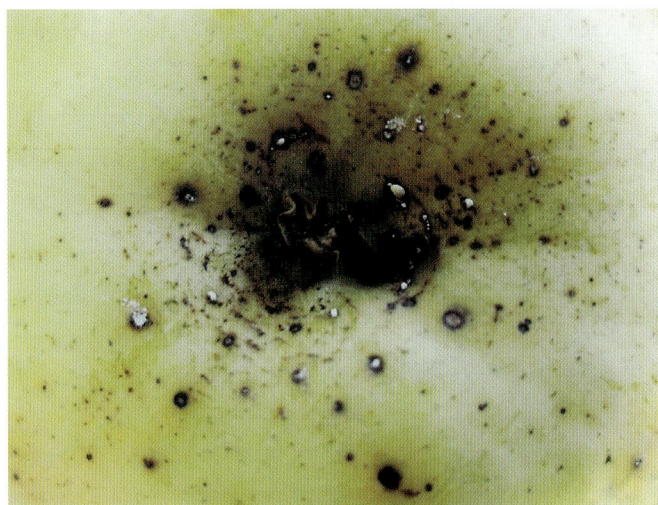

彩图12-2　放大的套袋果实黑点病症状（可见黑点部位有粉状物溢出）

彩图12-3　发生在果实胴部的套袋果实黑点病症状

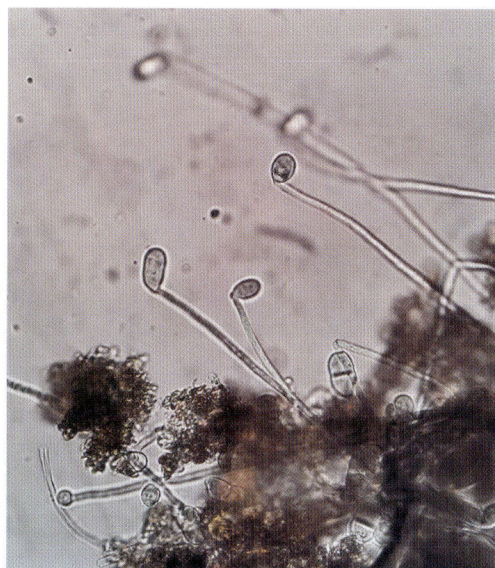

彩图12-4　引起黑点病的粉红单端孢分生孢子梗及分生孢子

彩图12-5　发生在果实胴部的黑红点病症状

彩图12-6　苹果黑红点病果实皱裂及被病菌感染

1.背阴处皱裂更明显　2.皱裂处被病菌感染　3.皱裂处被病菌感染周边组织呈现红色

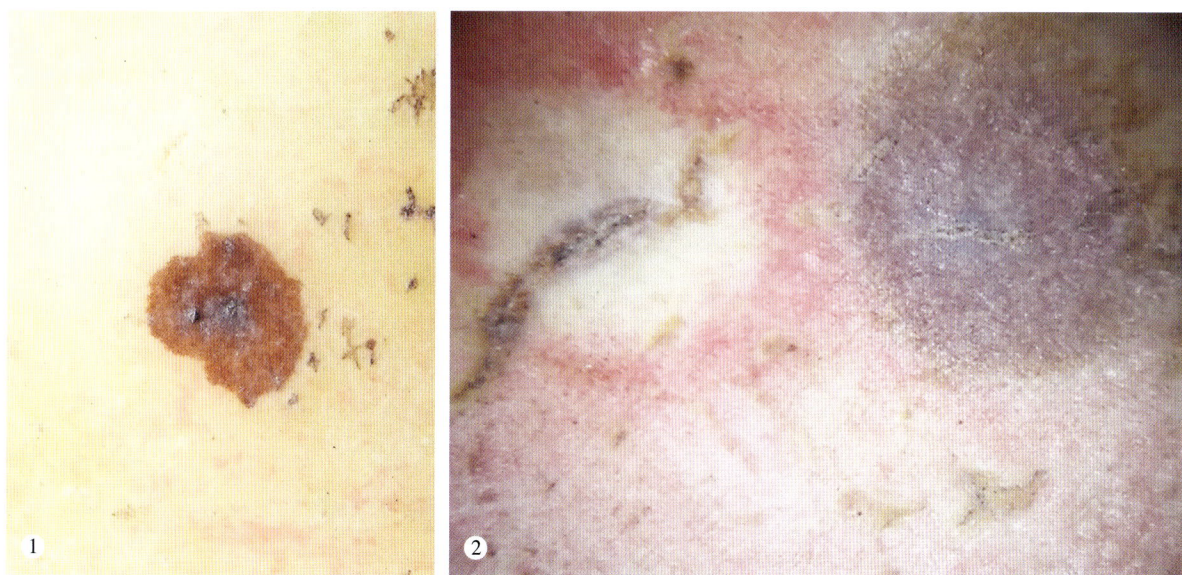

彩图12-7　苹果黑红点病发病位点的放大

1.病菌由粗糙的皮孔侵入　2.左侧裂纹下出现痘斑，右侧裂纹被病菌侵染

彩图12-8   苹果黑红点病果实裂纹及皮孔被病菌侵染

1.病菌从皮孔侵入   2、3.病菌由裂纹侵入

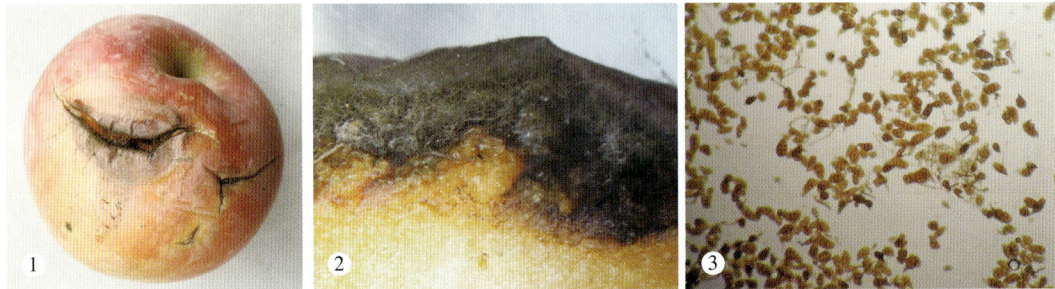

彩图12-9   由皱裂和裂口引发的黑红点病，后期病斑腐烂加速

1.果实开裂处被病菌侵染   2.链格孢菌菌丝、分生孢子梗及分生孢子   3.链格孢菌分生孢子

彩图12-10   链格孢形态特征

1.由裂纹处侵染形成的病斑   2.病斑的放大   3.裂纹处的菌丝   4.菌丝霉状物的放大   5.果皮下的菌丝束
6.菌丝束的侧面观   7.菌丝束的放大   8.分生孢子

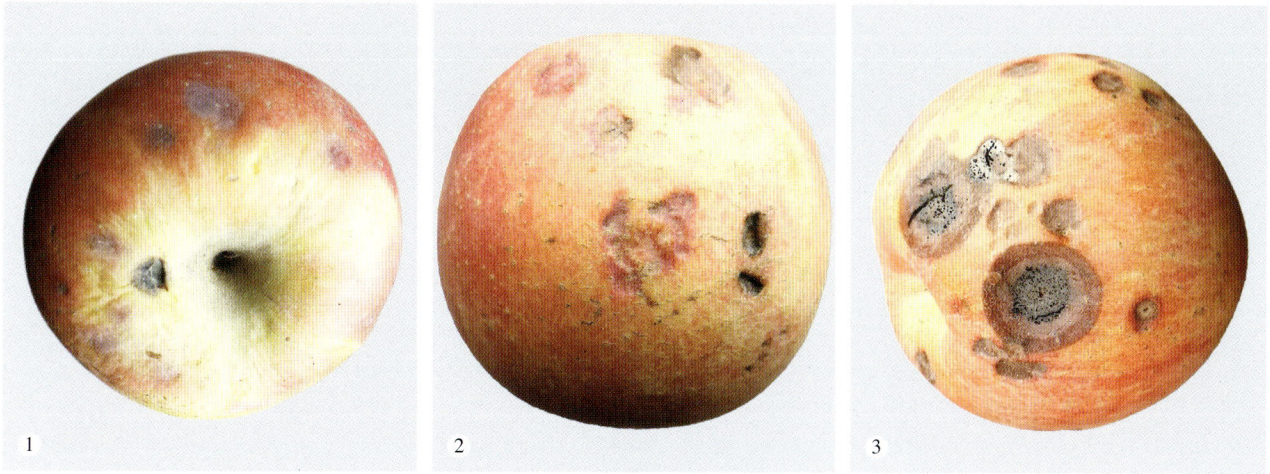

彩图 12-11　黑红点病和黑斑类症状的复杂性

1.斗南苹果苦痘病症状，在左下角有一个黑红点病病斑　2.苦痘病病果上有两个侵染性黑斑　3.苦痘病病斑又被病菌侵染形成复合病斑

彩图 12-12　苦痘病和黑点病的症状区别

1.苦痘病症状（左边的病斑用记号笔标记）　2.苦痘病病斑　3.斗南苹果上的苦痘病症状　4、5.初期的黑点病症状　6.后期变成黑斑

彩图 12-13　苦痘病和黑点病病斑的扩展情况

1、2、3.苦痘病病斑在11月1日、7日和13日的情况，病斑变化不大　4、5、6.链格孢引起的黑斑在以上3个时间的变化，发展非常快
7、8.11月1日和13日的病果，可以看出同一个果上既有苦痘斑也有黑斑，黑斑发展很快而苦痘斑相对稳定　9.健康果实状况

13. 苹果黑星病

苹果黑星病又称疮痂病，是世界各苹果产区的重要病害之一，具有流行速度快、为害重、难于防治等特点。该病曾被列为我国农业植物检疫性有害生物。该病在我国为局部发生病害，目前主要在吉林、辽宁、黑龙江、陕西、甘肃和新疆等苹果产区发生，降雨较多的年份发生较重。近年来，该病在云南、山西、河南发生逐渐加重，发生区域也在扩大，应给予高度关注。

症状

苹果黑星病可以侵染叶片、叶柄、嫩梢、花、果实、果梗等，主要为害叶片和果实。依据寄主的反应和病症特点将苹果黑星病症状归纳为疱斑型、边缘坏死型、干枯型、褪绿型、梭斑型和疮痂型6类。叶片染病，初现黄绿色圆形或放射状病斑，后变为褐色至黑色，部分病斑叶肉组织凸起呈疱斑状；病斑上常生一层黑褐色茸毛状霉层。果实染病，初生淡绿色斑点，圆形或椭圆形，渐变为褐色至黑色，常呈疮痂状。表面也产生黑色茸毛状霉层，病斑逐渐凹陷，硬化，常发生星状开裂。果实贮藏期病菌一般不再侵染。

病原

苹果黑星病病原菌为不等黑星菌 [*Venturia inaequalis* (Cooke) Wint.]，属子囊菌门黑星菌目黑星菌属。病原菌分生孢子梗圆柱状，丛生，短而直立，不分支，深褐色，基部膨大，1～2个隔膜，分生孢子梗上有环痕，孢子梗大小为（24～64）μm×（6～8）μm，分生孢子梗与菌丝区别明显或不明显，产孢细胞全壁芽生产孢，环痕式延伸；分生孢子具0～1个隔膜，偶具2个或2个以上隔膜，分隔处略缢缩，分生孢子倒梨形或倒棒状，淡褐色至褐色或橄榄色，孢子基部平截，表面光滑或具小刺突，大小为（16～24）μm（平均20.5μm）×（7～10）μm（平均8.5μm）。在培养基上，菌落不规则形或正圆形，平铺状，橄榄色、灰色或黑色，菌丝分支并有分隔。子囊座初埋生于基质内，后外露，或近表生，球形或近球形，直径为90～100μm，孔口处稍有乳状突起，并有刚毛，刚毛长25～75μm。每一子囊壳内一般可产生50～100个子囊，最多242个。子囊幼小时，内生一种不孕器官，形同侧丝，当子囊孢子成熟时，这些器官即行消失。子囊基部有一些细胞，状如厚垫，上生子囊，因子囊不是同时成熟，所以在同一个子囊壳内，同时可以找到成熟的和幼小的两种子囊。子囊无色，圆筒形，大小为（55～75）μm×（6～12）μm，具有短柄，壁很薄。子囊内一般含8个子囊孢子，成熟的子囊孢子卵圆形，青褐色，大小为（11～15）μm×（6～8）μm，子囊孢子有一偏上部分的隔膜，分隔处缢缩，上部细胞较小且稍尖。

侵染循环

苹果黑星病菌有3种越冬形式，即分生孢子在叶片、枝条、芽鳞等处直接越冬；菌丝体在病组织中越冬；落叶上的子囊孢子越冬。子囊孢子翌年春季开始成熟，是主要的初侵染源，可借风雨传播，也可被蚜虫携带传播。侵染取决于叶表面连续湿润时间的长短及此期间的温度。展叶20d以内的幼嫩叶片更感病。对于果实而言，在整个生长期内均感病，且子囊孢子侵染所需要的结露持续时间随果实的增长而增加。子囊孢子潜育期7～12d。病斑上产生的分生孢子经风雨传播可进行多次再侵染。

流行规律

病原菌分生孢子在2～30℃均可萌发，适宜温度为22℃。在水中萌发温度为20～25℃，最适pH为5.0～6.5。果园内的分生孢子以5月中下旬至7月上中旬最多，也是侵染的最佳时期，发生末期在10月上中旬。苹果黑星病流行的适宜温度为20℃，低于10℃，高于30℃均不利于该病流行。苹果黑星病发生的严重程度与当年5～8月的降雨相关，尤其是5～6月的降雨。在菌量充足的情况下，5～6月降水量是当年病害流行的决定因素，此段时间内降水量超过140mm为大发生年份，80～140mm为中度发生年份，80mm以下为轻度发生年份。秋季发病落叶上的菌丝经3周左右即可在苹果叶片组织中形成初始假囊壳，继而发育成产囊体，产囊体中形成拟侧丝，最终发育形成子囊，并分化产生子囊孢子。

防治技术

（1）加强检疫。苹果黑星病仍为局部发生的病害，在种苗和接穗调运时应加强检疫。避免把带病苗木和接穗传播到无病区。

（2）种植抗病品种。目前主栽苹果品种多不抗病。已经培育出的抗病品种多为携带 vf 基因的品种，但这些品种酸度较大，品质上与主栽品种还有差距。

（3）农业防治。增施有机肥，低洼积水地注意及时排水，改良土壤，以增强树势。加强修剪、增加树冠通风透光程度能减缓病菌在园内的传播。秋季在落叶上喷施尿素能加速落叶的腐解，大幅减少落叶上的病原菌。

（4）化学防治。有苹果黑星病发生历史的果园在花芽露红期即可开始用药，可与白粉病和锈病的防控结合起来。落花后的喷药可根据品种、天气、果园病情基数、以前使用的杀菌剂等多种因素来决定。由于越近成熟的果实感病性越强，因此，对黑星病的防控要持续到采收前 3 ～ 4 周。药剂可用 40% 氟硅唑乳油 6 000 倍液、40% 腈菌唑可湿性粉剂 6 000 倍液、10% 苯醚甲环唑水分散粒剂 3 000 倍液、43% 戊唑醇悬浮剂 3 000 倍液等，结合施用保护性杀菌剂 80% 代森锰锌可湿性粉剂 500 倍液，且注意对早期落叶病等其他病害和各种害虫的防治，保护未发病和新生叶片，施药时要均匀周到，避免产生药害，尽量保护更多的叶片不脱落。

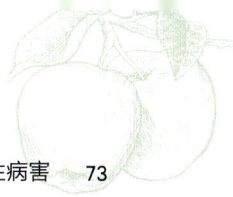

彩图 13-1　苹果黑星病叶片症状
（王树桐摄）

彩图 13-2　苹果黑星病果实症状
（王树桐摄）

14. 苹果煤污病

苹果煤污病在果实生长后期潮湿多雨的地区发病较多。发病果实的果面往往布满煤烟状污斑，影响果实外观，降低商品价值。煤污病除为害苹果外，还能为害各种果树、野生林木和灌木。

症状

煤污病发生在果皮表面，尤其在近成熟的果面形成橄榄绿色或深褐色不规则形的煤烟状污斑，边缘不清晰，用手容易擦掉。发生严重时，污斑扩大，多个污斑可以连接在一起，使果面布满煤污状斑。严重影响果实外观和果实着色。菌落中有许多褶状体（菌丝密集生长的区域），这些褶状体有时类似于蝇粪病的小黑点，但面积比蝇粪病的黑点要小。枝条发病，其表面散出绿色菌丛，削弱枝条生长。

病原

苹果煤污病的病原菌为仁果黏壳孢菌 [*Gloeodes pomigina*（Schw.）Colby]。春季菌丝层产生分生孢子器，高度20～40mm，直径60～130mm，分散或聚集式分布，分生孢子从分生孢子梗顶部断裂式释放，分生孢子大小不等，圆筒形，壁厚，无色，直或稍弯，双胞。

侵染循环

以菌丝和分生孢子器在苹果芽、果苔、枝条上越冬。翌年春以分生孢子和菌丝随风雨、昆虫传播，侵染叶、枝、果实表面。落花后2～3周病菌即可开始侵染果面，侵染集中于7月初到8月中旬，高温多雨季节繁殖扩展迅速，可多次再侵染。凡树冠郁密、管理粗放的果园，防治不及时，可在半个月内造成果面污黑，严重发病。

流行规律

病原菌的适宜生长温度为18～27℃，超过30℃则生长停止。生长季节通过厚垣孢子及菌丝片段进行传播。在相对湿度大于90%的无水条件下菌丝可以生长，最适条件下，潜伏期为8～12d，一般情况下在果园的潜伏期为20～25d。

防治技术

（1）农业防治。冬季清除果园内的落叶、病果，剪除树上的徒长枝集中销毁，减少越冬基数；夏季管理，7月对郁闭果园进行2次夏剪，疏除徒长枝、背上枝、过密枝，使树冠通风透光，同时注意除草和排水，果实套袋。

（2）化学防治。发病初期，可选用1：2：200波尔多液、77%氢氧化铜可湿性粉剂500倍液、75%百菌清可湿性粉剂800～900倍液。代森锰锌也有很好的保护作用，其持效期可达30d左右，苯并咪唑类杀菌剂也有比较好的效果，克菌丹的保护作用较差。

彩图 14-1　苹果煤污病症状

15. 苹果蝇粪病

苹果蝇粪病别名污点病，侵染部位是果实，主要寄主是苹果，也包括一些林木。元帅系（红香蕉、红星、新红星）、青香蕉等角质层比较厚的苹果品种更加感病。该病在全国各苹果产区都有分布。

症状

在果面形成由数10个小黑点组成的斑块，小黑点光亮而稍隆起，形似苍蝇粪便，之间由无色菌丝连通，用手难以擦去，也不易自行脱落，影响果实外观，降低食用和经济价值。苹果蝇粪病和煤污病常混合发生，症状复杂，不易区分。蝇粪病常见症状为果皮表生黑色菌丝，上生小黑点，即病菌的分生孢子器或菌核，小黑点组成大小不等的圆形病斑，病斑处果粉消失。

病原

苹果蝇粪病病原菌为仁果细盾霉 [*Leptothyrium pomi* (Mont. et Fr.) Sacc.]。分生孢子器半球形、圆形或椭圆形，小而黑色发亮，器壁组成细胞略呈放射状。

侵染循环

病原菌寄生于苹果芽、果苔及枝条，在其上越冬，翌春末，在菌丛里形成分生孢子器，产生分生孢子，借雨水传播。高温多雨利于病菌繁殖，可对果面进行多次再侵染。果实面向病枝的一面发病多。侵染的关键时期是6～9月，如此时降雨频繁，果园郁闭，地势低洼，往往发病较重。

流行规律

病原菌在果实角质层上生长。在最适条件下菌落可见并产生分生孢子需要10 ~ 12d。在果园中病原菌从侵染到可见症状需要3周时间。分生孢子产生的最适温度为17 ~ 20℃，最适湿度为95%以上。

防治技术

（1）加强栽培管理。果园要开沟排涝，合理修剪，增强通透性，降低果园湿度，清除园内杂草。精细疏果，每个花絮只留一个果实，多个果实生长在一起时既增加了湿度，也不利于药剂防治，所以特别容易染病。果园周边的树篱过密不利于园内的通风，有助于病害的发展，应该根据情况对树篱进行适当疏除。

（2）化学防治。可用与煤污病同样的化学药剂防控苹果蝇粪病。除克菌丹外，所有杀菌剂对蝇粪病的防控效果要好于对煤污病的防控。

彩图15-1　苹果蝇粪病果实症状

彩图15-2　苹果蝇粪病发病后期病斑布满果实表面

16. 苹果炭疽病

苹果炭疽病是苹果园常发的一种病害，主要为害果实，造成果实腐烂。自实施果实套袋以后，炭疽病对果实的威胁大幅降低。然而，在一些不套袋的果园，或者套袋果园摘袋后遇到降雨天气，炭疽病仍然会造成果实发病。

症状

炭疽病主要为害果实，发病初期在果面上出现1～2mm淡褐色水渍状小圆斑，幼果期和果实膨大期出现的病斑扩展缓慢，进入着色期后病斑扩展迅速，病皮呈暗褐色，病果肉褐变，呈漏斗状，软腐味苦。当病斑扩大到2cm左右时，病斑表皮下出现黑色小粒点，为病原菌的分生孢子器，略呈轮纹状排列。雨后潮湿环境条件下，孢子器吐出粉红色分生孢子团黏液。病果腐烂可达整果的1/3～1/2，一个果上可有多个病斑。

病原菌也可以侵染小枝和果苔，在衰弱或有伤口的小枝上形成暗褐色溃疡斑，病部稍凹陷，边缘有稍隆起的愈伤组织，皮开裂。果苔发病自顶向下蔓延，呈暗褐色，受害果苔干枯死亡。

病原

病原菌无性态为果生刺盘孢（*Gloeosporium fructicola* Berk）和胶孢炭疽菌（*Colletotrichum gloeosporioides*）等，有性态为围小丛壳（*Glomerella cingulata* Spauld. et Sch.），属子囊菌门小丛壳属。分生孢子盘即病斑上长出的小黑粒点，分生孢子梗平行排列，单胞，无色，大小为（15～20）μm×（1.5～2）μm。分生孢子单胞，无色，长椭圆形，大小为（10～35）μm×（3.7～7）μm。分生孢子团中混有胶质，呈粉红色，遇水融化，分散传播。分生孢子萌发时先产生一横隔，形成两个细胞，每个细胞各长出一芽管，芽管前端形成附着胞，再长出侵染钉穿透角质层侵入，或经皮孔、伤口侵入。有性世代很少发生，可发生于落果、病枝条和人工培养基上。子囊壳埋生于黑色子座内，子囊棒状，大小为（55～70）μm×（9～11）μm。

侵染循环

病原菌以菌丝体在病枝条、病果苔、病僵果上越冬，春季产生分生孢子，成为初侵染源，借风雨和昆虫传播。抵达果面上的病菌孢子在条件适宜时，5～10h即可完成侵染。苹果炭疽病具有潜伏侵染现象，幼果期侵染的菌丝潜育期较长，可达30～50d，膨大期侵染的菌丝潜育期较短，一般10～20d，接近着色成熟期侵染的菌丝潜育期很短，为5～7d。菌丝在果肉中分泌果胶酶，破坏细胞组织，导致果肉腐烂。携带有潜伏侵染病菌的果实在贮藏期可以发病，并侵染相邻的苹果，引起烂窖。

流行规律

病原菌孢子萌发最适温度为28～32℃，夏季高温高湿有利于病原菌侵染。田间发病多在夏季雨后数日出现病斑，接近成熟期的雨后高温天气病害常会暴发。

排水不良的黏土地、低洼地、郁蔽果园容易产生高湿环境，发病较重。树势弱发病早而重，偏施氮肥发病重。苹果品种中较为抗病的有嘎拉、红星、金冠、青香蕉，感病品种有富士、秦冠、国光等。据报道，病原菌可侵染刺槐，以刺槐为防风林的果园发病早而重。

防治技术

（1）清除越冬菌源。结合冬季修剪，剪除树上的枯死枝、干枯果苔和僵果，深埋或销毁。萌芽前喷5波美度石硫合剂，进一步铲除越冬菌源。

（2）生长期防治。由于苹果炭疽病具有侵染期早、潜伏期长的特点，药剂防治一定要从幼果期开始，一般于疏果定果后开始喷第一次药，可选戊唑醇、异菌脲。生理落果期后喷第二次药，结合苹果褐斑病防治可喷1∶2∶200波尔多液。果实膨大期可视降雨情况继续使用1～2次波尔多液。接近着色期时，根据降雨情况，每次中到大雨之后尽快喷药，可选异菌脲、戊唑醇、甲基硫菌灵。

（3）加强栽培管理。确保果园留枝量合理，通风透光条件良好。低洼地、黏土地及年降水量在800mm以上的果园应注意秋季排水，尽量降低果园湿度。采收后每亩沟施农家肥3～4m³，或商品有机肥300～400kg，增强树势。

彩图16-1　苹果炭疽病早期症状

彩图16-2　苹果炭疽病后期症状

彩图16-3　苹果炭疽病在果实上的典型症状（病斑表面出现呈轮纹状的分生孢子盘）

彩图16-5　果实腐烂斑表面分生孢子盘的放大

彩图16-4　果实内呈现锥形腐烂

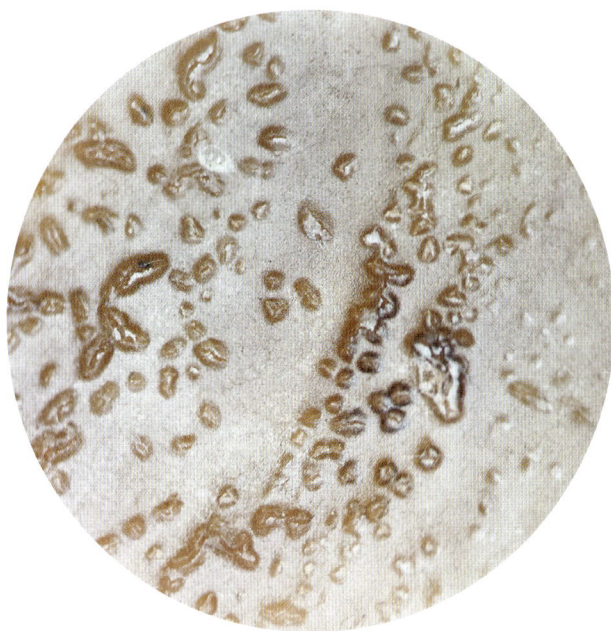

17. 苹果褐腐病

苹果褐腐病是严重为害苹果生产的病害，在世界各地广泛分布。欧洲早在18世纪末期就有对其病原菌的报道，我国对褐腐病的记载最早可以追溯到20世纪20年代，此后，我国北京、河北、山西、云南、河南和山东等10余个省份报道了该病的发生。该病不仅在果树生长期进行为害，造成花腐、果腐、枝条溃疡等，还能引起贮藏期烂果，在一些地区发病率可达20%，严重时高达100%，严重影响了苹果的食用价值，减少了果农的经济收入，对苹果产业造成严重威胁。2001年，在山西临猗县大范围发生苹果褐腐病，病果率最高达30%，给当地苹果产业造成了严重的损失。该病不但为害苹果、梨、山楂等仁果类果树，也是桃、李、杏、樱桃、梅等核果类果树的主要病害，同时还对蔷薇科其他作物造成危害。

症状

苹果褐腐病可侵染仁果及核果植物的花、叶片、枝梢和果实等多个部位，常引起花腐、叶片枯萎、枝干溃疡甚至流胶，并造成果实腐烂。

花器受害自雄蕊及花瓣尖端开始，产生褐色水渍状斑点，之后逐渐扩展至全花，花瓣变褐枯萎，气候潮湿时花器腐烂，表面可丛生灰色霉层，气候干燥时花器萎蔫干枯，残留于枝上，久不脱落，花腐可导致坐果减少。如果花被侵染后没有形成花腐，其中的病菌将会侵入花梗，最后到达幼果或果柄。

叶片通常不发病，仅在春季多雨季节发病。嫩叶受害，自叶边缘开始变褐枯萎，干枯的病叶残留枝上久不脱落。新梢受害，枝条中下部产生菱形、不规则形的溃疡病斑，初为黄褐色，后变为深褐色，病斑凹陷，界限明显，不断向上、下扩展蔓延，可造成病部以上枝条干枯死亡甚至整个大枝枯死。

果实是主要受害部位，果面最初形成褐色圆形水渍状小斑点，后迅速扩大造成全果腐烂，当分生孢子梗突破病斑表层后，形成成丛的同心轮纹状分生孢子梗并产生分生孢子。发病果实有时可以散发出奇特的香味。部分果实失水、干缩形成僵果，僵果或落到地上，或埋藏在土壤和落叶下面，或悬挂枝上经久不落。

病原

引起苹果褐腐病的病原菌最常见的有3个种，即美澳型核果链核盘菌(*Monilinia fructicola*)、核果链核盘菌(*Monilinia laxa*) 和果生链核盘菌(*Monilinia fructigena*)。无性态的优势种为果生丛梗孢（*Monilia fructicola*）。

侵染循环

苹果褐腐病菌主要以菌丝、分生孢子、子座等形式在树上或地面的僵果上越冬。春天，当条件适宜时，即长时间保持潮湿或者有足够多的降雨时，僵果或病残体上能够产生大量的分生孢子，是主要的初侵染来源。分生孢子侵染果树的花、幼枝或幼果。病原菌侵染花形成花腐，有的侵染后不表现症状而潜伏侵染。病原菌主要通过各种伤口侵入，也可经过皮孔入侵果实，形成果腐。发病的花朵、枝条及幼果上又能产生大量的分生孢子进行再侵染。贮运期间可通过接触传播或昆虫传播。

流行规律

不同品种抗病程度不同，大国光、小国光为感病品种。伤口是病原菌侵染的主要途径，因此果实上的伤口越多，越容易发生褐腐病。造成果实伤口的最主要因素一是发生冰雹灾害，二是鸟害。新鲜伤口更容易被病原菌侵染，且侵染后潜育期更短。陈旧性伤口也可能被侵染，但潜育期相对较长。果实越接近成熟，越容易发生褐腐病。幼果期即使果实有伤口也不容易发生褐腐病。

防治技术

（1）农业防治。秋末冬初结合清园彻底清除树上与树下的病果及僵果，以减少侵染源。生长期摘除树上的病果、伤果以及病枝，就地填埋于地下30～50cm深处。冬季或早春翻耕土壤，清除病果。

（2）化学防治。使用杀菌剂是防治褐腐病最为有效的手段，在落花期施用可以有效预防花腐，在采收之前3～5周施用可以减少伤果被病菌感染的机会。我国使用杀菌剂防治褐腐病的情况较为复杂，生产上防治褐腐病的主要杀菌剂包括多菌灵、噻菌灵、甲基硫菌灵、异菌脲、腐霉利、丙环唑和戊唑醇等。近年来陆续推出的啶酰菌胺、氟吡菌酰胺、吡噻菌胺、氟酰胺等对褐腐病防治效果也很好。

（3）生物防治。枯草芽孢杆菌(*Bacillus subtilis*) 是第一个被报道能有效防治采后桃褐腐病的微生物。其产生的广谱抗生素，如芬枯草菌素、伊枯草菌素和表面活性素中都含有对病原真菌有拮抗作用的脂肽，也能有效防控苹果褐腐病。

（4）贮藏期防治。贮藏前严格剔除各种病果、伤果及虫果。采用50～52℃热水处理3min或55～60℃热水处理30s。贮藏温度为1～2℃，相对湿度为90%。贮藏期间定期检查，及时处理病、伤果，以减少传染和损失。

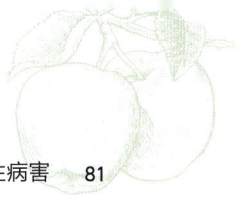

彩图 17-1　挂在树上的褐腐病病果

（王树桐摄）

彩图 17-2　落在地面的褐腐病病果

（王树桐摄）

彩图 17-3　树上的褐腐病僵果

18.苹果疫腐病

苹果疫腐病又称颈腐病、实腐病，在我国各苹果区均有发生，属于偶发性病害。在多雨年份，常造成大量烂果及果树根颈部腐烂，导致幼树和大树死亡。该病除为害苹果外，还为害梨、桃等。

症状

苹果疫腐病主要为害果实、根颈及叶片。果实受害后果面产生不规则形、深浅不均的暗红色病斑，边缘不清晰，似水渍状。有时病斑部分与果肉分离，表面呈白蜡状。果肉变褐腐烂后，果形不变，呈皮球状，有弹性。病果极易脱落，腐烂组织有酒糟味，最后失水干缩成僵果。在病果皮孔、开裂或伤口处可见白色绵毛状菌丝体。

主干基部受害，病部皮层呈褐色腐烂状，后随病斑扩展，整个根颈部被环割，腐烂。后期病部失水，干缩凹陷，环状缢缩，病健交界处龟裂。

叶片被病菌侵染后产生不规则形褐色坏死斑点，斑点进一步发展会融合在一起，造成叶片枯死和早期脱落。

病原

苹果疫腐病病原菌为恶疫霉 [*Phytophthora cactorum* (Leb. et Cohn.) Schrot.]，属卵菌门卵菌纲霜霉目疫霉菌属。孢囊梗合轴分枝，孢子囊顶生，近球形或卵形，罕为长卵形，基部圆形，平均大小为 $43.3\mu m \times 32.8\mu m$；孢子囊具一明显乳突，孢子囊成熟后脱落，具短柄，柄长。游动孢子肾形，大小为 $(9 \sim 12)\ \mu m \times (7 \sim 11)\ \mu m$，鞭毛长 $21 \sim 35\mu m$。休止孢子球形。藏卵器易在各种培养基上大量产生，球形，直径 $23 \sim 35\mu m$，壁薄，平滑，无色，柄棍棒状。雄器近球形或不规则形，多侧生，靠近或远离藏卵器柄，偶有围生雄器，大小为 $9.5\mu m \times 9.4\mu m$。卵孢子球形，浅黄褐色，直径 $11 \sim 33\mu m$，壁厚 $2.7 \sim 4.6\mu m$，近满器。

侵染循环

苹果疫腐病是由卵菌引起的病害，病菌可以卵孢子随病组织在土壤中越冬。病菌在 $12 \sim 18℃$ 最为活跃，地面病菌的游动孢子借雨水飞溅到果实和叶片上，从皮孔或气孔侵入引起发病，以距地面60cm以内的果实发病较多。病菌在潮湿的天气中可以长出霉层，形成孢子囊，进行再侵染。如果病害发生较早，在采收之前，病果容易脱落，在贮存期的损失较小。如果果实被侵染较晚，则果实在贮存期还会发生二次腐烂，因为病菌在 $3 \sim 4℃$ 低温冷藏条件下也能生长。

流行规律

苹果疫腐病的发生和流行对水分有较高的需求，所以病害流行的条件往往是多频次的降雨，或大水漫灌、喷灌以及雨后积水多，尤其是山坡地，雨水由上至下流动，都会造成病害的传播。病害可以通过孢子囊随风雨进行气传，造成果腐和叶片发病，也可以通过流水进行传播，造成树体根颈部发病，导致整棵树死亡。

有的果园利用自然降雨形成的水库作为灌溉水的来源，如果水体被病菌污染，则存在随灌溉传病的风险，而井水或经过漂白粉消毒的水比较安全。

树冠下垂枝多，四周杂草丛生，果园或局部小气候湿度大发病重。苹果疫腐病的发生与温、湿度关系密切，每次降雨后，都出现发病高峰。高温、多雨天气则会引起病害流行。在土壤积水的情况下，果树根颈部如有伤口，病菌就会侵入皮层，造成根颈部腐烂。品种间抗病性有差异，红星、金冠、印度、祝光等发病较多，红玉、倭锦等也易染病，国光、富士、乔纳金等品种发病较轻。

防治技术

（1）农业防治。加强栽培管理，去除离地面较近的结果枝，使结果部位离地面至少在80cm以上。及时疏果，摘除病果及病叶，集中深埋或销毁。疏除过密枝条、下垂枝，改善通风透光条件。在灌溉中要关注水体的安全。对于山坡地，要做好排水，起垄栽培，不让地面流水直接接触树体根颈部位。

（2）化学防治。发病重的果园，可于落花后喷64％杀毒矾可湿性粉剂500倍液或58％甲霜灵·锰锌可湿性粉剂1 000倍液、90％三乙膦酸铝可湿性粉剂600倍液、1∶2∶200倍式波尔多液，可保护树冠下部的叶片和果实。必要时还可用40％三乙膦酸铝可湿性粉剂200倍液或25％甲霜灵可湿性粉剂800倍液灌根。

彩图18-1　苹果疫腐病发病初期症状（离地面较近的果实往往先发病）

彩图18-2　苹果疫腐病发病果实（夏季病害进入快速发展阶段）

彩图18-3　苹果疫腐病造成果实流胶，表面长出白色霉层，切开果实放置两天表面也长出霉层

彩图18-4　苹果疫腐病发病后期整个果实腐烂乃至脱落，表面有白色霉层

(李夏鸣摄)

彩图18-5　苹果疫腐病菌对底层叶片的侵染

19. 苹果青霉病

苹果青霉病又称水烂，在我国各苹果产区均有发生，是贮藏期的一种常见病害。除侵害苹果外，还能侵害梨、葡萄等多种水果。在过去贮存条件不好时，90%以上的果品损失由青霉病所致。目前，很多冷库已经具备了低温气调条件，由青霉病引起的烂果率已经低于1%。

症状

苹果青霉病主要发生在果实的伤口部位。病斑表面黄白色，稍凹陷，圆形或近圆形，果肉腐烂湿软，呈锥形往果心扩展，腐烂部分与健康部分容易分离。条件适宜时，10多天即可致全果腐烂。烂果肉具很浓的霉臭味，这是一个典型的识别特点。在温度较高时，病斑表面长出小瘤状霉块，初期白色，以后变为蓝绿色，上面被覆粉状物，即病菌的分生孢子梗和分生孢子。病原菌也可引起苹果心腐，是由分生孢子进入萼筒和果心侵染造成的。

病原

苹果青霉病由子囊菌门青霉属（*Penicillium* spp.）真菌引起。从病果上可以分离到十几种青霉，其中扩展青霉（*P. expansum* Link.）是优势种。所有青霉种类在PDA培养基上均能产生大量菌丝和分生孢子。分生孢子很小，球形、半球形至椭圆形，直径4.5～5μm，从帚状产孢梗串生。青霉菌能够分泌毒素，使染病果实很快腐烂。用扩展青霉接种果实伤口，在20～22℃条件下，仅用8～10d，病斑直径即可达30～40mm，远高于其他种类青霉的扩展速度。

侵染循环

病原菌在果园土壤中广泛存在，但除落地果实外，田间很少发现病果。大部分病果是在采收、包装时被侵染的，病原菌来自贮藏库的墙壁及用具、重复使用的果箱等。分生孢子随气流或水滴传播。病原菌主要从伤口侵入，但贮运过久的果实也能从皮孔侵入。

流行规律

由于该病主要发生在贮存期，贮存条件对病害的发生影响很大，贮存温度高，病害发生速度快，尤其对采摘期较晚、成熟度较高的果实，病害发生速度快。在气调库条件下，病害发生概率大幅降低，病原菌在该条件下很难产生分生孢子，然而一旦气调库打开，环境条件发生变化时，病原菌会继续生长和产孢繁殖。随着加工条件的改善，一些地方开始使用选果线对果品进行分级，有的选果线具备抛光打蜡功能，当有部分腐烂的苹果通过选果线上的刷子时，刷子有可能被病菌污染，还有的选果线以水作浮载，这样都会造成病原菌在果实之间的传播。

防治技术

防止苹果产生伤口，注意果库及包装物消毒。提倡采用气调库，控制贮藏温度为0～2℃，氧气浓度为3%～5%，二氧化碳浓度为10%～15%。

苹果采收后，可用50%苯菌灵、50%甲基硫菌灵、50%多菌灵可湿性粉剂1 000倍液等浸泡5min，然后再贮藏，有一定的防效。

彩图 19-1　苹果青霉病症状

（江彦军摄）

彩图 19-2　苹果青霉病菌子实体放大

（江彦军摄）

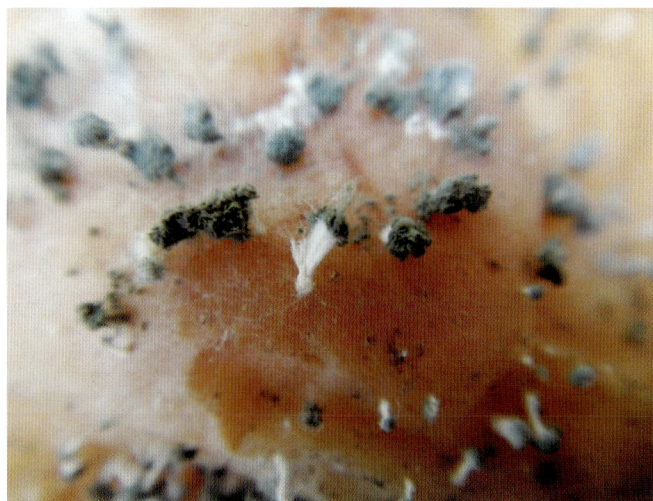

彩图 19-3　苹果青霉病菌从病果皮孔长出分生孢子梗，
上面产生帚状分支及青绿色分生孢子

（江彦军摄）

20. 苹果花腐病

苹果花腐病是东北、秦岭高地、渭北高原、四川等高海拔果园较常见的病害。在病害流行年份，减产 20%～30%。该病除为害苹果外，还为害海棠、太平果、沙果、山定子等。

症状

苹果花腐病可为害叶、花、幼果及嫩梢。叶腐在展叶期发病较多，发病初期叶尖、叶缘或中脉两侧产生红褐色小斑点，逐渐扩大呈放射状。病斑沿叶脉向叶柄发展，使叶片枯萎，空气潮湿时病部产生灰白色霉状物(病菌的分生孢子梗和分生孢子)。花腐是由叶腐蔓延扩展至花梗、花蕾，花序呈黄褐色枯萎或变褐腐烂，花朵萎蔫、干枯下垂。果腐是病菌从柱头侵入，随着花粉管而进入子房使胚珠发病，后穿透子房壁而达果面。因此表现为开花正常，但当幼果长到黄豆粒大时果面上出现褐色斑点，从果心处溢出酒糟味褐色黏液，很快全果腐烂，失水后变成僵果，仍长在花丛或果苔上。枝腐先在新梢上形成褐色溃疡病斑，枝腐部位下陷，干枯病斑绕枝条 1 周后，导致枝条上部枯死。

病原

苹果花腐病病原菌为苹果链核盘菌（*Monilinia mali*），属子囊菌门核盘菌属。无性态为日本丛梗孢（*Monilia japonica*）。子囊袋状，大小为（125 ~ 176）μm×（6.4 ~ 9.6）μm。有侧丝，侧丝单胞，无色，大小为（90 ~ 174）μm×（3.8 ~ 5.1）μm。子囊孢子单胞，无色，椭圆形，大小为（9.6 ~ 16.3）μm×（4.8 ~ 6.7）μm，平均14μm×6.3μm。大型分生孢子柠檬形，单胞，无色，两端有乳头状突起，大小为（8.1 ~ 20.5）μm×（6.2 ~ 16.2）μm，小型分生孢子无色，球形，单胞。菌丝在PDA及酵母素合成培养基上生长发育最好，生长温度为2 ~ 35℃，最适温度为15 ~ 20℃。分生孢子形成的最适温度为18℃，在10℃下亦可形成。分生孢子萌发的最适温度为18 ~ 27℃，萌发时并不要求特殊的营养，在水中即可萌发。分生孢子和子囊孢子的寿命都很短，分生孢子的寿命一般不超过60d。

侵染循环

病原菌以落在地下的病果、病叶以及病枝上的菌核越冬，翌春果树萌芽时，菌核开始萌发产生孢子，随风传播，侵染叶片引起叶腐，病叶上的分生孢子从柱头侵入引起花腐并造成随后的果腐。叶腐潜育期为6 ~ 7d，果腐潜育期为9 ~ 10d。

流行规律

春季展叶期到花期多雨低温是诱导发病和流行的重要因素，其中以降雨最为突出。展叶期前后低温多雨有利于地面病组织中的菌核产生子囊盘，易引致叶、花发病。开花期多雨，气温偏低，可使花期延长，受侵染机会增多，导致幼果发病。

修剪不合理造成树体枝叶量过多，通风透光差。果园有机质缺乏，营养元素比例失调，果园土壤酸化严重，抗病力降低。雨后果园积水不能及时排出，根系活力下降，树势衰弱。果园湿度大，为病菌孢子的繁殖、侵染提供了条件。

防治技术

（1）清除菌源。及时清除枯枝、落叶和落果等病残组织，埋压至15cm以下土中，防止产生子囊盘。果树发芽前，全树和地面喷3 ~ 5波美度石硫合剂，以减少菌源。春季发病初期，结合修剪，剪除病枝，摘除病叶、病果。

（2）农业防治。增施有机肥，按斤果斤肥的标准施入饼肥、腐熟的动物粪便，尤其重视钙、镁、硼、钾的施用，增强树势，提高抗病力；做好夏季修剪，疏除徒长枝、重叠枝、外围交接枝、下垂枝，保持树冠内通风透光，增强果树抗病能力；新建果园要重视品种的合理搭配，避免单一品种的大面积栽培；花期进行人工辅助授粉预防果腐；雨后及时排水；旺树可通过喷2 ~ 3次150 ~ 200倍的果树促控剂PBO，替代环剥，维持强健树势。

（3）化学防治。从果树萌芽到开花期（萌芽期、初花期、盛花期）连续喷药2 ~ 3次，如这段时间高温干燥，喷2次药即可，第1次在萌芽期，第2次在初花期，如花期低温潮湿，果树物候期延长，可于盛花末期增加1次喷药。可喷0.5波美度石硫合剂、45％晶体石硫合剂300倍液、70％代森锰锌可湿性粉剂800倍液、64％杀毒矾可湿性粉剂500倍液和70％甲基硫菌灵可湿性粉剂1 200倍液等。

彩图20-1 苹果花腐病花器症状

（韩立华摄）

彩图20-2 苹果花腐病幼果症状

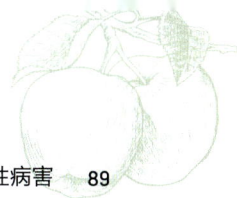

第四节 根部真菌病害

21. 苹果圆斑根腐病

苹果圆斑根腐病又名烂根病，可为害苹果、梨、桃等多种果树及部分林木树种，造成树势衰弱和死亡。该病分布范围很广，在我国北方果树产区多有发生，在河北、河南、山西、陕西、山东等省份有发生和为害。

症状

在4～5月苹果树展叶后，叶片萎蔫向上卷，叶小、色淡，花蕾皱缩不开，或开花后不能坐果，枝条表现失水状，有时表皮还可以翘起呈油皮状。叶片青枯，发病叶片突然失水青干，在青干与健全叶肉组织分界处，有明显的红褐色晕带，严重青枯的叶片脱落，叶缘焦枯，骨干枝发生坏死，皮层崩裂，极易剥离。扒根检查，须根变褐，蔓延至侧根、大根，须根基部可见到红褐色、稍凹陷的小圆斑，皮层腐烂，病部可发新根，病健部组织交错，病部凹凸不平。发病后期，整株树叶片变黄、变枯，枝条失水，树体死亡。从整个发病果园来看，与病树相邻的树更易发病，有时一连几株树连续出现枯黄和死树。尤其在山区果园，当地形很陡时，果树一般按照等高线进行台田式种植。一旦高处有病树出现，相邻的下部台田易发生病害，严重的甚至可造成毁园。

病原

苹果圆斑根腐病病原菌为多种镰孢菌（*Fusarium* spp.），属子囊菌门真菌。其中又以尖镰孢（*Fusarium oxysporum*）为主。病原菌在自然条件下或人工培养条件下可产生小型分生孢子、大型分生孢子和厚垣孢子3种类型。小型分生孢子无色，单胞，卵圆形、肾脏形等，大小为（5～12）μm×（2～3.5）μm。大型分生孢子无色，多胞，镰刀形，略弯曲，两端细胞稍尖，大小为（19.6～39.4）μm×（3.5～5.0）μm。厚垣孢子淡黄色，近球形，表面光滑，壁厚，间生或顶生，单生或串生，对不良环境抵抗力强。

侵染循环

病原菌是土壤习居菌，可以长期在土壤中营腐生生活。当苹果根系生长衰弱时，病原菌侵染根部，引起发病。该病6～7月发病最快。

流行规律

在对各类果园跟踪调查中发现：①果树环剥或环割次数多时，往往发病重。②果园管理粗放，使用有机肥较少，树势衰弱的发病重。③土壤严重板结、地势低洼易积水的发病重。④在山地落差较大的果园、缺乏有机质的沙地果园，病害发生也重。

病害在田间主要是通过分生孢子或厚垣孢子随流水进行传播，因此低洼地和排水不畅的地块发病严重。

防治技术

（1）合理选择园址。要选择地势较高、排水通畅的地块建园，提倡起垄栽培，避免灌溉或雨后流水直接接触主干基部，这样即使有部分根感染病害，只要根颈部不被感染，不形成坏死组织包围树干，就不会出现整株死亡的情况。

（2）加强管理，增强树势，提高植株抗病能力。在果园增施有机肥，培肥地力，改善土壤通透性，增施钾肥，促进根系生长，对该病的发生具有良好的预防作用。配方施肥，氮、磷、钾肥合理配合，避免偏施氮肥。合理修剪，控制结果量，加强管理措施，增强树势，减轻发病。

（3）病树的管理。对发病植株及时采取补救措施，减轻发病，减少损失。一是剪去已干枯的果枝，减少水分蒸腾，对剪锯口要马上涂伤口愈合剂进行保护。二是减少果树结果量，促进根系生长。三是对发病树进行扒土，刮治根颈部病斑或清除病根，刮除病斑后用甲硫萘乙酸等药剂涂抹，随后每棵树用生物菌肥1kg，与土混匀后回填。四是春季发芽前用氨基酸水溶肥涂主茎，生长季节用0.2%磷酸二氢钾和0.2%尿素进行喷雾，连喷3～4次，有利于树势恢复。

彩图21-1　在陡坡建立的果园一旦发生圆斑根腐病很容易随雨水造成由上至下的病害传播

彩图21-2　在同一行内多棵树发病死亡

彩图21-3　罹病植株叶片萎蔫、果实萎缩

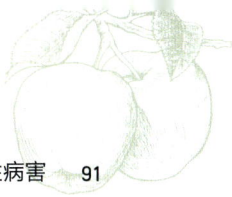

彩图21-4　苹果圆斑根腐病造成根颈部树皮组织变黑坏死，地下根变褐腐烂

彩图21-5　在较平坦的滴灌区也会发生相邻树被传染致死的现象

彩图21-6　树体贴近地布的部位皮层变褐

彩图21-7　洗净根颈部可见褐色坏死斑

彩图21-8　发生在苹果根部的圆斑根腐病

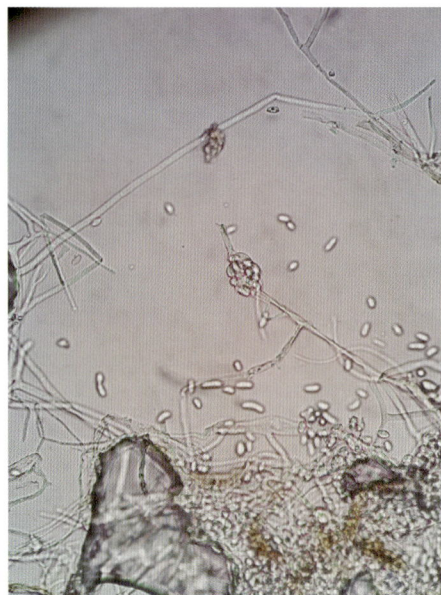

彩图21-9　圆斑根腐病病原菌菌丝及分生孢子

彩图21-10　对圆斑根腐病轻病株进行刮治、施菌肥及灌水处理

22.苹果根朽病

苹果根朽病主要发生在河北、山东、辽宁、云南、四川等苹果产区，除为害苹果外，也危害梨、桃、杏、山楂等果树，同时也是松、杨、柳、榆等林木的重要病害。从树龄上看，一般幼树很少发病，而成年树特别是老树较易受害。

症状

苹果根朽病地上部症状与其他根腐类病害相似，主要表现为局部或全株叶片变小，从下而上逐渐黄化甚至脱落，新梢生长量小但结果特别多，果小味劣，至后期，个别枝或整树死亡。在田间，病害呈中心式分布，具有一至多个发病中心。根部发病多从根颈部、大根、小根的伤口处开始，然后迅速扩展蔓延。该病主要在根颈部为害，病情发展较快，可沿主干和主根向上扩展，同时往往造成环割现象，致使病株枯死。病部水渍状，紫褐色，有的溢出褐色液体，病原菌能分泌果胶酶，致皮层细胞果胶质分解。病部树皮与木质部之间形成多层薄片状扇形菌丝层，并散发出蘑菇气味，有时可见蜜黄色菇状子实体。新鲜的病组织在夜间发出明显的淡绿色荧光，是诊断此病的重要特征。病害发生后期，根颈部表面附有暗色至黑色"鞋带状"菌索，这也是鉴别根朽病的特征之一。

病原

苹果根朽病病原菌为小密环菌 [*Armillariella mellea*（Vahl ex Fr.）Karst.]，属担子菌门伞菌目假蜜环菌属。病原菌在10～31℃的温度下生长，最适生长温度在20～22℃之间。

侵染循环

病原菌主要以菌丝体和菌索在病株根部及其残体上越冬。通过根状菌索延伸接触到健根时，直接或产生多个分枝侵入根内，导致发病。或者健根与病根及其残体接触后，病原菌分泌胶质，然后产生分枝直接侵入根内，或从伤口侵入。病原菌可以产生担孢子，担孢子落在残体上，遇到适宜的环境条件萌发产生菌丝，顺树桩延伸到根部，长出根状菌索，再以根状菌索延伸侵染果树根颈部或根部。该病寄生性较弱，但腐生性较强，可在土壤中的残根上存活多年。故在旧林地或老果园原址建园时发病重。

流行规律

病原菌主要在前茬残留组织如残根上存活，前茬果树或林木残根量越大，越容易发生根朽病。因此，尽可能将前茬残根等残留组织清理干净，将极大减少初始菌源量。病害的发生盛期为3～4月及8～9月。

泥炭土比沙壤土更适合病原菌菌索发育。因为沙壤土有机质等养分含量低，且昼夜温度变化大，不利于病原菌发育。病原菌更容易在高温高湿的土壤中生长。土壤温度在20～30℃之间时，土壤含水量高对菌索发育有利。

防治技术

（1）清除菌源。如果在旧林地或者老果园建园，应将前茬残留根系等病残组织尽量清除干净。还要对土壤进行灌水、翻耕、晾晒，以促进残余病残体的腐烂分解。有条件的也可用塑料薄膜覆盖土壤过夏，利用太阳热能杀死病原菌。发现病树后，应挖开根颈周围寻找发病部位，并根据病斑部位寻找主、侧、支根的发病部位。根据病情轻重彻底刮除或锯除病组织，并将病残体彻底清除干净，为避免扩散蔓延，可在病树周围挖沟封锁，一般沟深50～60cm、宽30～40cm。

（2）农业防治。地下水位高的果园，应做好开沟排水工作，雨后及时排除积水。注意改良土壤，增施肥料，合理整形修剪，调节果树负载量，加强对其他病虫害的防治，促使根系生长旺盛，增强树体抗病力。

（3）化学防治。对已发病果树可以进行药剂灌根治疗。40％环丙唑醇悬浮剂30mg/L或40％氟硅唑乳油4 000倍液灌根，用量5L/株，均可取得一定防效。据报道，50％丙环唑微乳剂40mg/L在地面以上10～15cm注射，每株注射2L药液，也对根朽病有效。

（4）生物防治。施用包含木霉菌、芽孢杆菌等有益微生物的复合微生物菌肥（活性菌含量≥2亿CFU/g），能够有效缓解根朽病的症状，延缓病害发展。对于前茬为旧林地或老果园，在定植时挖定植沟或定植穴，将用于回填的土与复合微生物菌肥充分混匀后回填（每株果树菌肥用量1～2kg），踩实后浇水。之后每年冲施液体微生物菌剂2～3次，每次冲施300倍稀释液5L以上。之后每年秋施肥过程中，随树龄增加不断提高复合微生物菌肥用量，从1kg/株逐年提高到4kg/株。

（5）桥接复壮。在受根朽病菌侵染或可能受到侵染的果树周围种植3～5株幼树，可以种植八棱海棠、山定子等砧木。待幼苗直径达到1cm左右时，在地上部20～30cm高度对果树进行桥接。

彩图22-1　苹果根朽病轻病树　　　　　　彩图22-2　苹果根朽病重病树　　　　　　彩图22-3　苹果根朽病造成的死树

彩图22-4　苹果根朽病树根颈部的白色菌丝　　　　彩图22-5　苹果根朽病造成根系死亡，表层有病菌的菌丝和暗色菌索

23.苹果白纹羽病

苹果白纹羽病遍布全世界，在我国各苹果产区均有发生，寄主植物很多，已查明寄主植物有43科83种。在我国，该病为害包括苹果、梨、桃、李、葡萄等常见果树在内的多种树木及马铃薯、蚕豆、大豆等农作物。果树染病后，树势逐渐衰弱，以致枯死。

症状

在发病初期，早春发芽延迟，枝条生长不良，叶片呈淡黄色，树势衰弱，晴天暴晒时，叶卷凋萎，到夜晚恢复，经多次反复而不能恢复。当怀疑为白纹羽病时，可以在病树周围敷上稻草保湿。如果见到灰白色菌丝，病根也蔓延着白色或灰白色菌丝束，即根状菌索，会造成皮层腐烂。将病部表皮剥开，可以见到扇状扩展的菌丝。如肉眼不能确诊时，可用显微镜观察菌丝隔膜处有梨形膨胀胞，这是诊断白纹羽病的特征。根系被害，开始时细根霉烂，以后扩展到侧根和主根。病根表面缠绕白色或灰白色丝网状物，后期霉烂根的柔软组织全部消失，外部的栓皮层如鞘状套于木质部外面。有时在病根木质部产生黑色圆形的微菌核。地上部近土面处出现灰白色或灰褐色的薄绒布状物，为菌丝膜，有时形成小黑点，即病菌的子囊壳。病根一般无特殊气味，植株地上部随着病情发展症状加重，逐渐衰弱死亡。病树很容易连根拔起，将病根放于室内，根表面很快会长出白色致密的菌丝体。

病原

苹果白纹羽病病原菌为白纹羽束丝菌 [*Dematophora necatrix* （Hart.) Berl.]，异名褐座坚壳菌 [*Rosellinia necatrix* (Harting) Berlless]，属子囊菌门粪壳菌纲炭角菌目束丝菌属。在自然条件下，病原菌主要形成菌丝体、菌索、菌核，有时也形成子囊壳。子囊壳黑褐色、炭质、近球形，直径1～2mm，着生于菌丝膜上。子囊壳顶端有乳头状凸起，内有多个子囊。子囊无色，圆筒形，大小为（220～300）μm×（5～7）μm，有长柄，每个子囊内一般有8个子囊孢子。子囊孢子单胞，暗褐色，纺锤形，大小为（42～44）μm×（4～6.5）μm。无性阶段可以产生分生孢子梗和分生孢子，多在寄主组织腐朽后产生。分生孢子梗丛生，淡褐色，有横隔膜，上部有分枝。分生孢子无色或淡褐色，单胞，卵圆形，大小为（3～4.5）μm×（2～2.5）μm。在腐朽的木质部可以产生黑色近圆形菌核，直径1mm左右，大的可以达到5mm。

侵染循环

病原菌以菌丝体、根状菌索或菌核随病根在土壤中越冬。菌核或根状菌索长出营养菌丝，首先侵害果树新生根的柔软组织，通常从根表皮孔侵入。被害细根软化腐烂而消失，以后逐渐蔓延到粗大的根。病根和健根相互接触可传病，病害的远距离传播主要通过带病苗木的调运。由于病原菌能侵害多种林木，故旧林地改建或者在老果园基础上重建的果园，发病一般较为严重。该病在3月中下旬至10月中下旬均可发生，6～8月为发病盛期。

流行规律

在旧林地或老果园基础上建园更容易发生苹果白纹羽病。地势低洼、杂草丛生也有利于病害发生。平畦果园大水漫灌会将病树根部病原菌的孢子传播给周边的健康树。设有滴灌线的果园，有时病原菌会随水传播给相邻树。熟化的土壤且在种植过程中施入大量富含纤维素的粗大有机质更有利于该病的发生。高温高湿有利于该病的发生。

防治技术

（1）选栽无病苗木及苗木消毒。不在旧林地和老果园基础上育苗。起苗和调运时严格检验，剔除病苗。建园时对树苗进行严格检查，对怀疑带病的苗木用70%甲基硫菌灵或50%多菌灵可湿性粉剂500倍液浸泡根部1h以上，然后再定植。

（2）加强栽培管理。要做好起垄栽培，对已有的平畦要注意对病树周围进行培土，避免地面灌溉造成病原菌向四周的传播。雨后及时排除积水。增施有机肥。避免偏施氮肥，适当多施钾肥，防止烂根和促进新根生长。

（3）病树的药剂治疗。确定根部发病后，应切除已霉烂的根，再灌施药液或撒施药粉。切除的霉根以及病根周围扒出的土壤，都要携带出果园外，并换上无病新土。

（4）挖除病株及病土消毒。病果树应尽早挖除。挖除的病残根要全部收集销毁。病穴土壤要灌浇40%甲醛100倍液或五氯酚钠150倍液消毒。如果病死果树较多，病土面积大，要施用石灰氮消毒，每公顷用量为750～1 125kg。土壤施入石灰氮后，至少要覆盖15d以上，在其有效成分氰氨分解成为尿素后，才可以种植果树。

（5）利用抗病砧木及病树桥接，或于病树的旁侧定植抗病性强的砧木，进行靠接，促使树势恢复。

彩图23-1　苹果白纹羽病在主干基部形成的菌索
（王树桐摄）

彩图23-2　苹果白纹羽病在病组织表面形成菌索的放大
（王树桐摄）

彩图23-3　苹果白纹羽病菌在根部皮层和木质部之间形成的扇形菌丝层
（曹克强摄）

彩图23-4　苹果白纹羽病菌扇形菌丝层的放大
（曹克强摄）

24. 苹果紫纹羽病

苹果紫纹羽病在我国辽宁、河北、河南、山东、安徽、江苏等省份苹果产区均有发生，一般树龄较大的老果园发病重。该病不仅侵染苹果，还侵染梨、桃、桑、甘薯、马铃薯以及芹菜、胡萝卜等蔬菜。

症状

苹果紫纹羽病地上部症状是叶片变小、黄化、叶柄和中脉发红，枝条节间短，病株生长衰弱，矮小，果实较小，变色早，树皮的颜色较正常树皮要浅。根部发病初期，病根形成黄褐色不整形斑块，从小根逐渐向大根蔓延，皮层组织出现褐色病变。后期病根表面覆盖有浓密的暗紫色绒毛状菌丝层，并长有黑紫色菌索和半球形菌核，尤其病健交界处最为明显。病根的皮层和木质部腐烂。秋季在病树根部周围的土层中特别是缝隙处，可见大小形状不定的紫色菌丝块，其内有时还夹杂着病残组织或沙土。病部及附近土壤有浓烈的蘑菇味。该病发展较缓慢，病树往往要经过数年后才死亡。

病原

苹果紫纹羽病病原菌为桑卷担子菌 [*Helicobasidium mompa* Tanaka. Jacz.]，属担子菌门木耳目卷担菌属。营养菌丝为黄褐色，粗细不一致，生殖菌丝紫褐色，生于根表面。菌索由菌丝纠结形成，呈不规则网状，后期发育成不规则形菌丝块。菌核外部紫红色，内部灰白色。子实体紫红色。担子圆筒形，无色，有3个隔膜，大小为（25～40）$\mu m \times$（6～7）μm。担孢子长卵形，无色，单胞，大小为（16～19.5）$\mu m \times$（6～6.4）μm。

侵染循环

病原菌以菌丝体、根状菌索或菌核在病根表面或遗留在土壤中越冬。根状菌索或菌核在土壤中能存活多年。环境条件适宜时，由菌核或根状菌索上长出菌丝，遇到寄主的根则侵入为害，先侵害细根然后逐渐扩展到粗根。病、健根接触可传病。

流行规律

病原菌属好气菌，需要通气性好的土壤。在缺氧环境条件下不发育，但能生存50d左右。病原菌生长温度范围8～35℃，最适温度27℃，生长pH范围4.2～7.8，最适为5.2～6.4，土壤水分最适为田间最大持水量的60%～70%。菌核在营养条件不良时形成，能保持休眠状态度过不良环境，存活数年。菌丝形成的菌索沿根部向上发展，到达地面，于秋季形成子实体，子实体成熟并产生担孢子要到来年夏季。担孢子在病害流行中的作用还不是很明确。该病在富含未腐熟有机物的果园更易发生。

防治技术

（1）建园原则。不在以前的林地建果园，果园不用刺槐作防风林，新栽苗木用70%甲基硫菌灵可湿性粉剂1 000倍液浸渍10min再栽植，地下水位高的果园夏季做好开沟排水工作。

（2）加强管理。增施有机肥及磷、钾肥，避免结果过多，以增强树势，提高抗病能力。

（3）病树治疗。对地上部表现生长不良的果树，秋季应扒土晾根，并刮除病部和涂药。挖开根区土壤寻找患病部位并在伤口处涂抹杀菌剂。可用药剂有50%代森铵水剂100～150倍液。此外，2波美度石硫合剂、40%五氯硝基苯粉剂50～100倍液等也可用于根系处理，施用优质菌肥有助于树体恢复健康。

彩图24-1 发生在苹果根颈部的紫纹羽病症状，露出地面的根部也被侵染（右下）

彩图24-2 将苹果根颈部的子实体刮除，可见根颈部寄主组织

彩图24-3 挖开地表土壤，可见被紫纹羽病侵染毁坏的地下根部

25. 苹果白绢病

苹果白绢病又名茎基腐烂病，分布较广，在我国高温多雨地区发生较重。近年来，随苹果矮砧密植栽培模式的大面积推广和苗木的频繁调运，白绢病为害逐年加重，部分苹果园和苗圃每年因白绢病导致死树达10%以上。该病除为害苹果、梨、桃、葡萄等果树外，还能侵害桑、茶、杨、柳、花生、大豆、瓜类、番茄等多种植物。

症状

受害树体叶片变黄，新生叶片小，叶缘卷曲，节间缩短。发病初期，根颈表面形成白色菌丝层，故名白绢病。在潮湿的条件下，菌丝层能蔓延至病部周围的地面，当病部进一步发展时，根颈部的皮层腐烂，有酒糟味，并溢出褐色汁液。病部菌丝层产生褐色油菜籽状菌核。发病部位主要在果树或苗木的根颈部，以距地表5～10cm处最多。当病原菌侵染到树的一侧时，该侧的叶片会枯萎，并呈现出红色或灰紫色。茎基部皮层腐烂，病斑环绕树干后，在夏季突然全株枯死，干燥、棕色的叶片在树死后挂在树上。

病原

苹果白绢病病原菌有性阶段为罗耳阿太菌（*Athelia rolfsii*），属担子菌门阿太菌属；无性态为齐整小核菌（*Sclerotium rolfsii* Sacc.）。菌丝白色，有绢丝般光泽，羽毛状，呈放射状扩展；菌核初为白色，后变为淡黄色，成熟菌核为深褐色，油菜籽状，大小不等，一般在0.5～3mm之间。无性阶段在10～35℃的温度条件下都能生长，其中25～35℃下菌丝生长较快，当温度低于15℃时，生长很慢。

侵染循环

病原菌寄主范围广泛，其菌核可在土壤中长期存活，在自然条件下，菌核可在土壤中存活5～6年，导致土壤带菌量大。病原菌以菌丝体在病树根颈部或以菌核在土壤中越冬。菌核越冬后，第二年在土壤中萌发后很快扩展至苹果树的根颈部，沿根颈向下扩展，并很快环绕树体根颈部，形成白色菌丝层，侵入枝干皮层内，严重时造成皮层腐烂。树体发病早期不易发觉，当地上部出现明显症状时，树体已进入垂死状态，难以救治。病原菌的菌丝主要在土壤表面或表层生长扩展，最适条件下每天的生长扩展距离可达2.9cm；病原菌在土壤深处生长扩展很慢，而且容易形成菌核。侵染苹果根颈部的病原菌主要来源于表层土壤，并从土壤表面扩展到树体根颈部。带病苗木是病害远距离传播的主要途径，近距离传播主要以菌核或菌丝借助雨水或灌溉水完成。

流行规律

旧林地改建或前茬为老果园的果园发病严重。

病原菌的菌核在通风良好的轻质土壤中比在通风不良的黏重土壤中萌发更好。当土壤含水量高于33%时病菌才能生长；当土壤含水量在33%～88%之间时，随土壤湿度增加，菌丝生长扩展速度加快；饱和的土壤湿度不利于菌丝生长。树干周边有机质碎屑多，有利于病菌的蔓延和扩展。

病菌可以通过未受伤的幼树皮直接侵入，但是根颈部有日灼伤或其他伤口时，病菌更易侵入，伤口多发病重。

该病在高温高湿季节发病较重。开花结果树生长季节出现突然凋萎是此病特点之一。

防治技术

（1）选用抗病砧木。目前已知M9砧木抗性最强。培育抗病力强的树苗，对病树及时更新或视具体情况在早春进行桥接或靠接，进行挽救。

（2）农业防治。在病区要定期检查病情，有条件的果园可在树下种植矮生绿肥，防止地面高温高湿灼伤根颈部，以减少发病。避免在树干周边堆积秸秆等有机质碎片，减轻病菌的蔓延。在田间巡查时及时发现病株，发现病株后把植株周围的土层扒开，用生石灰对土层进行消毒。

（3）化学防治。必要时病区可用40％五氯硝基苯粉剂1kg加细干土40～50kg混匀后撒施于根颈部土壤中，也可向根颈部浇灌20％甲基立枯磷乳油800～1 000倍液或30％噁霉灵水剂1 000～1 500倍液，每株用量1～2L药液。

（4）生物防治。木霉（*Trichoderma* spp.）、芽孢杆菌（*Bacillus* spp.）和链霉菌（*Streptomyces* spp.）等常见生防菌都被报道对白绢病有一定防控效果。

彩图25-1　苹果白绢病引发的苹果树枯死
（王树桐摄）

彩图25-2　苹果白绢病在根颈部形成白色菌丝及菌索
（王树桐摄）

彩图25-3　苹果白绢病在根颈下部形成白色微菌核

彩图25-4　苹果白绢病在苹果根颈部地表以上形成黄色微菌核

彩图25-5　苹果白绢病微菌核的放大

26. 苹果再植病害

苹果再植病害又称连作障碍或重茬病，是在老果园原址重建时容易出现的一类病害。再植病害在世界各苹果产区都有发生，美国华盛顿州因为该病害的发生，每年每公顷平均损失达4 000美元。我国苹果再植病害的问题更为突出，受耕地面积所限，很多果园在更新过程中选择原址重建。据2010年对河北省苹果产区的全面调查发现，当时15年树龄以上的果园占调查果园的69%，目前这批果树树龄都已超过25年，进入了老龄期，更新重建迫在眉睫。近年来，笔者在苹果主产区如山东栖霞和陕西洛川等地调查时也发现，部分果农已经开始了果园重建，基本都是原址建园。由于处理不当，再植病害问题非常突出，很多重建果园5年还未结果，一些果园重建当年死树50%以上，遭受了重大损失。

症状

再植病害症状在种植后不久（一般在定植后1～3个月）就开始表现。主要症状包括整个果园果树生长不均，受害果树表现出节间发育迟缓和缩短，很少或根本没有新梢生长，叶片减少，叶片小而色浅，有的甚至出现春季落叶。与地上部症状相对应的是根变色、根尖坏死和根生物量普遍减少，很少有侧根或营养根。幼树在建园第一年可能出现部分死亡，如果幼树在果园建立后的第一年内没有死亡，那么也会表现出结果期延迟、节间缩短以及果实总产量和质量普遍下降。

病因

引起苹果再植病害的生物因素较多，主要包括病原真菌、卵菌、细菌和线虫等。引起苹果再植病害的病原真菌种类较多，且不同地区间有差异。总体来看镰孢菌属（*Fusarium*）、柱孢属（*Cylindrocarpon*）和丝核菌属（*Rhizoctonia*）以及卵菌门的疫霉菌属（*Phytophthora*）和腐霉菌属（*Pythium*）都被认为是苹果再植病害发生的主要病原。虽然细菌在再植病中的作用远不及真菌，但属于放线菌以及芽孢杆菌属和假单胞菌属的细菌与再植病害发生密切相关。

侵染循环

由于苹果再植病害由多种原因引起，其侵染循环不同于单种病害。涉及每一种生物因素，其病害循环可参见各类土传真菌病害。

流行规律

通常在原来的老果园重新建园，再植病害会非常严重，在繁育过苹果苗1～2年的苗圃再植苹果树，则主要表现出生长迟滞现象。

防治技术

（1）农业防治。

①轮作。轮作是预防再植病害发生的重要措施，使用小葱、苜蓿和小麦等作物轮作，可以明显减轻再植病害的发生程度，其中轮作小葱的效果最好，且轮作2年较轮作1年的效果好。②间作。在果树行间作小麦、大麦、紫花苜蓿、万寿菊等作物，不仅可以合理利用土地，增加收益，还可以促进果树生长。将平邑甜茶幼苗与葱混作，可以减少连作土壤中的真菌数量，特别是土壤中尖镰孢数量，提高有益细菌数量，减轻苹果的连作障碍。③深翻客土。深翻客土是克服苹果再植病害的重要措施，但因为费时费工，劳动强度大，很多地方难以实施。④利用原果园行间再植。对于不能客土的果园，最好利用原来果园的行间再植，并采用"冬前开沟、风干冻融、春季回填、土层置换"的土壤处理方式，能较好地控制苹果再植病害，改善土壤微生态。⑤大量施用有机物料（150～450m³/hm²）可以有效缓解再植病害的发生程度，但也因为有机物料施用量大，使其成为该措施实施的障碍性因素。

（2）物理防治。γ-辐射诱导再植植株生长、增根，缓解再植病害。对没有进行轮作的果园土壤利用60～70℃的蒸气熏蒸土壤，或在春末、夏季或初秋的晴天，采用地膜对园区进行覆盖，使地温升至50℃以上，可以对土壤起到灭菌的作用，植株生长受到促进。另外，使用日照高温对土壤进行灭菌，也可以达到杀灭部分病原菌的目的。

（3）土壤熏蒸。由于化学熏蒸剂对生态环境破坏性强，近年来，利用生物制剂替代化学熏蒸剂防治连作障碍取得了很大进展。目前，生物防治的手段——十字花科植物的种子改良剂已广泛用于连作土壤，来减少连作相关的真菌和线虫的种群数量，促进苹果幼苗的生长。经十字花科种子土壤改良剂处理的根际有利于对植物病原真菌、卵菌和线虫有抑制作用的特定微生物繁殖，通过改造根际微生物，抵抗病原侵染且提高苹果产量。我国学者利用万寿菊粉开展了生物熏蒸试验，也对苹果再植病害有良好的控制效果。

（4）抗性砧木的利用。抗性品种或砧木有望从根本上解决苹果连作障碍问题，美国已经选育出对再植病害耐受良好的砧木品种Geneva系列。但由于国外培育的品种在我国的推广应用有严格限制，因此我国还需要加强抗性砧木的选育工作。

（5）生物防治。现有研究表明，荧光假单胞菌、富含木霉的复合菌肥、微生物菌肥与化学肥料尤其是磷肥（如磷酸钾）配合施用、棉隆熏蒸结合施用海藻菌肥等措施都明显促进再植苹果幼苗生长，增加土壤中有益细菌数量以及土壤中细菌与真菌的比值，可抑制再植病害发生。笔者利用复合微生物菌剂控制苹果再植病害，取得了良好效果，已经开始在商业化果园推广应用。利用生物防治控制苹果再植病害具有广阔应用前景。

彩图26-1　在重茬土壤上种植的苹果树（左边两棵栽树时经过了菌肥处理，右边树为对照）

彩图26-2　1年生再植苹果树（烟富三）

彩图26-3　1年生正茬苹果树

彩图26-4　2年生再植苹果树（糖木甜）

彩图26-5　2年生正茬苹果树（糖木甜）

彩图26-6　5年生正茬苹果树（左）
　　　　　与4年生再植苹果树（右）
　　　　　（天红2号）

彩图26-7　再植病害导致苹果
　　　　　树死亡（左侧为死
　　　　　亡树，右侧为其变
　　　　　色根部）

第五节　细菌病害

27.苹果根癌病

苹果根癌病俗称根瘤病或根肿病，是我国各苹果产区常见的一种病害，尤其在苗圃中发生较多。除为害苹果外，梨、桃、葡萄、李、杏、樱桃、花红、枣、木瓜、板栗等均可受害。苹果根癌病发生较为普遍，对一般生产园不构成严重威胁，但对于育苗企业或苗圃来说，根癌病是制约苗木质量的重要因素。

症状

苹果根癌病主要发生在苹果树侧根、根颈部、嫁接口等部位，有时也发生在根部的机械损伤和田鼠等动物伤害部位。初发病时产生乳白色、灰色至淡褐色柔软的小瘤，表面粗糙不平，内部组织松软，肉质。经过1年以上的发展，癌瘤增生长大，外层细胞枯死变暗褐色，内部细胞木质化。癌瘤大小不一，发生在细根部位时形成球形肿瘤，发生在粗根部位时往往是多个肿瘤融合在一起形成形状不规则的大型肿瘤。

在苗圃的苗木发生根癌病时肿瘤小，对树体生长的影响一般不太明显，但会显著影响苗木的销售。幼树感染根癌病后，侧根、须根会减少，水分和养分的吸收运输受阻，地上部表现生长缓慢，树体衰弱，矮小，严重时叶片黄化，也有逐渐枯死的现象。发病多年的大树癌肿逐渐成长，小的形似人拳，大的则粗肿形成团根，致使树体衰弱，果实质量和产量下降，达不到应有的经济效益。砧木和品种亲和性不好时，养分的上下疏导不畅，地下部出现根癌病的概率增加。

病原

苹果根癌病病原菌是根癌土壤杆菌（*Agrobacterium tumefaciens*）。菌体短杆状，单生或链生，大小为 $(1.2 \sim 5.0)$ μm× $(0.6 \sim 1.0)$ μm，具 $1 \sim 3$ 根极生鞭毛，有夹膜，无芽孢，革兰氏染色阴性，在琼脂培养基上菌落白色，圆形，光亮，透明，在液体培养基上微呈云状浑浊，表面有一层薄膜，不能使明胶液化，不能分解淀粉。

侵染循环

病原菌主要在田间病株的根系或病残体中越冬。该病的传染途径主要是土壤带菌和用带菌插穗扦插或者嫁接传染。一般情况下通过土壤感染发病的概率不高。在土壤中病原菌主要通过伤口感染，所以扦插苗的发病率远远高于实生苗。病原菌也可以从冠瘿中逃出而侵染健康的根系或污染周围的土壤，通过雨滴的飞溅、灌溉水、工具、昆虫及植物繁殖材料等传染附近的健康植物。当温度在20℃或以上时，感染后2 ～ 4周会出现小冠瘿，在低于15℃时，症状的出现会延迟，有些感染可能会潜伏到第三个生长季。

流行规律

当病菌Ti质粒转移DNA插入到植物细胞染色体并表达时，冠瘿开始发生，T-DNA的表达导致细胞激素的过度分泌。一旦T-DNA被整合到宿主基因组中，冠瘿可以在没有病原菌的情况下继续发育。

通常矮化密植果园中根癌病的发病率较高，尤其在苗圃中苗木的根癌病发病率较高。这是因为树苗的距离近，根系密切接触，传染的概率较大。用带菌的插穗扦插或嫁接是苹果根癌病最主要的传染途径。

在以前种过葡萄、桃、树莓和玫瑰苗圃受到严重感染的地方再种植苹果，根癌病会很严重，说明病原菌对寄主的特异性不强。苗圃排水不良会导致病害在圃内的流行。土壤pH和土壤有机质含量对病害的发生也有影响。

防治技术

（1）应用抗性砧木。三裂海棠品种Sanashi 63和Mo-15对根癌病菌侵染表现较好抗性。野苹果 *Malus sieboldii* Sanashi 63携带有根癌病菌抗性基因，对于根癌农杆菌Peach CG8331菌株具有良好抗性。砧木M7和M9易感根癌病，其次是M26。

（2）农业防治。

①生产和使用健康苗木。选用健康苗木：采集插穗（接穗）时务必注意，确认母树是否健康，防止从根癌病树上采集插穗（接穗），杜绝传染源。建立无病果园：选用无菌地育苗或在育苗前对土壤进行消毒。尽量避免使用重茬地栽植同样的果树。苗木出圃时，要严格检查，发现病苗应立即淘汰。

②采用芽接法进行苹果苗嫁接。芽接法比劈接法嫁接的苗木发病少。

③加强树体和根部保护，减少根部伤口。一是加强地下害虫防治，减少各种伤口，以减少被侵染的机会，减少发病。二是刨除病根，在伤口外涂药保护。如发现大树有根部病害，应该刨除病根和病瘤，伤口处涂抗菌剂波尔多液或20%壳寡糖柠檬酸盐愈伤剂水剂200倍液，或晾根换土。三是果树根部培土。部分果树根部病瘤发生较重，在完成第二步防治措施后，可以在根部以上培土10cm左右，土中可以添加生根剂，促进培土埋住的主干生根，从而提高果树吸收水肥能力，起到壮树防病的效果。

（3）生物防治。20世纪70年代澳大利亚Kerr发现生防菌株K84对果树根癌病有较好防效。我国1991年引入放射土壤杆菌（*Agrobacterium radiobacter*）K84菌株用于果树根癌病的防治。近年来，多个生防菌株如*Agrobacterium vitis* E26、放射土壤杆菌K1026、枯草芽孢杆菌（*Bacillus subtilis*）菌株9076和9161、泛菌10DM4-1和肠杆菌10DI2-2等都对根癌病表现出较好的防控效果。目前部分菌株已经商业化推广应用。主要通过定植前用菌剂配制成泥浆蘸根，或用菌剂处理土壤，或两者同时使用，都取得了良好控制效果。

彩图27-1　发生在苹果苗木上的根癌病症状

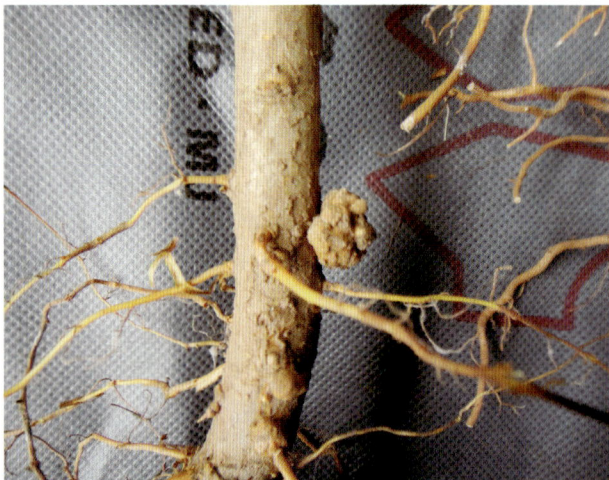

彩图27-2　苹果根癌病症状

彩图27-3　从苹果根上切下的癌瘤

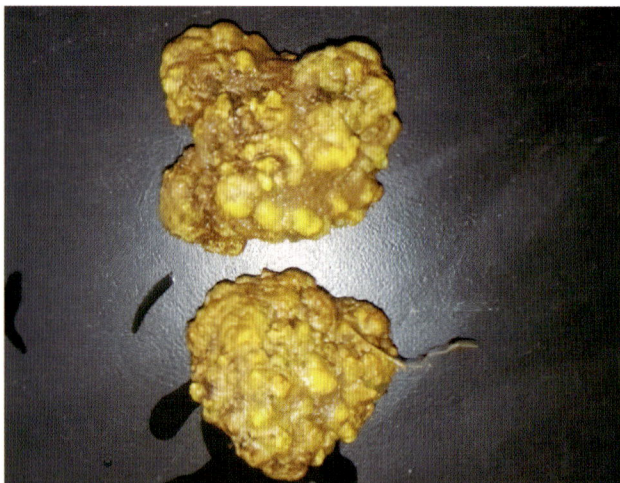

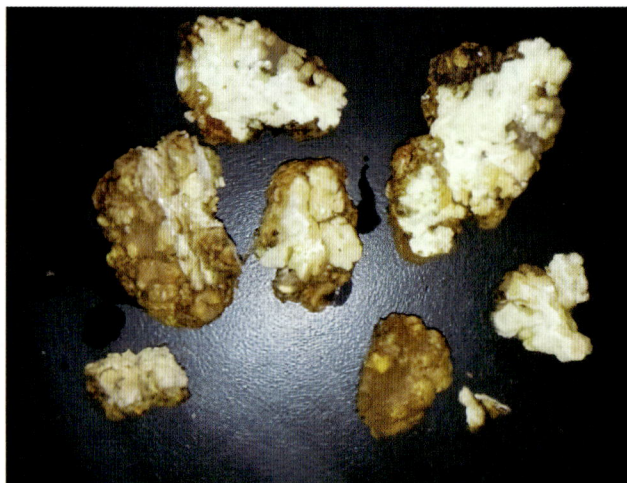

彩图27-4　切下及剖开的苹果根瘤

（王树桐摄）

28. 苹果毛根病

苹果毛根病又称发根病，是发生在苹果树根部的一种细菌性病害，常发生在苗圃中，主要为害幼树，大树受害少。在我国辽宁、河北、山东有发生。美国、日本等国也有分布。

症状

受害苗木主根不发达，在根颈处密生许多毛状须根。病株发育不良，叶小变黄，严重时病株死亡。国外的研究报道毛状根分为三种类型：①简单的毛状根，即大量小根直接从茎上伸出，没有任何相关的愈伤组织和肿瘤组织；②毛茸茸的结，其中肉质或纤维状的结与幼树根的过度生长和肿瘤有关；③帚状根，大量细根、侧根从源于冠瘿的根的顶端生长出来。毛状根分为侵染型和非侵染型两种，二者在外观上很难区别，只能通过病原菌鉴定才能区分。侵染型的毛根会削弱树的长势和活力，而非侵染型的毛根能使树苗更加抗旱，在田间生长5年以后会转变成良好的根系。

病原

苹果毛根病病原菌为毛根土壤杆菌 [*Agrobacterium rhizogenes* (Riker et al.) Conn]，属于革兰氏阴性、能运动、有荚膜的好氧杆菌。细胞大小为 (0.6 ～ 1.0) μm × (1.5 × 3.0) μm。生长温度25 ～ 28℃。在

含糖培养基上产生黏性菌落。可广泛利用单糖、双糖和有机酸类，利用葡萄糖产酸而不产气，不能固氮。主要分布于根际土壤中，可感染双子叶植物的根并促使根或茎的增生，形成发根症状。

侵染循环

病原菌从伤口侵入，整个生长季节均可为害。未发现高抗的品种。该菌在土壤中活动，土温为28℃，土壤湿度达75%时最易发生此病。

流行规律

苹果发根病的发生和流行与根癌病十分类似，病原细菌的附着和侵染都需要寄主有伤口条件。细菌质粒的T-DNA整合到寄主植物细胞的染色体上并表达，导致激素（主要是生长素）过量分泌，在某些情况下还会导致农杆碱和甘露碱的合成。激素合成的数量和平衡的改变，会刺激伤口处的细胞增殖。一旦寄主被转化，根的增殖就可以在没有病原菌的情况下继续进行。

防治技术

苗圃育苗忌长期连作。发病苗圃提倡采用芽接法，不用根枝嫁接，选用根系完好的砧木。加强管理，减少根部伤口，注意防治地下害虫，使根系健壮生长。出圃苗木严格检查，发现病苗马上淘汰或销毁，健苗用3～5波美度石硫合剂或生防菌剂K84浸根消毒。

彩图28-1　苹果毛根病症状
（胡同乐摄）

彩图28-2　苹果健康树苗的根系（左）与毛根病
树苗根系（右）
（胡同乐摄）

29. 苹果火疫病

苹果火疫病最早于1900年在北美洲发现，几十年来不断向其他国家传播，1919年在新西兰首次报道，19世纪50年代在英国首次报道，目前在美洲的美国、加拿大、哥伦比亚、墨西哥、百慕大群岛和危地马拉，几乎整个欧洲大陆，大洋洲的澳大利亚和新西兰，亚洲的亚美尼亚、伊朗、以色列、约旦、黎巴嫩、土耳其、印度、韩国、哈萨克斯坦、吉尔吉斯斯坦和日本，以及非洲的埃及等60余个国家和地区均有发生。梨是火疫病菌的主要寄主，但该病菌也可以侵染苹果、海棠等蔷薇科的39属174种植物，给发生地生物多样性和农业生产带来了巨大的危害，也给水果贸易造成了壁垒。近年来，在我国新疆库尔勒香梨上发生了火疫病，为害比较严重。在苹果、海棠和山楂上也发现火疫病为害，应引起高度重视。

症状

火疫病可为害苹果新梢、枝干、叶、花及果实，受侵害的植物部分似乎被火烤焦。春季花器最先受害，呈水渍状，然后萎蔫，并迅速变褐枯死，此症状一般称为花腐。随后，病部下延至花柄，使花柄呈水渍状，有时溢出琥珀色菌液。病害由此继续蔓延至短果枝、叶片、嫩梢等部位，使叶片变黑褐色凋萎，枝条枯死，枯死的嫩梢一般表现顶部弯曲为牧羊鞭状，这是该病的一个典型症状。同一枝条上的苹果叶片变褐色，不脱落。病菌进一步蔓延到主干、大枝及根部，受害部位皮层呈水渍状，后期病部凹陷呈溃疡状，严重时皮层干枯死亡，自病部溢出褐色至灰色胶滴，老病斑周缘带与健部分裂。溃疡斑下部的木质部通常有红褐色条纹，这是与受冻死亡的枝干症状的明显区别。即使在冬天通过枝干系统感染的叶片，仍然牢牢地附着在树枝上。果实可以通过果皮或发病枝条感染，未成熟果实初期为水渍状斑，并有黄色黏液（菌脓）溢出，这是诊断该病最典型的症状，后变黑褐色而干缩形成僵果，不脱落。

病原

苹果火疫病病原菌为解淀粉欧文氏菌 [*Erwinia amylovora*（Burrill）]，属原核生物界薄壁菌门肠杆菌科欧文氏菌属，革兰氏阴性，好氧短杆菌，菌体大小为0.8μm×（1.0～3.0）μm，以单菌体、成对或短链状存在。具荚膜，1～8根周生鞭毛，具游动性。生长温度6～30℃，最适温度25～27.5℃，致死温度45～50℃下10min。在含有5%蔗糖的营养琼脂培养基上菌落高度隆起、黏质、半球形，烟酸是菌株生长的必需条件。根据DNA遗传多态性，解淀粉欧文氏菌可分为两大类，一类是从苹果亚科（如苹果属、梨属、山楂属）分离到的菌株，另一类是从蔷薇亚科（覆盆子和黑莓）分离到的菌株。

侵染循环

苹果火疫病的侵染循环包括春季的初侵染和生长季的再侵染。除了越冬的溃疡斑作为一种初侵染源之外，从外观健康的组织表面也能分离到病原菌，这些潜伏病菌也是重要的初侵染来源。病原菌以渗出液、菌脓或气生粒子的形式由风、雨，也可由昆虫或鸟类等媒介传播到花器或幼嫩的枝条上，通过自然孔口，更主要的是通过伤口侵入。在遇到适宜的条件时，病菌种群就会迅速增长，从而导致病害流行。该病一个生长季有两个发病高峰，分别在春季和秋季，在炎热的夏季和寒冷的冬季发病减轻或停止。花期是一年中病害显症、再侵染以及防控最为关键的时期。

病原菌的传播途径和介体很多，传病的有效距离因介体而异。最主要的远距离传播借果树苗木和候鸟进行，同时带菌（附生或内生）果实和被污染的包装材料也是重要的传播途径。在同一地区内，蜜蜂等昆虫、鸟类和风雨都是重要的传播途径或媒介。火疫病的自然扩散距离为每年16km，超过100km的传播是通过繁殖或包装材料及候鸟迁徙造成的。

流行规律

温湿度是苹果火疫病流行中的重要因素，它既影响寄主，又影响病原菌的繁殖、传播和扩展。温暖、多雨的天气诱发枝条和果实的分生组织迅速生长，同时加重了寄主的感病程度，促进了病原菌的扩展。

通常气温18℃以上与70%以上的空气相对湿度最适于火疫病菌的侵染和发展。风和雨是病原菌传播的有效媒介，花期遇雨对病害流行有利。果园遭遇冰雹会对果树造成很多伤口，病原菌会随雨水在伤口处造成大量感染。

蜜蜂等昆虫因在花期授粉的活动特性，是传播火疫病菌的重要媒介。我国部分苹果和梨种植区有从外地引进蜜蜂进行授粉的传统，这就带来了病菌传入的风险。如果气温低，不利于昆虫的活动，对火疫病的传播作用也会降低。

目前在全球种植面积排名前10位的苹果品种都不抗火疫病。因此，对于我国苹果产业来说，一旦火疫病传入苹果主产区，将会对产业造成非常严重的威胁。

防治技术

（1）加强检疫。首先应加强检疫审批，严格禁止有关寄主及其繁殖材料的进口。火疫病菌是我国进境检疫一类危险性有害生物，目前传入我国最有可能的途径是人为因素，如带病接穗、苗木、种子、花粉等繁殖材料，在没有可靠的检测方法的情况下，应严格禁止进口。对已进口的繁殖材料（苗木或接穗），应加强隔离检疫。火疫病菌一旦传入并定殖，将很难扑灭或根除，各国发生火疫病均有此情况。因此对从疫区（欧洲、美国等）进口的苗木，应加强隔离试种检疫。

（2）卫生措施和化学防治。火疫病在一个新的国家或地区发生之后，应将合理的栽培管理、彻底的卫生清洁措施与适时的化学药剂防治有机结合。在休眠季节，通过清除越冬溃疡枝干来降低初始菌源量，用铜制剂等处理伤口和修剪工具也有助于减少初始菌量。夏季每周对果园进行一次检查，清除受感染的枝干和枝梢，有助于限制病原菌对树木的损害和再侵染的菌量。清除可见感染边缘以下超过60cm的病枝条，对剪口和修剪工具可用次氯酸钠或乙醇消毒。有充分的证据表明蚜虫、叶甲和其他一些昆虫有助于火疫病菌的传播，使用杀虫剂防治媒介昆虫也是必要的，在农用链霉素禁用的情况下，噻霉酮、铜制剂、噻唑锌等是可能的替代品。如果开花期对病害进行了很好的防控，一般情况下，夏季病害的发展会受到很大程度的限制。夏季喷药保护的效果相对较差。

（3）抗病品种的筛选与应用。抗病品种的筛选和使用可能是对火疫病最有效的控制方式，蛇果、金冠、旭等较为抗病，而乔纳金等非常感病。在砧木中，M26和M9非常感病。国际上针对火疫病筛选抗原已经有上百年历史，目前已经从苹果栽培品种、野苹果等资源中筛选发现了40余个对火疫病有抗性的基因或微效基因。我国已经开展了部分梨树品种（系）的抗病性筛选，但在苹果品种抗性方面还缺乏研究报道。

（4）生物防治。关于火疫病的生物防治，已通过几种途径进行了初步尝试。生防因子包括利用附生微生物种群中的拮抗菌，如丁香假单胞菌（*Pseudomonas syringae*）和草生欧文氏菌（*Erwinia herbicola*）等。草生欧文氏菌通过产生细菌素等抗生素抑制火疫病菌。还可利用噬菌体和弱毒菌株来抑制病原细菌。

彩图29-1　苹果火疫病造成枝条和叶片枯死

彩图29-2　染病枝梢牧羊鞭状典型特征

彩图29-3　火疫病菌由上而下扩展到主干，造成死树

彩图29-4 天气潮湿时火疫病菌在枝条上产生黄色菌脓

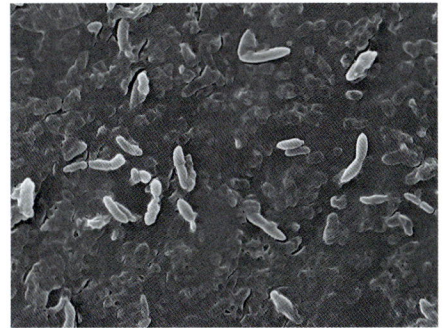

彩图29-5 火疫病菌扫描电镜图
（王树桐提供）

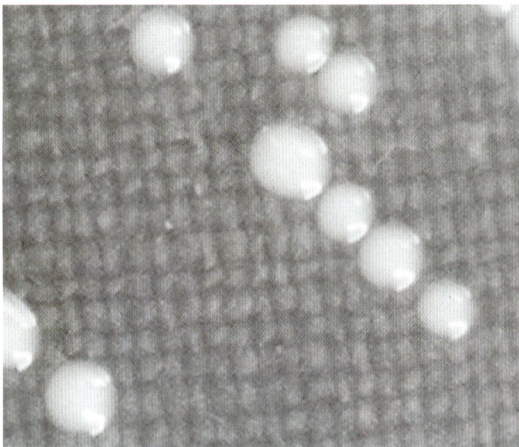

彩图29-6 火疫病菌菌落生长情况
（王树桐提供）

第六节 病毒病害

30.苹果锈果病

苹果锈果病又名花脸病或裂果病，是对苹果为害较重的非潜隐性病毒病害之一，广泛分布于东北、西北、华北各苹果产区，目前仍有扩大蔓延趋势，尤其是部分新苹果产区病情也相当严重。苹果锈果病的病原为苹果锈果类病毒（ASSVd），ASSVd可系统侵染包括苹果、梨、樱桃等在内的多种果树，一旦侵染，果树将终生带毒，给产业发展造成严重的经济损失。日本学者Hashimoto等首次报道了ASSVd全基因组序列，并确认为类病毒。我国在1985年首次报道了ASSVd。许多国家的苹果树和梨树中均发现了ASSVd的为害，在我国辽宁、山西、山东、河北等省份部分苹果产区，ASSVd已造成比较严重的经济损失。在新疆，桃树、杏树、梨树上已有ASSVd的报道。

症状

（1）锈果型。病树落花后1个月左右，先从病果顶部出现绿色的水渍状病斑，然后沿果面向果梗纵向扩展，逐渐形成与心室相对的5条纵纹，且木栓化为铁锈色。随着果实的生长，锈斑龟裂，果面粗糙，甚至果皮开裂。病果发育受阻，形成凹凸不平的畸形果，果小汁少，果肉坚硬，失去食用价值。该症状常表现在国光等品种上。

（2）花脸型。病果着色之前没有明显变化，着色后在果面散生许多近圆形黄绿色斑块。成熟时斑块处也不变红，果面呈现出红绿相间的花脸症状，重病果黄绿色斑块扩展到整个果面。着色部位凸起，不着色部位凹陷，果面略呈凹凸不平状。该症状常见于富士、祝光、海棠、沙果等品种。

（3）锈果花脸复合型。病果在着色前，多在果实顶部出现锈斑或在果面散生斑块。着色后在没有锈斑的部位或锈斑周围出现不着色的斑块，果面红绿相间，形成既有锈斑又有花脸的复合症状。该症状常见于元帅、红星、新红星等品种。

（4）绿点型。金冠、黄冠等受害，果实着色后显现许多绿色小晕点，边缘不整齐。

（5）环斑型。山定子和一些果实较小的苹果品种近成熟时形成圆形斑纹或黑色圆斑，稍凹陷。有的品种被害后叶片卷曲，茎干部产生坏死斑。

病原

苹果锈果类病毒（*Apple scar skin viroid*, ASSVd）属于马铃薯纺锤形块茎类病毒科（*Pospiviroidae*）苹果锈果类病毒属（*Apscarviroid*）。ASSVd的基因组为闭合正义环状单链RNA，无mRNA活性，且不编码任何蛋白质，在寄主细胞内完全依赖寄主的转录机制进行复制和繁殖，目前已报道的ASSVd基因序列全长大都329～331个核苷酸，具有中央保守区，但没有核酶活性，在细胞核内进行非对称式滚环复制。ASSVd的环状RNA可以通过共价结合的形式形成杆状或拟杆状结构，并且可以将其分为左端区（left terminal domain, TL）、致病区（pathogenicity domain, P）、中央保守区（central domain, C）、可变区（variable domain, V）、右端区（right terminal domain, TR）5个结构域。在ASSVd的二级结构中会形成由非配对碱基形成的"环"结构（Loop），已有报道表明这些"环"结构在类病毒的复制和移动过程中扮演重要角色。

侵染循环

苹果锈果病可通过砧木、接穗和病、健树根部接触传播，刺吸式口器昆虫是否传病尚不明确。目前尚未发现有草本植物寄主。嫁接接种的潜育期为3～27个月，一旦发病，逐年加重，为全株永久性病害，无法治愈。结果树发病时，第一年一般为个别枝条、果实显现症状，经过2～3年才扩展到全树。锈果型染病果实幼果期先出现锈斑，到7～8月开始裂果，遇雨水后大部分变黑，自然脱落，失去食用价值，只有个别品种果实染病后还可以食用，但商品价值不高，品质低劣。锈果病虽然是不治之症，但可以通过栽培管理等措施减轻为害。梨树是病原的带毒寄主，但不表现症状，因此，苹果与梨混栽或靠近梨树的苹果树发病重。

流行规律

（1）带病枝条嫁接传播。苹果锈果病主要通过带病枝条的嫁接进行传播。正常条件下，健康树嫁接锈果病枝60～90d后，就可以在叶片上检测到苹果锈果类病毒。不同的品种从嫁接到感病所需时间也会有不同。植株一旦发病，即为全株永久性病害，且呈逐年加重的趋势。

（2）人为操作造成病毒传播。在果树修剪的过程中，修剪工具极易受到感病植株的污染，再用受病毒污染的剪刀修剪其他枝条，导致健康枝条感染病毒的概率很高。此外，在用手扭枝、剥皮、疏果时，手部极易沾到病树上的病原物，在健康树木上操作时也很有可能会造成树体染病。

（3）苹果与梨混栽引起交叉感染。梨树是苹果锈果病的带病寄主，梨树品种普遍带有病毒，但植株和果实都不表现症状，却可以传播，靠近梨园或与梨树混栽的苹果树发病较重。

（4）根系传播。苹果树受病毒感染后，主要依靠树体汁液进行传播，根系是一个重要的传播途径。由于果树栽植密度大，根系容易接触。当全园根系接触以后，在深翻施肥时就容易创伤根系，伤口流出带毒汁液相互传染。

（5）昆虫传播。食叶类害虫、蛀干类害虫、蛀果类害虫也有可能是苹果锈果病的传播媒介，但还需要进一步的试验证据。

防治技术

（1）采用无病毒接穗和砧木。病原病毒可通过嫁接传播，选用无病毒材料是防治的关键。购苗一定要选择脱毒苗木，砧木和接穗也要确保无病毒。生产中果农有时只重视无病毒品种，忽视了砧木和砧树的带毒性，如病株改接脱毒品种，不久就可以感病。

（2）防止工具的交叉感染。生产中许多果园仅有几株苹果感染ASSVd，由于不注意工具消毒造成ASSVd的蔓延。不论是冬剪，还是夏剪，都应该将剪刀消毒干净，用2%次氯酸钠溶液浸泡剪刀，可以有效防止交叉感染。果园修剪时，先修剪无病植株，后修剪有病植株，也可减少病株的发生率。

（3）严禁苹果树与梨树混栽。生产中禁止苹果树与梨树混栽或在梨园内培育苹果苗木。新建苹果园要尽量远离梨园和病果园，在苹果园周围300m以内不得栽植梨树。

（4）加强田间管理。加强肥水管理，多施用有机肥，合理整形修剪。及时防治病虫害，改善果树的营养状况，提高植株的抗病能力，起到壮树防病的作用。生产中发现病树后立即进行标记，在修剪管理时严格注意区分。对于发病严重的植株应立即砍伐，连根刨除，根系要彻底清理干净，及时销毁。对于病树较多的果园，应划定为疫区，进行封锁，疫区的植株不能作繁殖材料。要在发病植株周围深挖隔离沟，防止植株间根系的相互交叉传染，砍除感病植株。

彩图30-1 苹果锈果病花脸型症状

（王亚南摄）

彩图30-2　苹果锈果病症状

彩图30-3　苹果锈果病花脸型症状（左图为套袋果与不套袋果的区别）
（王亚南摄）

彩图30-4　苹果锈果病导致果实畸形
（王亚南摄）

彩图30-5　苹果锈果病刚解袋后的表现
（王亚南摄）

31. 苹果花叶病

苹果花叶病是我国苹果生产中常见的病毒病害，发生普遍而严重。每年6～7月是苹果花叶病表现明显症状的时期，被苹果花叶病毒侵染的高龄苹果树和幼树都表现花叶症状，到了8月，由于高温，有些树上的症状会减轻甚至消退，出现隐症现象。苹果花叶病能导致苹果叶片叶绿素含量的降低和光合能力的下降，一年生的枝条较健株短，节数少，提早落叶，树势衰弱，果实不耐贮藏。该病老龄果园病株率一般在20%左右，严重果园的平均病株率在30%左右，为害较严重。

苹果花叶病在世界各地广泛分布。据报道，在保加利亚、德国、法国、英国、瑞典、意大利、美国、加拿大、澳大利亚、新西兰以及南非等地均有此病的发生，我国河南、甘肃、陕西、山西等省份发生较多，其中秦冠、金冠、富士较易感病，红星、元帅、国光抗性较强。

症状

苹果花叶病主要为害叶片，病斑由于苹果品种的不同和病毒株系间的差异以及病情轻重不同，通常可形成斑驳、花叶、环斑、镶边、斑点坏死等5种类型的花叶症状，发病叶片多不平整，呈波浪形或局部收缩。各类型的症状可在同一株树上混合发生。

（1）斑驳型。通常从小叶脉上开始发生，病斑形状不规则，大小不一，呈鲜黄色，边缘清晰。后期病斑常干枯、坏死，是花叶病中出现最早、最普遍的一种症状类型。发病严重时叶片会早期脱落。

（2）花叶型。病斑不规则，有较大的深绿和浅绿相间的色变，边缘不清晰，该类型症状发生略晚，数量不多。

（3）环斑型。病叶上产生圆形、椭圆形或近圆形鲜黄色环斑，或近似环状的斑纹。环状斑纹内仍为绿色。该类型症状发生少，不多见，而且表现较晚。

（4）镶边型。病叶的边缘发生黄化，在叶边缘形成一条很窄的黄色镶边，病叶的其他部分完全正常。该类型症状仅在金帅、青香蕉等少数品种上偶尔见到。

（5）斑点坏死型。产生类似斑点落叶病症状的坏死斑，病斑褐色，圆形，一般直径为3～6cm，发生时期较早，一般5月即可发生。发病叶片边缘卷曲、皱缩，有时夹杂有黄色褪绿斑。要注意该病症状与斑点落叶病的区别，该病症状一是发生早，二是病斑规则，三是病斑表面没有黑色霉层，四是病斑常伴有黄色褪绿斑。

病原

20世纪30年代，欧洲首次报道苹果花叶病毒（*Apple mosaic virus*, ApMV），该病毒是雀麦花叶病毒科（*Bromoviridae*）等轴不稳环斑病毒属（*Ilarvirus*）亚组3成员。属于无包膜病毒，病毒粒体为等轴对称二十面体的准等轴对称颗粒，直径为26～35nm。ApMV为三分体基因组，每个病毒粒体包裹有单分子的RNA1或RNA2，或者包裹RNA3或RNA4，为线性正义RNA病毒。ApMV是金冠、秦冠和富士等苹果品种上为害最严重的病毒之一，该病毒寄主范围广泛，已经侵染的植物种类超过65种，包括杏、芒果、梨和其他一些木本植物。

苹果坏死花叶病毒（*Apple necrotic mosaic virus*, ApNMV）是我国新发现的一种与苹果花叶病密切相关的病毒，ApNMV有可能是引起我国苹果花叶病的另一种病原。ApNMV在分类上与ApMV相同，该病毒也为多分体病毒，基因组由3条正义单链RNA组成。

侵染循环

苹果树在感染花叶病后，可导致全株受害，只要寄主存在，病毒也一直存活，并会不断增殖。病毒主要通过嫁接传播，接穗和砧木带毒是该病主要侵染源。砧木海棠苗也会发生花叶病，所以海棠种子也能带毒，但目前还未确切证实。病毒不能以汁液传染，但是可用组织快速接种法传病，也可用菟丝子接种传毒。有报道，蚜虫、木虱也可能传毒。

流行规律

树体感染病毒后，全株终生带毒。萌芽后不久即表现症状，4～5月发展迅速，其后减缓，7～8月基本停止发展，甚至出现潜隐现象，抽发的秋梢后又重新发病，10月又急剧减缓，11月完全停止。严重时，5月下旬即出现落叶，平均减产30%左右。潜育期3～24个月。该病发生受寄主抗性、病原致病性、环境条件及寄主生长状况的影响较大，当气温10～20℃，光照较强，土壤干旱，加之施入过量氮肥、钾肥，树势衰弱的情况下，病斑扩展迅速，持续时间长。有些果园春季有旋耕施肥的习惯，一旦旋耕伤及地下根，花叶病就可能严重发生。

防治技术

苹果树的生长期长，如果苗木带毒，果树将终生带毒，给果品生产带来长期且持续的危害。因此，针对果树病毒病，目前主要采用的防控措施是利用脱毒苗木和实行脱毒化栽培管理措施。

（1）选用脱毒苗木。建园时选用脱毒苗木是关键，育苗时接穗一定要严格挑选健株。砧木要采用种子繁殖的实生苗，避免使用根蘖苗，尤其是病株的根蘖苗。

（2）拔除病株。对丧失结果能力的重病树和未结果的病幼树，应及时刨除，并对土壤进行消毒，以防病毒传播。

（3）加强树体管理。对病株加强土肥管理，施好锌、钼、磷、钾、铜等肥料，以增强树势，提高树体的抗病能力，减轻为害程度，确保产量和质量不受大的影响。同时控制好大小年影响，延长植株的盛果期。建议在每年采收后立即补施有机肥，按每株树30～50kg施用，能有效延缓树势衰弱。

（4）药剂防治。发病初期可喷洒20%盐酸吗啉胍·乙酸铜可湿性粉剂1 000倍液或2%壳聚糖水剂500倍液，隔10～15d喷1次，连喷2～3次。若能结合灌根，效果更好，即在萌芽前和10月中下旬分别用盐酸吗啉胍·乙酸铜灌根2次，可有效减轻发病。

（5）避免传毒.果园管理时，要注意刀、剪、锯等工具的消毒，并及时防治蚜虫等传毒昆虫，减少病毒的传播。

彩图31-1　苹果花叶病斑驳型症状

（王亚南摄）

彩图31-2　苹果花叶病花叶型症状

（王亚南摄）

彩图31-3　苹果花叶病环斑型症状

（王亚南摄）

彩图31-4   苹果花叶病镶边型症状

（王亚南摄）

彩图31-5   苹果花叶病斑点坏死型症状

32. 苹果褪绿叶斑病

苹果褪绿叶斑病是苹果树的一种重要病毒病害，病原病毒ACLSV属于潜隐性病毒，果树受到该病毒侵染后不会表现出明显症状，因此在现实生产中该病害不容易察觉，很难进行及时的防治。ACLSV侵染率很高，可以达到60%～100%，也可混合侵染，即两种或多种病毒同时侵染，导致嫁接亲和性下降，同时造成树势衰弱、果树产量和果品质量下降等问题。ACLSV寄主广泛，可侵染苹果、桃、李等果树。ACLSV主要通过嫁接传播，感染该病毒的嫁接苗木会造成嫁接口坏死，导致无法萌发，或虽然能萌发，但植株严重矮化，叶片短、节间缩小，最后出现由上至下枯死的情况。

ACLSV在世界各苹果产区均有发生，包括法国、英国、德国、波兰、匈牙利、西班牙等地，我国东北冷寒苹果产区、渤海湾、西北黄土高原、黄河故道等地均有发生，北方产区苹果带毒株率有时可高达70%～100%。

症状

一般苹果品种感染ACLSV无明显症状，在ACLSV木本指示植物苏俄苹果上可观察到病毒侵染后在叶片上产生不规则的褪绿斑，主脉两侧大小常不对称，植株一般表现矮化；在其草本指示植物昆诺藜上表现分散的坏死斑，一段时间后整叶表现环斑、褪绿叶斑、线纹斑症状。ACLSV与其他病毒混合侵染时果实表现症状，果实表面出现红褐色或失绿的斑纹，病斑粗糙程度随着果实的成熟度增长，果实变小，同时果肉可能变硬。果柄周围或萼洼处有时也出现症状。在树体感染ACLSV 3～5年后树体可能衰退枯死，也可能树势衰弱，果树的叶片产生扭曲，叶片的节间缩短导致叶片结构呈现丛簇状，严重时植株枝条枯死。

病原

苹果褪绿叶斑病由苹果褪绿叶斑病毒（*Apple chlorotic leaf spot virus*，ACLSV）引起，ACLSV属乙型线形病毒科（*Betaflexiviridae*）纤毛病毒属（*Trichovirus*）。于1959年被英国学者Luckwill和Campbell首次报道为苹果潜隐性病毒，因其在大果海棠上发现，被命名为大果海棠线斑病毒（*Line pattern virus*，LPV）。同年被美国学者Mink和Shay于苏俄砧木上观察到症状并且命名为ACLSV。

病毒粒体为弯曲线状，粒体柔软性较好，粒体间可以互相缠绕，以致呈螺旋对称，因此不容易准确测量长度且长度差异较大，在720～860nm之间，宽12～13.5nm，提取方法和株系的不同是导致ACLSV病毒粒体长度差异的原因。

病毒基因组核酸为正义单链RNA，基因组含有约7 500个核苷酸，核苷酸约占病毒粒体质量的5%。同时也含有3个部分互相重叠的开放阅读框（ORF），最大的开放阅读框ORF1编码的蛋白同时具有RNA聚合酶、甲基转移酶和解旋酶的特征序列。ORF2编码多肽，通过采用免疫电镜观察到线形网状结构，表明该蛋白位于植物与输导有关的组织中。ORF3编码病毒结构蛋白，即外壳蛋白（CP），外壳蛋白分子量在22～27ku，约占病毒粒体质量的95%。该蛋白有3个保守的氨基酸基序，这些基序发挥着盐桥作用，以维持CP完整结构或者在与RNAs的互作中发挥作用。基因组5'端具帽子结构，3'端带有poly（A）尾。

病毒粒体在20℃以下存活1d，4℃以下约存活10d。热钝化点为55～60℃，可耐较高的温度，稀释限点约为10^{-4}，标准沉降系数$S_{20w}=100S$，ACLSV可沉降成单条或两条距离很近的带，RNA酶对其敏感，具有中等抗原性。

ACLSV寄主范围广泛，存在多个株系和多种血清型，根据其生物学特性和血清学关系分为8个株系，即普通株系、苏俄苹果株系、超潜隐株系、三叶海棠潜隐株系、圆叶海棠潜隐株系、红芯子潜隐株系、捷德林潜隐株系和K14潜隐株系。

侵染循环

ACLSV是潜隐性病毒，在寄主表面不会产生明显为害症状，但会长期侵染造成慢性危害，导致果树树势衰弱，并且一经感染终身带毒，可单独侵染，一般与其他病毒混合侵染。ACLSV侵染对寄主产生明显的危害，侵染后存在于感病寄主植物根部和叶片的薄壁细胞和韧皮部之中，病毒粒体呈类似结晶状或成束排列在细胞质中，ACLSV的RNA复制形式可能与液泡膜处产生的小囊泡（呈现纤维状）有关。在人工接种ACLSV的昆诺藜叶片细胞中，细胞核中分散着病毒粒体。

流行规律

ACLSV发病高峰一般在每年6～7月，由于高温的影响，到8月左右，部分果树上的症状会逐渐减轻甚至消失。ACLSV的潜伏期较长，约2～3年，在这期间果树生长基本不会受到影响，到第4年左右开始抑制树体生长，使树势衰弱甚至死亡，如果采取抗病砧木和接穗，感染病毒后不致死亡，会导致树势衰弱和产量降低。

目前我国栽种的苹果品种ACLSV的发生主要由于矮化砧木带毒和嫁接传播侵染，机械接种传播也是病毒的重要传播方式，修剪工具带病毒也可传播，除此之外，还有几种传毒途径：①汁液传播：带毒植株汁液可通过摩擦传播。在果园管理中要及时清除带病植株，防止进一步的危害。②根系接触传播：已经患病的植株，在行间距过近时，带毒树体会通过根系传染到正常植株，导致树体感染，造成病毒传播。在实际田园管理中，调整合适的间距有利于规避根系传播ACLSV。③其他传播：ACLSV能否通过花粉、种子或线虫传播尚不明确，仍待进一步研究。

防治技术

ACLSV的防治策略应以预防为主，应用脱毒苗木，加强果树的栽培管理，采用果树的脱毒化栽培，以强壮树势，提高果树的抗病能力。

（1）繁殖培育和栽培脱毒苗木。建立无病毒的母本园，培育脱毒苗木。苹果脱毒技术有热处理脱毒、茎尖培养脱毒、热处理结合茎尖培养脱毒、冷疗法脱毒、抗病毒剂脱毒等。其中热处理脱毒具有操作简便的优点，对设备要求不高；茎尖培养脱毒的方法操作难度较大；热处理结合茎尖培养的方式脱毒相对容易，并且效率高，这种经过热处理长出的绿枝可取较大茎尖接种，降低了操作的难度。脱毒后的苗木再进一步结合种植区的气候条件等进行移栽驯化，以提高苹果的成活率。

（2）严格检查嫁接砧木。加强检测工作，避免使用无融合型砧木作苹果砧木，以避免树势衰弱甚至苗木死亡的现象。

（3）加强栽培管理。

①合理施肥：增施有机质，以改善土壤的微生物群落，使微生物菌落发挥作用，促进树体生长，秋施基肥，提高土壤的抗病能力。

②合理修剪：保证园内的通风透光条件，以增强树势，提高果树的抵抗力。修剪前务必进行修剪工具的消毒，防止病毒通过工具传播。

③合理密植：根据当地的气候条件进行调整，同时结合大小年情况进行疏花疏果，调整到树体合理挂果量。

（4）化学防治。

①预防：可进行土壤消毒处理或剪锯口涂抹药剂，防止病毒侵入为害，可选用盐酸吗啉胍、氨基寡糖素、氯溴异氰尿酸等。

②药剂防治：树体发病后可使用20%吗胍·乙酸铜可湿性粉剂进行灌根处理，春季发芽前和发芽后各灌根1次，同时喷药防治，可用20%吗胍·乙酸铜可湿性粉剂500倍液在开花前和开花后树上连喷两次。

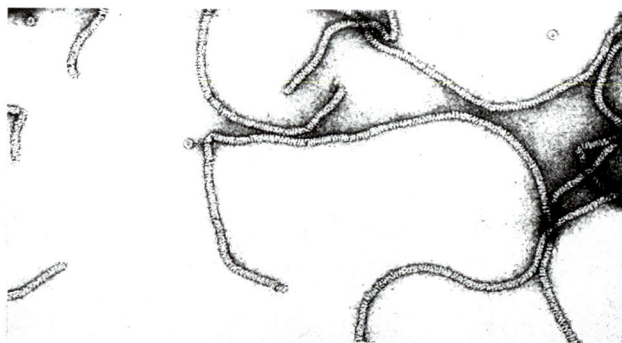

彩图32-1　苹果褪绿叶斑病毒粒体

彩图32-2　苹果砧木（*Malus prunifolia* var. *ringo*）茎部点蚀状

（T. Ito 供图）

彩图32-3　苏俄苹果（*M. sylvestris* cv. R12740-7A）嫩叶上的绿斑

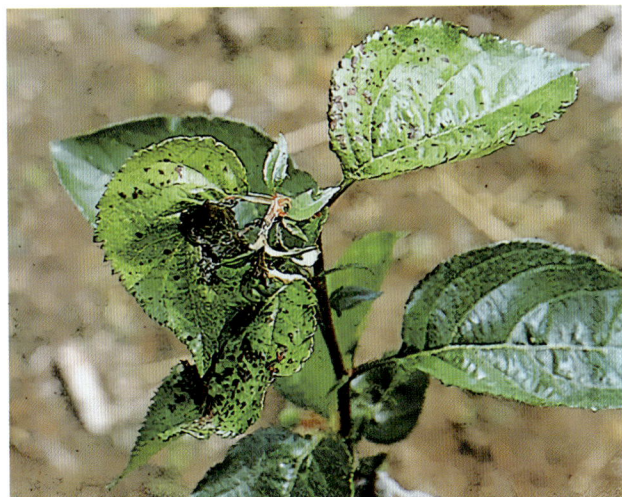

（T. Ito 供图）

彩图32-4　平邑甜茶（*M. hupehensis*）新梢叶片上的坏死斑点和坏死部位

（I. Machida 供图）

彩图32-5　平邑甜茶带有坏死环斑和坏死部分的畸形花瓣

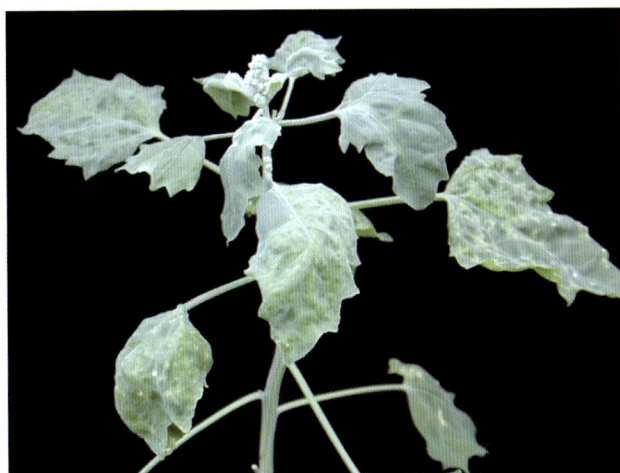

（T. Ito 供图）

彩图32-6　被系统性侵染的昆诺藜（*Chenopodium quinoa*）呈现出的褪绿斑点、斑驳及叶片畸形

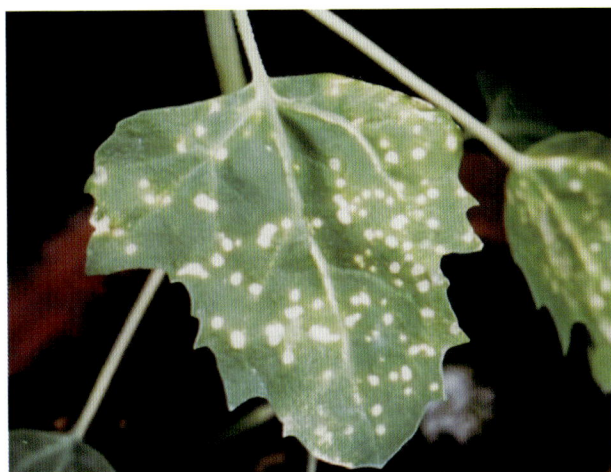

（王亚南供图）

彩图32-7　昆诺藜接种7d后叶片呈现的坏死斑点

（王亚南供图）

33. 苹果茎沟病

苹果茎沟病是苹果上普遍发生的潜隐性病毒病害之一，可为害苹果、梨、柑橘、樱桃、杏、猕猴桃等果树及百合科和多种双子叶植物。病原病毒ASGV在苹果树上通常引起慢性衰退症，在商业种植的苹果树上ASGV通常不表现症状。ASGV可与苹果褪绿叶斑病毒（ACLSV）、苹果茎痘病毒（ASPV）复合侵染引起苹果高接病，造成苹果落叶、落果，并可协同真菌一起为害，对树势造成严重影响，严重时可导致树体死亡。ASGV于1965年被美国学者首次在苹果树上发现，至今，在全球各大苹果和柑橘产区都有发生流行，如美洲、欧洲和亚洲的中国、韩国和日本等国家都有报道。我国于1989年和1993年发现了该病毒在苹果和梨树上的为害。目前，该病毒在我国南、北方苹果和梨产区普遍发生，严重影响果树生长、果实产量和质量。

症状

ASGV在栽培的苹果树上通常不引起明显症状，会造成叶片变小、畸形、失绿，营养生长受阻，导致树体生长状况不良。ASGV侵染较敏感的果树品种导致发病果树矮小，顶端生长削弱，嫁接部位树皮下的木质部有深褐色凹沟，接合部位内部出现深褐色坏死环纹，大部分树体的根死亡，树势严重衰退甚至死亡，造成果园残缺不全，甚至全园毁灭。但该病毒侵染梨树、柑橘、猕猴桃及指示植物等能够引起相对明显的症状。

ASGV侵染梨树后，叶片上会看到红褐色的圆形或不规则状斑，甚至形成大黑斑；在柑橘上，造成叶片明显变小，病株砧穗接合处产生黄色环状、叶脉黄化等症状；在猕猴桃上，可产生褪绿、花叶、叶脉黄化等症状；在四季豆叶上有紫色斑点，植株顶部的花叶坏死；昆诺藜被感染叶片产生针尖状褪绿斑，其后成为坏死斑，顶部叶片表现轻斑驳，后期叶缘下卷、畸形，植株生长受到抑制；心叶烟被感染叶片上产生系统性斑驳；弗吉尼亚小苹果被感染后在叶片一侧边缘产生黄色斑纹，叶片变小，呈舟状，木质部形成长长的沟痕，接穗部肿大，最终可能死亡。

病原

苹果茎沟病由苹果茎沟病毒（*Apple stem grooving virus*，ASGV）引起，ASGV属线形病毒科（*Flexiviridae*）发形病毒属（*Capillovirus*）的典型代表种。病毒粒体呈弯曲长线形，未包被，表面有明显交叉，螺旋对称，长640～700nm，直径12nm。病毒基因组6.5kb，正义单链RNA。基因组RNA含有2个开放阅读框（ORF），编码甲基转移酶（Mt）、外壳蛋白（coat protein，CP）和运动蛋白（movement protein，MP）等多个蛋白。ASGV病毒MP基因与CP基因相对保守，且CP基因的保守性更强。

根据生物学特性和血清学关系可以将ASGV分为3个株系，即苹果潜隐病毒Ⅱ株系（C-431）、E-36株系和深绿反卷株系（GE）。不同的分离物其病毒粒体大小不同，其中，苹果分离物的病毒粒体长度为620nm，柑橘分离物的病毒粒体长度为650nm，猕猴桃分离物的病毒粒体长度为680nm，宽度都是12nm，螺距在3.4～3.8nm之间。在电镜下观察发现，病毒粒体单个或聚集存于寄主植物叶片叶肉细胞和韧皮部薄壁细胞内。

流行规律

ASGV可以通过嫁接、汁液摩擦、无性繁殖材料和昆诺藜种子进行传播，但目前尚未有研究发现该病毒的自然传播介体。此外，有研究者从黄蓝状菌（*Talaromyces flavus*）中提纯了ASGV病毒粒体，证明黄蓝状菌可作为ASGV的传播介体，在一些寄主植物间传播。病毒多年累积后，会引起树势变差，果实产量和质量下降，一旦遇到合适的条件就造成病害大暴发，导致严重损失。

防治技术

苹果茎沟病属于较难防治的病害，至今还没有一种有效的药剂，主要依靠培育无毒种苗，选育优良抗病品种以及加强病毒监测，从源头杜绝病毒。果树一旦被病毒感染，整株树呈现系统发病。目前，我

国虽然已培育出一些抗病毒的品种，但是真正用于生产实践的品种少之又少，所以加强对果树病毒的监测，建立安全的生产体系是非常重要的。目前较为可行的控制措施是实行检疫，控制其扩展。

彩图33-1　健康的光辉苹果植株（左）和被 ASGV 侵染的植株（右）对比

（Luca Monducci 供图）

彩图33-2　被 ASGV 侵染的光辉苹果叶片

（Luca Monducci 供图）

彩图33-3　被 ASGV 侵染的光辉苹果植株

（Luca Monducci 供图）

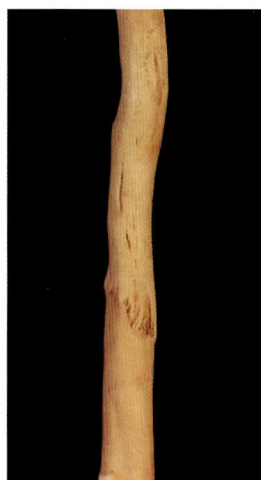

彩图33-4　苹果茎部点蚀症状

（Paul Martens 供图）

彩图33-5　复合感染苹果茎痘病毒及苹果褪绿叶斑病毒的红香蕉苹果树干去掉树皮后的凹陷症状

（D.I. Breth 供图）

彩图33-6　育苗圃中被苹果茎痘病毒和苹果褪绿叶斑病毒复合侵染而衰退的红香蕉苹果树与健康植株对比

（D.I. Breth 供图）

34. 苹果茎痘病

苹果茎痘病是苹果和梨上普遍发生的潜隐性病毒病害。病原病毒ASPV常与苹果褪绿叶斑病毒（ACLSV）、苹果茎沟病毒（ASGV）等混合侵染，导致苹果和梨树势衰弱，产量下降，品质变劣，严重时导致整树枯死，该病毒与 ACLSV 和 ASGV 复合侵染，可使苹果减产12.0%～67.0%。ASPV 主要侵染梨和苹果，并引起苹果茎痘病、梨栓痘病、梨坏死斑点病，其寄主范围很广，自然寄主包括野苹果、三叶海棠、西洋梨、白梨、秋子梨、砂梨等。弗吉尼亚小苹果A20、杂种榅桲、司派227和光辉等品种是通用的木本指示植物。此外，ASPV 还能侵染西方烟、苋色藜、千日红、鸡冠、墙生藜、胡麻、番杏等草本植物。

ASPV 最早于1954年在美国中西部的欧洲野苹果上被检测到。该病毒分布十分广泛，美国、德国、意大利、日本、新西兰、瑞士、匈牙利、加拿大、澳大利亚、韩国、中国以及非洲等地都有报道。在我国主要分布于辽宁、山东、河北、北京、河南、山西、新疆、湖北、浙江、广东、广西、四川、福建等省份，几乎从南至北均有分布。

症状

ASPV 通常潜伏侵染，不产生明显症状，造成慢性危害，仅在一些敏感的品种上表现症状，常见症状为死顶、内茎皮坏死、嫁接时衰退、叶偏上性生长等。不同的 ASPV 分离物在不同指示植物上的症状比较复杂，并未呈现出明显的规律性。ASPV 在木本指示植物 Spy227 上造成叶片反卷，主干皮层表面产生不规则的红褐色斑，有些还表现为顶端枯死，生长衰退或矮化，木质部表面有凹陷斑等症状。ASPV 在草本指示植物西方烟的接种叶上产生坏死圆斑，在系统叶上产生线状坏死斑、脉黄、褪绿斑、畸形、黑色坏死斑点等，有些还呈潜伏侵染，不表现症状。ASPV-MX（来源于苹果美香）还在西方烟亚种的接种叶上产生坏死圆斑，在系统叶上产生枯斑、系统脉黄，在苋色藜上产生局部褪绿斑，在鸡冠上产生局部坏死斑，在千日红上产生局部坏死斑、斑驳。

病原

苹果茎痘病由苹果茎痘病毒（*Apple stem pitting virus*，ASPV）引起，ASPV属乙型线形病毒科（*Betaflexiviridae*）凹陷病毒属（*Foveavirus*）。ASPV 粒体长约800nm，直径约15nm，为弯曲线状病毒，没有明显的交叉带，容易形成头尾相连的聚集体，因此测量其长度时有800nm、1 600nm、2 400nm、3 200nm等多个峰。它在汁液中的失活温度为50 ～ 55℃，体外保毒期为25℃下19 ～ 24h，稀释限点为10^{-2} ～ 10^{-3}。其基因组为正义单链RNA，含有约9 306个核苷酸（nt），编码5个开放阅读框（ORF），ORF1（34 ～ 6 582nt）编码247ku的RNA依赖的RNA聚合酶（RNA-dependent RNApolymerase，RdRp）；ORF2（6 685 ～ 7 353nt）、ORF3（7 358 ～ 7 717nt）、ORF4（7 629 ～ 7 838nt）分别编码25ku、13ku和7ku蛋白，它们参与病毒移动；ORF5编码42 ～ 44ku的外壳蛋白（coat protein，CP）。

侵染循环

该病毒侵染寄主后可导致感病细胞机能严重紊乱，但不会产生特殊的细胞病变结构及内含体，线状病毒粒体在细胞质中积累，成束分布，叶绿体被破坏而瓦解。

田间的病株是ASPV的主要侵染源，在木本寄主上病毒均可通过人为嫁接传染。但在果园中，病毒可通过病健树根系接触传播，通过工具的交叉使用进行传播，还可以通过汁液相互沾染进行传播。国外曾有ASPV通过土壤传播的记载，目前ASPV没有发现昆虫传播介体。接穗、砧木和苗木远距离运输加快了ASPV的传播速率，扩大为害范围，所致损失日趋严重。

流行规律

3种木本指示植物中，杂种榅桲相较于光辉和Spy227来说对ASPV更加敏感。用ASPV分离物接种杂

种榅桲后，于5月上旬叶片产生褪绿斑驳，叶片向背面卷曲，植物长势减弱，6月中下旬枝干中下部皮层上产生红褐色坏死斑，8月下旬或9月上旬，剥开树皮可见木质部有纵向条沟，有些ASPV分离物会造成梨树坏死斑点和脉黄等症状。

防治技术

苹果茎痘病难以利用化学农药或者生物制剂等进行有效防治，生产中主要从以下几方面来防控。

（1）加强病毒监控。推广病毒的检测技术，建立监控体系，每年及时调查我国ASPV的发病情况，确定重发病区，便于管理。

（2）加强检疫。在运输和交易中，应对从重发区输出的苗木和接穗进行严格检疫。

（3）加强果园管理。及时拔除病株，合理修剪果树，减少病毒传播。

（4）建立无毒苗木基地。利用脱毒技术培育无毒种苗，从根源上防治病毒病。

（5）选育优良抗病品种。

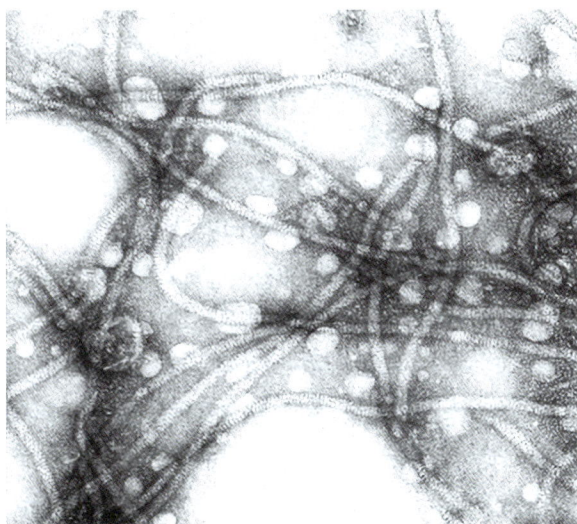

彩图34-1 苹果茎痘病毒粒体

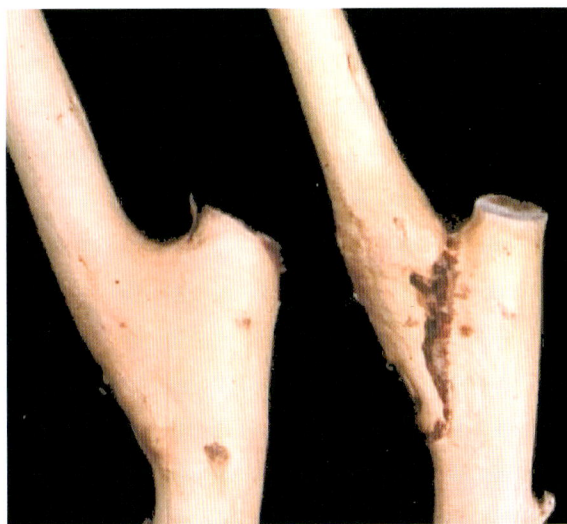

彩图34-2 弗吉尼亚小苹果与被感染的砧木嫁接处的坏死症状（右）和健康砧木嫁接处（左）对比

（I. Machida 供图）

彩图34-3 三叶海棠与被感染砧木嫁接处的坏死症状

（I. Machida 供图）

彩图34-4 被系统侵染的昆诺藜的偏上性生长、变形及斑驳症状

（王亚南 供图）

第二二章　苹果非侵染性病害

第一节　物理因素导致的伤害

35.苹果日灼病

随着矮化密植栽培模式的推广及气候逐渐变暖，苹果日灼病已经成为苹果生产中一个日益严重的问题，尤其是在黄土高原及西南高海拔地区，受强太阳辐射和白天高温的影响，日灼能造成一些苹果园高达10%以上的产量损失，尤其是富士、金冠等品种。日灼不但造成苹果果品质量的下降，还会伤害叶片和树干，影响树势并引发腐烂病、轮纹病、木腐病等。在美国华盛顿苹果产区，由于夏季少雨，在大多数夏日，果面温度比空气温度至少高11.1℃，甚至高16.6℃，夏季日灼是当地苹果产业面临的最主要的一种威胁。

症状

日灼也叫日烧，会损害果实或树体营养组织，如树皮及叶片等。绿皮和黄皮的品种特别敏感，比如澳洲青苹和金冠，部分红色品种也可能会在炎热、阳光明媚时遭受日灼。受日灼部位先变白，继而变为棕褐色至褐色。如果日灼较轻，只是果皮受害，果肉可能不会损坏，但长时间的暴晒会导致果皮和果肉都受到严重伤害，坏死组织凹陷并扩展到果肉内1cm或更深，病健交界处组织发红。还有一些晒伤果实在采收时外观正常，而在贮存几个月后受损伤部位的果皮发生褐变。除了果面的变化，果实内部也受到影响。受日灼部位在冷藏3～6个月后进行测定，果实硬度会增加，可滴定酸度明显降低。

树皮的日灼往往发生在不受叶片遮挡的外围枝干，尤其是开心型树型特别容易在上部枝干的西南面发生日灼。冬季虽然温度低，长期日晒也会出现日灼，树皮下组织受损。

叶片的日灼发生在冠层的西南面直接接受阳光照射的叶片正面，表现为四周发白中心变褐的坏死斑，斑的大小与受照射的面积直接相关。幼树栽植时，为了防止树苗失水而套长膜袋，长叶后如不及时将塑料袋去除，则容易使贴近塑料膜的叶片被烫伤。

病因

阳光直射及局部高温是造成日灼的主要原因，因品种不同，果实发生日灼症状的果面温度为46.1～48.9℃。过去认为紫外线辐射是诱导产生日灼的直接原因，但是，一系列的田间试验表明，苹果的灼伤主要是由过高温度引起的，而不是紫外线辐射。试验表明，未采摘的果实表面温度超过51.7℃时，细胞会在10min内被杀死，导致在阳光下的一面出现黑斑或像煮熟状的斑块。在实验室的测试中，将果实置于45℃下处理至少5h，会出现灼伤。单独用紫外线照射则不会出现灼伤。套袋的果实虽然处在黑暗条件下，当果实的向阳面果皮温度超过其承受的临界值时，就会出现灼伤症状。盛夏季节，果园里的果实表面温度可达到54℃，应用不同的紫外线过滤器（塑料、聚碳酸酯、玻璃）遮挡裸露的果实，均不能防止其产生灼伤，且紫外线的缺乏会导致果实着色不良。果园中最常见的是气温在35℃左右时，果面温度可超过46℃从而造成灼伤。

冬季树皮和皮下组织受到的日灼与昼夜温差大有关，是一种变温损伤，即白天温度升高，细胞解冻，夜间温度骤降，皮层细胞又重新结冰造成细胞受伤甚至死亡。

发生规律

日灼在潮湿地区的红皮品种上很少出现，但在干旱地区特别严重。摘下的果实暴露在日光下几个小时后会出现灼伤，而长在树上的果实则不会，这说明树体对果实有明显降温作用。利用通风设备降低离

体果实温度可以防止灼伤产生，而不通风情况下的果实则出现灼伤。有实验表明利用紫外线过滤器遮住离体果实，果实仍会产生灼伤；而应用红外线过滤器（如利用高岭土）遮挡果实，则没有灼伤出现。

防治技术

强壮树势，保留适度枝叶以遮阳，适当疏果减轻树枝弯曲下垂的程度，从而减少成熟果实在阳光下暴晒的机会。收获的果实应该尽快存放到阴凉处或者尽快放入贮藏库，以避免果面受损伤。

果实的摘袋要在早晚进行，避免刚脱袋的果实被阳光暴晒。

国外防日灼措施包括给果园搭遮阳网，对于红皮品种，增加遮阳意味着颜色会变浅，但能有效防控日灼；在夏季喷撒高岭土、碳酸钙或滑石粉，对叶和果实进行遮挡，也能减轻日灼的发生；使用以蜡为基质合成的防晒剂，可使日灼果率降低50%；装备较好的果园顶部还搭有喷水系统，一旦气温达到29℃并持续5h，果农就启动喷水保护系统。

根据笔者的试验，在树体西南面涂含生物菌剂的涂白剂（轮纹终结者1号），可使树皮的温度比不涂白的对照周年平均低8～9℃，因此，在入冬前对枝干向阳面进行涂抹可以有效避免由冬季变温和夏季高温引发的日灼。

彩图35-1　苹果果实日灼症状

（胡同乐摄）

彩图35-2　苹果叶片日灼症状

彩图35-3　刚栽植的苹果树苗套袋后叶片发生日灼烫伤

彩图35-4　发生在侧枝上的日灼症状（剪锯口部
　　　　　位特别容易发生）

彩图35-5　发生在主干上的
　　　　　日灼症状（被晒
　　　　　伤的部位又发生
　　　　　木腐病）

36．苹果冻害

　　苹果的健康生长要在一定的温度范围之内，如果温度低于苹果能够忍耐的下限温度就会发生冻害，冻害会严重影响苹果的生长、开花和结果，严重时会导致树体死亡。随着气候逐渐变暖，冬季的温度有所上升，冬季发生冻害的情况在减少，也使得我国能够种植苹果的区域在不断北移。暖冬再加上暖春，往往导致苹果的物候期提前，在这种情况下，一旦春季发生霜冻，会在苹果花期造成冻害，影响极大，其危害甚至远高于任何一种病虫害。如2018年我国黄土高原苹果产区发生了花期冻害，受冻果园损失率达30%～100%，产量大幅下降。

　　冻害除对苹果树造成直接伤害外，还能诱发腐烂病、轮纹病、木腐病等，也为多种害虫为害树体创造了条件。

症状

　　苹果花期受冻，因中心花都是最先开放的，因此也最容易受冻，而边花就被保留下来。如果是轻微受冻，只造成雌蕊、胚珠和发育的种子受害，在某种情况下没有种子的幼果也可以继续生长，出现畸形或无籽果。受害严重时整个花絮受冻，花瓣变褐、萎垂，花托颜色变暗，切开内部可见心室变黑，几天以后整个花器变褐，停止发育，果柄变褐，乃至脱落。幼果期受冻，如果冻害不太严重，在花萼部位或者果实的中部会形成霜环，因为冰晶伤害了该部分的果皮，或者果实的冻伤区域会变为黄褐色。低温对植物的伤害有时出现在果实的顶端，使受害部位生长停滞，果小，而果实的基部仍然继续生长，受害状类似于蚜虫为害。

　　植物的营养组织对于冻害的耐性更强一些，然而，当出现严重冻害时，植株上部的芽和细嫩的枝条都会被冻死。轻微的冻伤也会破坏叶部组织，造成叶片的卷曲、发硬、发脆，一段时间后尚可恢复。枝干受冻会出现树皮纵裂，主要表现在分枝处和主干基部。严重的树体基部受冻，会导致根颈基部腐烂病发生，使树体死亡。

病因

　　0℃以下的低温是造成冻害的直接原因。果树不同发育阶段对低温的耐受能力不同，开放的花和幼果在−2℃时就会受到伤害，−25℃及以下的低温会对休眠期的芽造成冻害，当然也有某些苹果品种可以承受−35℃甚至是更低的温度。

发生规律

　　春季冻害：冬末春初温度逐渐升高，万物复苏，此时植物组织对于降温更为敏感，一旦降温，植物组织更容易受到伤害。如果温度陡降，花芽和芽内的分生组织都会受害。开花后，植物抗寒性会随着发育而不断降低，花和幼果，特别是胚珠和正在发育中的种子最容易受到低温的伤害。冻害发生具有不均匀性，同一地区不同地块有明显差异。低洼、通风不良地块发生更重，靠近村庄的地块，同一田块的高处冻害发生相对较轻。由于冻害发生时冷空气下沉，并且山下空气流动不畅，因此山坡低洼地果园受冻更重。对一棵树而言，一般是树体下部冻害重，上部冻害轻。据国家苹果产业技术体系洛川综合试验站测试，不同苹果品种花期耐冻程度从高到低依次为：蜜脆＞秦蜜＞秦冠＞秦脆＞长富2号＞龙富短枝＞新红星＞嘎拉。

　　冬末和早春植物组织耐寒性会下降，其临界受冻温度会上升。如果较高的温度持续时间较长后温度突然下降，树皮、花原基以及无性的分生组织都可能被损坏。在气温低于15℃时，向阳面树皮组织的温度都可升至25～30℃，这会导致植株耐寒性的快速丧失，如果此时遭遇突然降温则引发冻害。暴露的树干和大分枝处会发生树皮起泡和产生不同深度的裂纹。严重的树皮开裂，导致韧皮部和形成层暴露，枝干会因水分快速蒸发而死亡。常见的是内部的韧皮部和形成层变褐，如果有足够的细胞存活，新形成层细胞可以产生，果树还能恢复，对这些树应该轻修剪。

秋季冻害：秋季冻害会对树上的果实造成伤害，受冻果不再具有商品价值。温度接近 −2℃ 时，果实就会产生冻害，冻害程度随着果肉的软化程度而增大。发生冻害的果实在收获前要先解冻，因为擦伤会使冻害程度加重。解冻后的果实会出现不同程度的轻微变色、水渍状，直到完全褐变，果肉呈海绵状。损伤的程度取决于最低温度、温度下降的速度以及低温持续的时间。因为果树从上到下组织逐渐变硬，所以最严重的冻害一般发生在分权处和主干基部。这些部位的韧皮部和形成层组织可能会被严重的秋季冻害冻伤，从而需要桥接进行修复。在种植同一品种的情况下，密植比稀植更容易发生冻害，晚采收比早采收更容易发生冻害。同样，晚熟品种一般比早熟品种对冻害更敏感。在最冷时段到来之前，对果树只能进行轻修剪，因为重修剪会降低枝条的抗寒性。

冬季冻害：苹果树韧皮部和形成层的抗寒性要比木质部强，冬季低温可导致"黑心"，这是由木质部内的射线薄壁细胞变色和死亡引起的。虽然木质部细胞已经死亡，但贮存在射线薄壁细胞内的碳水化合物会被固定在细胞中，从而为发生冻害后乘虚而入的病原菌提供了营养。低温能够刺激苹果树腐烂病菌的活性，发生冻害的树干部位很容易被腐烂病菌侵染进而引发复合性伤害。冻害发生的程度因品种及冻害发生前的生长状况不同而有很大变化。在非常低的温度下，由于水分从细胞和组织中排出引起组织收缩从而导致主干的开裂。一些徒长枝和顶芽由于冬前营养积累不足易发生冻害而导致枯梢和僵芽。

防治技术

对冻害尤其是花期冻害的防控，应该采取提前预防、降温过程中协防和冻害发生后补救的综合措施。

很多传统农事管理措施可以预防或减轻冻害，如树木不宜过度施肥或过重修剪，否则树体会贪青旺长，抗冻能力下降。进行科学的土壤管理和灌溉也是控制苹果树旺长的方法。加强果园疏果，控制果树的负载，也可以增强抗寒性。秋季入冬之前在果树向阳面的主干涂白，可减轻枝干日灼和冻害的概率。低洼地块的果园更应该注意每年加强冻害的预防。

对于花期冻害的预防，有条件的果园可以安装高空风扇装置，一旦出现降温天气可以通过空气扰动提升下层空气的温度。早春果园灌水降低地温有一定的推迟花期的作用，但要掌握好时机。在花芽露红期给果树喷施一些营养物质，有助于提升果树的抗寒能力。一定要关注天气预报，在即将发生冻害的夜晚还可采用吹风、喷水或熏烟的方法进行人为干预。但是，这些预防性措施只能在一定程度上发挥作用。例如，2018年陕西很多苹果产区花期遇到 −7℃ ～ −5℃ 的低温，在这样低的温度条件下，熏烟、喷水和高空气流扰动都未取得任何效果，反而有的果园因烤伤、冰冻等加重了对树体的伤害。

冻害发生以后，不能放弃管理，要根据实际情况采取不同的措施。尤其是花期冻害，如果不是所有的花都被冻死，则要采取以下措施进行补救：

（1）停止疏花，延迟定果。发生霜冻灾害的苹果园，应立即停止疏花，以免造成坐果量不足；疏果、定果时间推迟到幼果坐定以后进行。注意不同树种放置的蜂群密度，必要时辅以人工授粉，可以解决冻害以后由于花器畸形、授粉昆虫减少、花粉和雌蕊生活力下降引起的授粉困难和授粉不足的问题。

（2）灌水补肥，增强抗性。冻害发生较重的果园，应尽力采取各种方法灌溉，缓解树体冻害造成的不利影响，提高树体生理机能，增强抗性和恢复能力；可叶面喷施 0.3% ～ 0.5% 尿素、0.2% ～ 0.3% 硼砂或其他叶面肥料，以补充树体营养，促进花器官

彩图36-1　苹果花期遇到突然的降温天气导致冻害

发育和机能恢复，促进授粉受精和开花坐果。

（3）保障坐果，精细定果。对于冻害比较严重、有效花量不足的果园，应充分利用晚花、边花、弱花和腋花芽坐果，保障坐果量。幼果坐定以后，根据整个果园坐果量、坐果分布等情况进行一次性疏果，选留果形端正、果个较大的发育正常果，疏除弱小、畸形、冻害霜环果。定果时力求精细准确，要充分选留优质边花果和腋花果，以弥补产量不足，确保有良好的经济效益。

彩图36-2　发生在苹果花期不同时段的冻害（雌蕊和心室变褐）

彩图36-3　苹果花期发生冻害花序萎蔫枯死

彩图36-4 苹果幼果期发生冻害果实上出现霜环

彩图36-5 苹果幼果期发生冻害萼洼处出现果锈

彩图36-6 苹果发生冻害种子发育受阻,果实畸形

彩图36-7 花期受冻的苹果树下部花几乎全被冻死，而上部花还可结果

彩图36-8 受前期营养供应不良和冻害的影响苹果顶芽形成僵芽

彩图36-9 苹果顶梢受冻形成枯梢

彩图36-10 发生在苹果树主干的冻害症状（内部木质部变黑，韧皮部脱落）

彩图36-11　苹果树主干因冻害开裂出现伤流

彩图36-12　苹果树枝干受冻导致的皮层开裂

彩图36-13　预防苹果花期冻害的喷水装置（左）和风机（右）

37.苹果洪、涝、雹灾

苹果洪、涝、雹灾是我国各苹果主产区每年都发生的灾害，因地域不同，发生程度有差异。近年来，随着气候变暖，极端性的灾害天气出现频次有增多的趋势。洪、涝、雹灾分属不同的灾害，但都伴随强降雨产生。虽然从宏观的角度看，洪、涝、雹灾并不是我国苹果产业的主要威胁，但是对于局部区域，尤其是对于小农户而言，一旦遭遇这类灾害，损失往往是毁灭性的。

症状

发生洪、涝灾害的果园多位于山坡地、河滩或地势低洼的区域，受洪水的影响，果园会发生严重的水土流失，果树会被冲倒，果树的群体结构受到影响。如果地势低洼，暴雨导致果园积水，且较长时间不退，则果树会遭受涝灾，树根呼吸不畅会影响茎和叶的生长，然后萎蔫，叶片失绿和褐变，根部出现褐色或蓝紫色坏死，最后导致落叶乃至死树。

雹灾会对果树造成物理性伤害，冰雹的大小、持续时间长短以及苹果树所处的生长阶段决定了其对果树造成的伤害程度。小冰雹会损害树木较嫩的器官，如叶片和果实。造成叶片穿孔和果实的小坑，后期果实能够自愈，但仍然有雹伤的痕迹。如果冰雹较大，直径超过1cm，则能将叶片和果实砸烂、砸落，造成树皮破损，枝条折断，如后期管理不好会造成多种病虫害严重发生，影响树势和后续多年的苹果产量和品质。

病因

导致洪、涝、雹灾的直接原因是水淹和冰雹的物理伤害。强降雨会造成山坡地的水冲和低洼处的水淹，主要影响果树的地下部，在强降雨过程中如果有强风，会导致树体倒伏。目前所栽培的苹果树都属于浅根系，长期淹水，地下部的根系缺乏足够的氧气，导致根系窒息，进而导致根系变色、根毛死亡。有时第一年的水淹会影响第二年果树的生长，第二年春季果树还能正常生长，但是随后叶片开始枯萎，果实脱落乃至整棵树死亡，主要是根系无力提供树体所需水分。相对于核果类果树而言，苹果耐受涝灾的能力要稍强一些，有报道称试验条件下苹果耐水淹的时间能达到6周。春季的水淹比秋季的水淹对苹果树生长影响更大。冰雹主要影响果树的地上部，因冰雹常发季节苹果已长果，因此每次雹灾都会直接影响果实。

发生规律

虽然洪、涝和冰雹都属于随机性较强的偶发灾害，但是果园的位置不同，遭受这些自然灾害的频率会有非常大的差异。建在河滩、低洼地的果园，遭受洪、涝灾害的频率会大大增加。同样是坡地，如果地势平缓、果园生草并做好排水，就会避免洪、涝灾。暴雨经常伴随狂风，如果果园有防风设施，则果树被刮倒的机会会降低。冰雹天气的出现有一定的规律性，俗话说"雹砸一条线"，冰雹的形成受地形的影响。如果在建园前通过气象部门了解该地的降雹频次，不在冰雹频降区域建园，则能在很大程度上避免雹灾。

天气预报能对灾害性天气的到来起到一定的预警作用，冰雹降落之前，有条件的地方可以采取高炮人工防雹的应急措施。

防治技术

防控洪、涝灾害最重要的是果园的选址要科学，尽量避免在坡度较大的山地或低洼地、河滩地建园，尽管洪、涝灾害不是每年都发生，但是苹果树是多年生植物，一旦遭遇就会对果树造成重大损害。建园时对该地的雹灾发生情况也要有所了解，如果该地发生冰雹的频率较高，也要避免建园。在山坡地尽量避免在迎风面建园，实在无法避免，可以增设防风网，避免暴风雨对果园造成影响。

在相对平缓的果园，要做好果园排水，事先对水道进行设计和加固，避免强降雨后造成水土流失和

冲毁园地。提倡起垄栽培，避免水淹。

对雹灾的防控有条件的地方可以安装防雹网，并在地方气象部门的配合下安装高炮防雹设备，一旦出现冰雹性天气，可以发射防雹弹将乌云驱散，避免雹灾。

洪、涝、雹灾都具有突发性，任何单一措施都有其局限性，需要综合各方面的措施使损失降到最低。有条件的地方还可以购买商业保险，也能在一定程度上减轻损失。

洪、涝、雹灾一旦发生，除迅速做好排水外，还需要加强果园后期管理。

（1）整园、清园。将被洪水冲歪的果树扶正、培土。将受雹灾严重的果实清除下树，适当留损伤较轻的果实，将破损的枝条剪除，园中的落果及时清除出果园。

（2）喷药。对枝干喷药1次，重点预防腐烂病菌、轮纹病菌和炭疽病菌的侵染，药剂可以选用腐殖酸铜、苯醚甲环唑等。

（3）加强地下管理，恢复树势。通过叶片喷施腐殖酸钾等，提高树体抗病性。秋季施肥应加大有机肥施用量，落叶前喷施一遍尿素，增加冬季树体的贮存营养，提高树体抗寒性。

彩图37-1　遭受洪涝灾害的苹果园

（谢红江摄）

彩图37-2   遭受水淹后苹果树主干顶梢枯死

彩图37-3   遭受水淹的苹果树根部变黑，侧根死亡

彩图37-4   苹果幼果期遭受雹灾

彩图37-5　膨大期的苹果遭受雹灾

彩图37-6　苹果枝干和叶片遭受雹灾

彩图 37-7 雹灾造成苹果园大量落果落叶

彩图 37-8 矮砧密植园遭受风雹灾害后树体在基部嫁接口部位折断，支架被吹倒

彩图 37-9 苹果园搭建防雹网

38. 苹果旱灾

苹果是相对喜水的植物，苹果最适种植区年降水量要求为500～800mm。然而，由于我国北方年降雨时间与果树需水阶段往往不同步，在果树最需要水的春季往往降雨稀少，表现为春旱，而到夏、秋季苹果树形成花芽应该控制生长的阶段反而多雨，造成秋梢过度生长，导致果树徒长、果园郁闭。冬季的降雪很少，更加重了春季的旱情。且受全球气候变暖的影响，旱灾的发生有加重的趋势。

症状

干旱会引起苹果树不同的生理和形态变化，受害程度与干旱严重程度有关。在生长季节，短时间的干旱会减慢枝干、叶片和果实的生长，而不会影响叶片的外观。长期持续的干旱会导致叶片萎蔫、边缘变褐、坏死，严重的导致落叶、落果、嫩枝枯死。如果干旱持续整个生长季，则花芽形成会受到影响，导致来年产量降低。冬季的干旱会导致苹果树抽条，秋季停长较晚，养分积累不足的嫩枝，容易在冬天失水干枯。

病因

果树生长季节的干旱可以分为大气干旱和土壤干旱。当空气温度过高、湿度过低时，苹果叶片水分蒸发过度，导致叶片因过度失水而卷曲，表现出轻度萎蔫，这种情况经过一夜能够恢复。当土壤缺水时，地上部会因缺乏水分供应而导致生理紊乱，严重的导致叶缘急性枯死，持续的干旱会导致落叶、落果和枝干死亡等。

干旱对苹果树除有直接影响外，还有很多间接影响，如前期干旱导致果实生长受阻，角质层较厚，后期如果出现水分的大量供应，会导致果实出现皱裂或开裂，为后期果实黑红点病的发生创造了条件。蜜脆在水分充足时果个儿较大，容易发生苦痘病，而适度干旱使果实较小，苦痘病发生概率下降。

发生规律

干旱的发生受气候影响，具体到某一特定区域出现干旱时间无规律可循。从目前情况来看，在渤海湾苹果产区旱灾时有发生，影响是局部的，如2017年山东烟台地区出现旱情，即使有一定的灌溉条件，但是在用水高峰时段，很难给果园及时供水。从长远来看由于黄土高原苹果产区更加缺水，遭受旱灾的风险会更大。近年来，矮砧密植栽培模式在国内推广速度很快，矮砧树与乔砧树相比，根系浅，抗旱和抗逆境的能力更低，因此，遇到春季少雨而又不能及时灌溉的果园就会发生旱灾。有时干旱还会发生在雨季，一些果农认为夏季经常下雨，不会出现干旱问题，实际上在降水量较小的情况下，降雨不足以满足苹果树的正常需求，而地表湿润会误导果农认为果园不缺水，这种情况在矮砧密植栽培的果园经常发生。冬季的干旱导致抽条，这是每个苹果产区都会遇到的问题，尤其对未成龄果树表现更加严重。

防治技术

（1）苹果园建园必须要有水的保障，避免在没有水分供应而自然降水量很少的旱地建立果园。

（2）建园时选用具有抗性砧木的苹果苗，如西府海棠、八棱海棠等砧木抗旱能力比较强。为了避免新栽植的树苗失水，可用长筒塑料袋将苗套上，下部开口处用绳扎紧，待叶片长出后，再去除膜袋。

（3）有条件的果园安装滴灌系统，实现节水灌溉，当果树生长最需要时，能够及时补水。夏、秋季适当控制灌水，避免枝干贪青徒长，而在越冬前要给果园灌越冬水，对地上部可以喷施3%～5%尿素营养液，促使叶片脱落，防止冬季果树发生抽条。在黄土高原苹果产区可在果园加盖细沙、秸秆、地布等，起到保墒的作用。

（4）加强土壤管理，增施有机肥。有研究表明，土壤有机质含量从1%提高到2%，土壤持水力能增加100L/m³，对沙性土壤来说还能增强水分的横向移动能力，有利于土壤保墒和抵抗干旱。

（5）春季灌水宜小水、多次，不要大水漫灌。春季地温回升要晚于气温，芽前不宜一次灌水过多，以免造成土温长期偏低，苹果萌芽、开花不正常。结合灌芽前水可施用促发新根的有机提取物、菌剂或植物生长调节剂等。

彩图38-1　苹果果实前期受旱，后期遇雨导致裂果

彩图38-2　矮砧密植园苹果树受旱中部贴近主干部位的叶片发生干枯

彩图38-3　干旱导致苹果树枝梢萎蔫、枯死

彩图38-4　干旱导致苹果树叶片边缘变褐，严重时整片叶枯死

彩图38-5　轻微受旱导致苹果树叶片卷曲

彩图38-6　干旱高温导致叶缘变褐坏死

彩图38-7　果树冬季受冻春季干旱导致叶片变褐、不舒展

彩图38-8　矮砧密植园苹果树体两侧双滴灌带滴灌后水分在土壤内的分布状况

彩图38-9　新植树苗栽植后马上套长塑料袋保水

39. 苹果果锈病

苹果果锈病又称水锈病，是苹果上常见的一种生理性病害。一般在平原果区发生率高于山地果区，山地果园海拔高、光照充足、昼夜温差大，可能是果锈病发生较轻的主要原因。苹果果锈病在欧美等地发生和研究较早，我国从20世纪70年代开始开展苹果果锈病相关研究。

症状

果实表面浮生一层黄褐色木栓化组织，通常呈网状分布。果锈主要发生在梗洼、萼洼上，严重时锈点连片，果面粗糙，污染果实外观，严重降低果实商品价值。

病因

果锈病是由多种因素造成的，主要包括高湿、干旱、药害及物理损伤等。落花后30d内的幼果期是最敏感的时期，这与果面角质层发育的时期相一致。如果果实表皮受到以上不良因素的影响使角质层破裂，在下表皮区域形成了活跃的木栓形成层并不断发育，并向外推进，角质层脱落，木栓层最终成为果实的主要保护层，其外部表现就是果锈。

下垂果实的果柄处经常因降雨和露水而积水，因此果柄周围发生果锈的频次最高。套袋果实因为降雨导致果袋湿润，如果持续时间太长，也容易导致接触果袋的部位尤其是果柄周围产生水锈。

幼果期喷施铜制剂、硫酸锌叶面肥、乳油制剂以及在高湿和高于32℃的天气条件下喷药容易导致果锈。

发生规律

果锈病的发生与外部因素有直接关系，药剂喷施不当、低温环境、果面长期高湿、光照条件不良以及微生物种群等均对果锈的发生产生影响，说明外部因素可以诱发果锈病。

不同苹果品种和个体间对果锈病的敏感性有差异。金冠、珊夏、红玉是容易出现果锈的品种。富士系、嘎拉苹果果锈发生较轻，红星系、王林、澳洲青苹等品种基本不发生果锈。

防治技术

果锈病可由多种原因引起，防控起来有一定难度。通过修剪增加苹果树冠层的通风透光程度，可以减轻果锈发生的机会。购买质量较好的果袋，在套袋时要使果袋膨胀，让下面顶角的通气孔张开，并提高套袋的质量，将口扎紧，防止果袋内进水。通过喷施高脂膜、二氧化硅、杀菌剂、果实套袋以及加强营养管理等手段可以在一定程度上缓解果锈发生，但不同年份效果差异较大。

目前国内外公认的预防果锈最省工、高效和实用的方法是喷施赤霉素。赤霉素在果树上应用广泛，可提高坐果率、诱导无籽果实、增大果个、促进果实早熟和打破休眠等，对防控苹果果锈和裂果均具有较好的作用。建议选用商品化的GA_{4+7}。果实发育早期，即落花20d以内对果锈非常敏感，环境条件刺激或田间管理不当，敏感品种很容易感锈。而落花后30d后任何品种对果锈均不敏感，因此防控果锈的关键时期是落花后20d以内。赤霉素对调节植物生长的作用期为7～15d，喷施的时间从落花后开始，每隔7～10d喷施1次，连续喷施3～4次，并在1个月内完成。喷施浓度为10～20mg/kg，具体浓度可根据品种的感锈程度、环境和气候条件而调整。对果锈敏感品种，气候较潮湿时，可适当采用较高浓度。

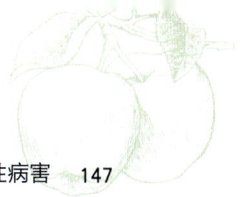

彩图39-1　发生在幼果侧面及果柄处的苹果果锈

彩图39-2　苹果幼果期受冻出现严重的果锈及开裂

（胡同乐摄）

彩图39-3　发生在套袋前的苹果果锈

彩图39-4　苹果果实刚摘袋后表现出果锈

40. 苹果果实皴裂

苹果果实皴裂发生历史悠久，但以往并不很严重。近年来随着矮砧密植栽培模式的推广，以及极端气候的增多，苹果果实皴裂逐渐严重。2014年，河北保定的一些矮砧密植园果实皴裂发生比较普遍，约90%的果园出现果实皴裂现象，其中20%的果园皴裂发生比较严重。2016年和2020年，河北、天津、山东、山西、河南、陕西等地的果农反映套袋果实发生皴裂的现象比较普遍。皴裂虽不影响食用，但却严重影响果实的外观，有的皴裂由于伤口被病菌感染出现红点，进一步发展将形成腐烂斑，极大地影响果品的贮存和销售。

症状

苹果果实皴裂表现为细碎的裂纹，以果柄周围和果肩最多，果顶部最少，严重时裂纹布满大部分果实表面。皴裂形成的伤口极易被病菌感染，刚开始被侵染的伤口表现为红色或黑色的斑点，随着时间的推移，病斑逐步扩大，有时表皮破裂，出现黑色霉层，严重时病斑变大并多个连在一起，导致果实腐烂。

要注意果实皴裂引发的黑斑与苦痘病黑斑的区别，苦痘病主要是缺钙造成的，其病斑表现为下陷，表面光滑，病斑扩展速度较慢，而皴裂引发的黑斑常伴有病菌的侵染，采收以后的果实黑斑发展速度极快，几天之内果实就会腐烂。如果苦痘病的病斑也有裂痕并被病菌侵染，在这种情况下就增加了区分二者的复杂性。

病因

出现果实皴裂一般认为是春、夏季果实生长期土壤干旱，进入秋季转色期至成熟期连续降水或不适时地过量灌水导致。高温高湿是裂果的外因，果实渗透压分布不均是内因，果实近成熟时发生裂果率较高，套袋的果实皴裂在摘袋时就能发现。果实起裂点一般为果皮表面的皮孔、日灼伤口、药害伤口、机械伤口和病虫伤口部位。

有报道认为缺钙也容易产生裂果。同一果园乃至同一棵树，套袋的果实皴裂严重，不套袋的果实皴裂表现轻，可能是由于套袋影响了果实水分的蒸发，导致钙离子随水向果实转运的减少。然而，多地实际调查中发现大面积表现皴裂时气候还是主要原因。

皴裂对果实更大的危害是伴随病菌的侵染，多种病原菌可以通过皴裂伤口侵入果实。据笔者观察，以链格孢（*Alternaria* spp.）为优势种类。

发生规律

调查发现，矮砧密植果园比乔砧密植果园皴裂发生严重。其原因是矮砧密植树的根系分布较浅，对不良环境的缓冲能力比乔砧树差。同一个果园，刚进入结果期皴裂发生严重，盛果期皴裂发生相对较少。套袋果实比不套袋果实皴裂相对要重，但并不绝对。肥水管理不好，疏果不到位，果园郁闭，即使果实不套袋皴裂发生也比较严重。使用氮肥较多的果园，不仅皴裂严重，果个增大以后，苦痘病表现也较为严重。高海拔果区及山地果园比平原或浅山区果园皴裂发生要轻。

皴裂发生严重的年份，果实摘袋时就已出现皴裂，摘袋后，尤其遇到降雨天气，果实染病率迅速增加。病菌多从伤口侵入，也有的从皮孔侵入。刚发病时，病组织边缘表现出红色，随后病斑继续扩大就形成黑斑。同一个果实，有时既有皴裂引发的黑斑，也有因缺钙引发的苦痘病，需要仔细进行甄别。

防治技术

（1）生长前期要特别注意灌水。尤其是4～6月的供水非常重要，前期果实发育好，后期出现皴裂的风险会减小，被病原菌侵染的概率也会大幅度减少。

（2）控制好氮肥的施用量。要根据果园结果量来计算氮肥的施用量，避免追求果个儿而偏施氮肥，

要增加有机肥的施用量。

（3）注意果实补钙。套袋之前每次用药都要加入钙制剂，在摘袋后也要补钙1次，这样也有助于果品的贮存并减少苦痘病的发生。

（4）注意果实摘袋时间。果实摘袋最好在下午进行，避免中午高温对果实的影响，如套的是双层纸袋，可以先去外袋，2～3d后再去内袋，主要是让果实对环境有逐步适应，避免环境骤变给果实带来损伤。

（5）药剂保护。如果摘袋后发现有皱裂的迹象，要喷施杀菌剂进行保护，尤其是遇到摘袋后降雨的天气，要在雨前喷施或雨后马上补喷，药剂可选用多抗霉素或异菌脲等。

彩图40-1　苹果果梗周边的皱裂多于萼洼，果面大部着色不好

彩图40-2　同一个果实被叶片覆盖后易出现皱裂

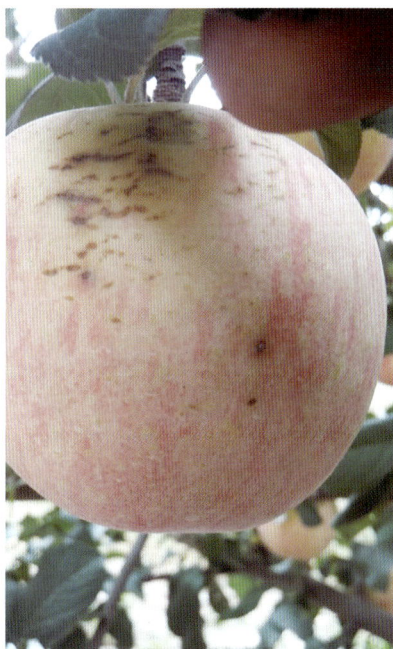

彩图40-3　拥挤果实不通风处易发生皱裂

彩图40-4　套袋果实刚解袋时即表现皱裂（左），摘袋一段时间后皱裂处被病菌侵染导致黑红点病（右）

彩图40-5　同一棵树上的相邻果，套袋果实（左）发生了皱裂

彩图40-6　因果实皱裂和病菌感染导致的残次果

第二节　化学因素导致的伤害

41. 苹果黄叶病

苹果黄叶病又称白叶病、褪绿病。在我国各苹果产区均有发生，在盐碱土或钙质土果区更为常见。

症状

苹果黄叶病症状多从新梢嫩叶开始发生，初期叶肉变黄，而叶脉仍保持绿色，使叶片呈绿色网纹状失绿。随着病势的发展，叶片全部变成黄白色，严重时叶片边缘枯焦，甚至新梢顶端枯死，造成落叶，影响果树正常生长。

病因

苹果黄叶病由缺铁引起，其根本原因是春天土壤阴冷潮湿，树体对铁的吸收能力减弱所致。土壤偏碱、土壤黏重、土壤水分过多或氮肥施用过多均可导致树体铁的吸收减少，从而使病害加重。同时，病害轻重也因砧木而异，不同的砧木种类抗碱能力和对铁元素缺乏的敏感性差异很大，如用海棠作砧木的苹果树黄叶病发生较轻，而用山定子作砧木的苹果树黄叶病发生较重。

发生规律

植物中大约80%的铁元素都存在于叶绿体中。铁元素缺失的植物会表现不同程度的脉间黄化。因为叶绿体发育不良，新生的叶片一般最先表现症状。患病叶片比较薄，对水分的吸收利用能力大幅下降，水分蒸发减慢，经红外测温仪对叶面温度的测量，发生黄化的叶片在下午气温较高时，比正常的绿色叶片温度要高2～3℃，温度过高则导致叶片焦枯。

一般发生铁元素缺失都是因为土壤中铁离子浓度低，这通常是由于土壤中的重碳酸盐离子引起的。重碳酸盐离子存在于高pH土壤或灌溉用水中，使得铁离子无法被植物根系吸收。重碳酸盐离子诱发引起铁离子缺失的叶片一般都表现为白色，而土壤中低水平的铁离子导致树上的叶片褪绿。铁元素缺失严重后，会在黄化的叶片上产生坏死斑点。当苹果中镁、锌、铁同时缺乏时，铁元素缺失将占主导地位。一般土壤中含水量低的情况下，重碳酸盐离子含量非常低，叶片不易表现失绿。随着降水或灌溉，土壤含水量和土壤中的重碳酸盐离子水平提高，新生的叶片表现黄化。土壤中重碳酸盐离子的形成需要钙离子、二氧化碳和水。因此，当钙离子和二氧化碳都存在时，在雨后或者灌溉用水渠旁（这里水量充沛）铁元素缺乏症往往更明显。

防治技术

（1）建园时注意园地和苗木的选择。建园地址应选择疏松的沙壤土，避免在地下水位高的地块或盐碱地栽植。选购或培育苗木时，不仅要选择品种，还要选择砧木，即选择不容易发生黄化的砧木，如海棠、楸子等。

（2）做好土壤改良和土壤管理。春季干旱时，注意灌水压碱，以减少土壤含盐量。低洼地要及时排出盐水，用含盐量低的水浇灌，灌后及时松土。增施有机肥，树下间作绿肥，以增加土壤中的腐殖质含量，改良土壤结构及理化性质，释放土壤中的铁元素。春季果园灌水多，尤其是大水漫灌，容易导致叶片黄化，要适当控制灌水量。

（3）喷施、土施铁肥。目前生产上常用的铁肥是硫酸亚铁，一般用量为5年生以下的树施铁溶液或硫酸铜、硫酸亚铁和石灰混合液（硫酸铜1份、硫酸亚铁1份、生石灰2.5份、水320份）每株5kg。果树生长季节，可叶面喷施0.1%～0.2%硫酸亚铁溶液，或0.2%～0.3%植物营养素，间隔20d喷1次，每年喷施3～4次；或在果树中、短枝顶部1～3片叶开始失绿时，喷施0.5%尿素＋0.3%硫酸亚铁混合液；也可在树上果实5mm大小时，喷施0.25%硫酸亚铁＋0.05%柠檬酸＋0.1%尿素混合液，隔10d再喷1次，病叶可基本复绿。喷施铁肥要单独进行，勿与其他药剂混合喷施。

（4）强力树干注射法。此法适用于5年生以上的大树，其方法是首先在树上打孔，孔的直径7mm，深度5～6cm，一般为树干一周120°角一个孔，每株树打3个孔，用铁丝钩将木屑掏干净，将喷雾器的出水接口用锤子钉进打好的孔中，然后将踏板式喷雾器中充满稀释好的药液（果树复绿剂用蒸馏水或软水稀释成20倍液，或0.05%～0.08%硫酸亚铁水溶液），与出水接口连通，即可进行注射。每株成龄树注射1L，初果期树酌减。

（5）埋瓶法。由于5年生以下的小树不宜采用强力注射法，近年来，生产上用埋瓶法防治黄叶病，收到了良好效果。具体方法是将0.1%硫酸亚铁水溶液灌入聚酯瓶中，每瓶容量约500mL，于距树干1m以外的周围刨出黄化树的根系，将其插入瓶中，用塑料薄膜封口后埋土，每株树周围埋瓶3～4个，隔5d左右取出空瓶。实践证明，于5月中下旬采用此法防治，7～10d后，黄叶可基本复绿。

彩图41-1   苹果树下部叶片发生黄叶病，上部叶片正常

彩图41-2   苹果黄叶病症状从新生叶开始，前期叶片褪绿比较均匀

彩图41-3　苹果黄叶病后期表现为叶片黄化严重，叶片变薄，叶缘焦枯

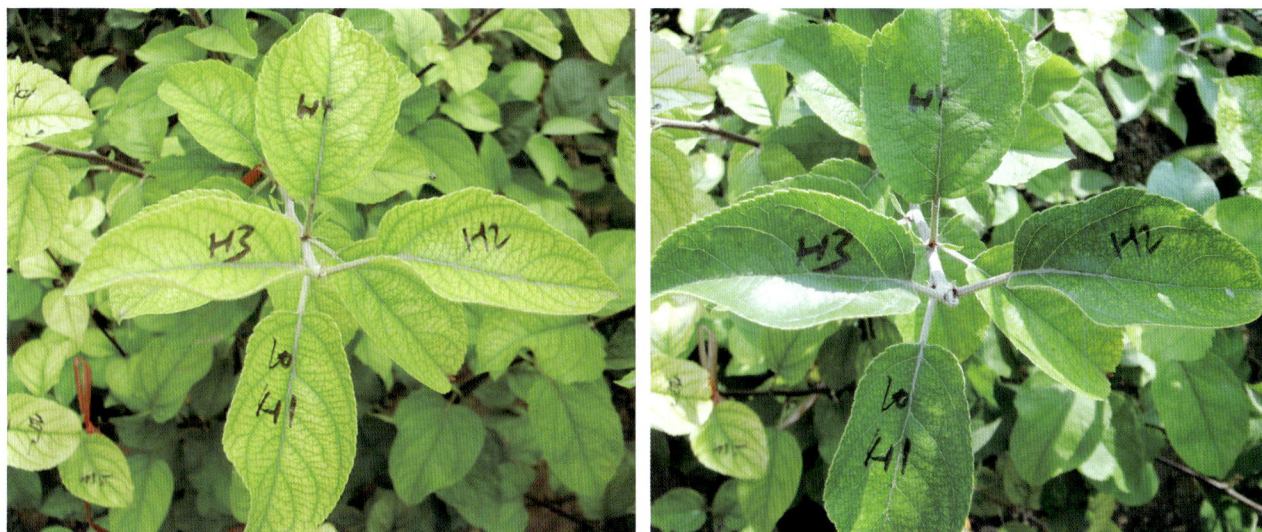

彩图41-4　6月注射硫酸亚铁，1个月后黄叶复绿

42.苹果小叶病

苹果树上常发生两种类型的小叶病。一类是由于缺锌导致的小叶病，另一类是由于不合理修剪或环剥造成的小叶病。这两类小叶病的症状相同，主要区别为缺锌引起的小叶病表现在一片或一个区域，并非个别植株，只是症状表现的轻重程度有所差异。常随地势由低到高、土壤由瘠薄到肥沃、供水条件由少到多而表现由重到轻，且病枝条后部常常有无叶的光秃带存在。由缺锌导致的小叶病在各地苹果产区均有发生。由不合理修剪造成的小叶病，症状主要表现在个别植株或个别骨干枝上，且在大锯口或环剥口以下部位，多由隐芽萌发抽生2~3个强旺的新梢，而缺锌小叶病植株枝条后部较难萌发。

症状

主要表现在苹果的枝条、新梢和叶片上。病枝春季不能抽发新梢，俗称"光腿"现象，或抽生出的新梢节间极短，梢端细叶丛生呈簇状，叶片狭小细长。叶缘向上卷，质厚而脆，叶色浓淡不均且呈黄绿色，甚至表现为黄化、焦枯。有时病枝下部新枝仍表现出相同的症状。病枝上不易形成花芽，花小而色淡。不易坐果，所结果实小而畸形。受影响的枝条第二年容易枯死。

病因

苹果小叶病由树体缺锌所致，叶片中锌含量为25mg/kg及以下时，表明锌含量不足。如果叶片暴露在阳光下，叶片表现为淡绿色或黄色，如果在阴影中则表现为绿色，缺锌的枝条顶端叶片也可表现出脉间失绿。沙地、土壤瘠薄、含锌量少、可溶性锌盐易流失，发病重；氮肥施用过多、土壤黏重均加重小叶病。由修剪导致的小叶病，由于剪口长期不愈合，树体蒸发散失非常多的汁液，很多新生枝条的叶片除缺少锌元素以外，可能还缺少其他元素。

发生规律

在植物营养元素中，氮、磷、钾、镁和锌在植物体内较为活跃，容易移动，植株缺少这类元素时，它们可以从老叶转移到新叶中，因此，这些元素的缺乏症首先发生在老叶上。铁、钙、硼和铜元素移动性差，缺乏症常发生在新生芽和新叶上。小叶病表面症状是枝条顶端表现出叶片簇生和叶小，实际上下部叶片的脱落缺失以及芽活力的下降是小叶病对树体产生的更大的影响。在生产中经常见到相同管理条件的同一个果园中，有的树表现缺锌，而有的树不表现缺锌，出现这种情况可能是树体根部出了问题，如发生根腐病或蛴螬等，土壤不一定缺锌，但是根系吸收能力下降了，表现出了小叶病的症状。在苹果树修剪中，如果剪除了较粗的枝，则在断口附近新长出的枝条上极易表现出小叶病的症状。

防治技术

缺锌引起的小叶病要通过改良土壤和补充锌肥进行矫治。主要措施有：①增施有机肥，改良土壤，保证花期和幼果期适当施用水肥，增强树势。②结合秋季施肥，补充锌肥。适当控制氮肥使用量。③树体喷肥。对于已知锌含量低的果树，每年秋季收获后趁叶片还是绿色、有活力时或者在春季作为休眠期喷药喷施低浓度锌肥。如果早春喷施，锌的浓度要比秋季喷施略高。严重缺锌果园，秋季和早春都有必要喷施。早春树体未发芽前，在主干、主枝上喷施0.3%硫酸锌+0.3%尿素溶液。④叶片喷肥。萌芽后对出现小叶病症状的叶片及时喷施含锌的螯合物，避免使用硫酸锌，以免对叶片和果实产生不利影响。

对不合理修剪导致的小叶病，主要采取如下措施进行矫治：①正确选留剪锯口，避免出现对口伤、连口伤和一次性疏除粗度过大的枝。②对已经出现因修剪不当而造成小叶病的树体，修剪时要以轻剪为主。采用四季结合的修剪方法，缓放有小叶病的枝条，不能短截，加强综合管理，待2~3年枝条恢复正常后，再按常规修剪进行；也可用后部萌发的强旺枝进行更新。③对环剥过重、剥口愈合不好的树，要在剥口上下进行桥接，并对愈合不好的剥口用塑料膜包严。④严格控制树体的负载量，保持树势健壮。

彩图42-1　发生在植株顶部的小叶病症状（与果树顶部断口散失树体汁液有关）

彩图42-2　苹果小叶病症状

彩图42-3　发生在苹果树体中下部的小叶病症状（多与过度修剪造成的伤口有关）

43.苹果苦痘病

苹果苦痘病在各苹果产区均有发生,尤其是自推广苹果套袋措施以来,苦痘病有加重的趋势。在管理方面,偏施氮肥,盲目追求产量,也会加重苦痘病的发生。

症状

苦痘病表现在果实上,从果实开始着色时显症。发病初期,在红色品种果面上呈现暗红色斑,在绿色和黄绿色品种果面上呈现深绿色斑,病斑以皮孔为中心,周围有暗红色或黄绿色晕圈。随后病部凹陷,呈现褐色病斑,直径2～10mm,病皮下的果肉组织坏死,呈海绵状,半圆形,深入果肉2～3mm,有苦味。贮藏环境湿度大时,病组织被腐生菌寄生,表面呈污白色、粉红色或黑色,易腐烂。

病因

苹果苦痘病属生理性病害,病因为钙营养失调。美国学者提出,苹果果肉的正常含钙水平是干物重的0.01%～0.03%,果皮和果心含钙比果肉高2～4倍。果肉含钙量达0.025%时,即可防止发生钙营养失调症,但钙营养失调症的发生并非完全缘于含钙水平低。苹果果肉中的氮/钙为10时,果实一般不发生钙营养失调症;当氮/钙达30时,多数会发生钙营养失调症。也有研究认为,诱发苦痘病的首要因素是果实生长后期过高的根活力引起的高赤霉素水平。赤霉素水平提高会增加靠近维管束果实的细胞膜透性,增加果实细胞对采后水分胁迫的敏感性,从而诱发苦痘病。钙作为次级因素,会增加苦痘病发生的潜在危险。钙的作用是稳定细胞膜,减少膜透性。然而高赤霉素水平阻碍了钙向果实运输。

发生规律

果实生长前期干旱,后期多雨年份苦痘病发病重;修剪过重树、营养生长过旺树发病重;栽培品种中,国光、白龙、金冠、斗南、红玉、澳洲青苹、红星、新红星易感苦痘病,富士苹果套袋栽培发病也比较严重,与套袋后果实水分蒸发量下降,影响了钙元素向果实的移动有关;在砧木中,M7比M9对钙吸收能力弱,发病重;增施氮肥可迅速改变果实中的氮含量,而果实中钙含量不会发生改变,从而导致氮/钙升高,发病加重。实践中也发现,同一品种(如斗南)同一个果园乃至同一棵树,果实越大,苦痘病发生越严重。

防治技术

(1)合理控制氮肥施用量,不要一味补钙。

(2)增施有机肥,提高土壤均衡供肥能力,农家肥施入量要达到"斤果斤肥"。

(3)增施钙肥,过磷酸钙、硅钙镁等含钙肥料在秋施基肥时混合施入土中;氨基酸钙、硝酸钙等液体肥以在套袋前喷施较好;采后用3%氯化钙浸果可减轻贮藏期发病。

彩图43-1　斗南摘袋后出现苦痘病

彩图43-2　斗南苹果上苦痘病症状(病斑以皮孔为中心,发病部位皮层变黑下陷)

彩图43-3 苦痘病在不同苹果品种上的表现

彩图43-4 刚摘袋的苹果即表现苦痘病症状

44. 苹果水心病

苹果水心病也叫糖蜜病，是苹果果实上的一种生理性病害，在我国各地均有发生，但以昼夜温差较大的地区，如黄土高原及新疆发生更为普遍。如果水心病不是很严重，并不影响苹果的风味，反而更甜。但是如果发生严重，则会影响果品的销售，对贮存更加不利。

症状

苹果水心病病果果肉水渍状半透明，半透明组织不一定总是在果实的核心，在维管束及果肉其他区域也会出现类似症状。严重时，大部分果肉组织和核心区变得坚硬，呈玻璃状，症状可以在果实外部看见，玻璃状外观是由细胞间隙的液体引起的。病果由于细胞间隙充水而比重大，病组织含酸量特别是苹果酸的含量较低，并有醇的累积，味稍甜，同时略带酒味。发病严重的果实果皮半透明，隐约可见糖化果肉，有时会发生裂果，贮藏期病组织腐败褐变。

病因

水心病的发生是由于山梨糖醇积累，钙氮不平衡而打破了果实正常代谢所致。发生水心病的果实一般氮含量较高，而钙含量较低。有时即使并不缺钙，但是因为氮含量过高，氮钙比高，也会诱发水心病。除氮以外，钾含量高也是一个诱因。有研究表明，患苹果水心病的果实，钾钙比明显高于正常果实。

水心病果实的可溶性固形物含量与正常果实相当，正常果实细胞中的主要糖是蔗糖、葡萄糖和果糖，但水心病组织中的液体主要含有山梨糖醇，存在于细胞的间隙，因此表现为水渍状，山梨糖醇的积累是由于其转化为糖的过程受到某种抑制。稍有水心症状的果实在冷藏几个月后能恢复，没有任何损伤，而中、重度的水心病果实在贮藏过程中会因厌氧菌的发酵导致乙醇和乙醛的积累，使果实细胞褐变和分解，乃至果肉破裂。

发生规律

在果实接近成熟时开始发生，贮藏期间也会发生。推迟采收果实，低龄结果树上的果实，树冠外围直接暴晒在阳光下出现日灼症状的果实，以及在近成熟期昼夜温差较大的果实易发病，大果比小果发病多。在有缺钙生理病害的苹果产区，施用钾肥水心病较重，变绵速度也较快。苹果品种不同，抗病能力不同，富士和新红星相对比较感病，夜间低温有利于水心的形成和扩展。

防治技术

苹果水心病的防治，宜从增钙降钾降氮、改善钾钙比着手，重点采取以下措施。

（1）改土和增肥。改良土壤，避免单施铵态氮肥，增施有机质肥料，促进根系发育，有利于增加钙素吸收，适当控制钾的用量，缩小钾钙比。

（2）调整果实负载量。通过修剪和疏花、疏果，使叶果比在（30～40）∶1的范围内，防病保叶，避免果实直晒而出现日灼。

（3）适期采收。根据果实的生长期确定采收适期，对易发病品种适当提前采收。

（4）果面喷钙。苹果花后3周和5周，以及采收前8周和10周，对果面喷布4次硝酸钙200倍液，可将水心病病果率控制在很低的水平。

彩图44-1　苹果水心病病果及切面

彩图44-2 苹果水心病严重发生的果实外表可看出水渍状

45.苹果粗皮病

苹果粗皮病是一种生理性病害，与苹果轮纹病造成的粗皮有所不同。轮纹病造成的粗皮有一个由病瘤到粗皮的演变过程，且多发生在主干上，进一步发展可以到主枝上，这个过程要持续3～5年。而生理性粗皮既可以发生在主干上，也能发生在枝条上，且没有病瘤。生理性粗皮在渤海湾以及西南冷凉高地果区发生相对较多，总体来说属于偶发性病害。

症状

该病主要发生在枝干上，新梢顶端形成表皮坚硬的疙子状小突起，逐步蔓延到新梢中部、基部及主干上，病斑逐渐扩大，致树皮开裂或形成凹沟，后树皮增厚或粗糙，形成典型的粗皮症状。粗皮病叶会使嫩叶变小，叶脉间和叶缘失绿。粗皮病较重，则到秋季出现落叶早，枝条细弱，芽不饱满，春季发芽推迟。

病因

该病主要是缺硼和生理性锰过量导致的。在偏酸性土壤中，当土壤pH低于5，还原性锰含量超过100mg/kg时，苹果就会表现出粗皮症状。果园管理粗放，果园通风透光差，偏施无机化肥，重氮、磷，轻钾及微量元素，土壤有机质含量低，营养不平衡，果园低洼，排水不畅，造成土壤大量锰还原，极易发生粗皮病。

发生规律

从全国土壤类型分布来看，从南到北土壤碱性逐渐变强。西南苹果主产区如云南、四川和贵州，土壤多属于红壤类型，pH在5左右。虽然渤海湾苹果产区以中性到碱性土壤为主，但由于多年来施用了大量的氮、磷化肥，果园土壤酸化问题比较突出。在酸性条件下，锰元素容易从土壤中游离出来，被苹果树大量吸收后，就呈现出中毒的症状，发生粗皮病。

防治技术

（1）调节土壤酸碱度。对土壤偏酸的果园，撒施熟石灰，每亩撒100～200kg，结合浅锄，浇水中和土壤酸性，降低锰的有效性。

（2）提高土壤有机质含量。秋季增施优质有机肥，果园生草，每年割草3～4次，以增加土壤有机质。

（3）预防果园积水。新建果园尽量选择背风向阳、地势平坦处，不要选在低洼处，提倡起垄栽培，平地果园要修好排水沟，山地果园挖堰下沟。

（4）增施硼肥。适当增施硼肥可以与土壤中过量的锰和酸类物质形成复合物，减轻锰过量造成的危害。

（5）合理修剪。在修剪过程中，结合枝组更新、回缩、疏除等措施，促发中庸偏旺枝来分散树体中多余的锰。

（6）加强栽培管理，提高树势。为避免幼树发病，需加强对苗圃地的管理，培育壮苗。芽接苗要在发芽前15～20d剪砧，用1%硫酸铜消毒伤口，再涂波尔多液保护。苗木定植时，以嫁接口与地面相平为宜，应避免栽深并浇足水，以缩短缓苗时间。

（7）药剂预防。果树发芽前结合对其他病虫的预防治疗，对树干涂抹含生物菌剂的涂白剂（如轮纹终结者1号）保护树干。

彩图45-1　发生在苹果幼树主干上的粗皮病症状

彩图45-2　苹果粗皮病中后期造成坏死翘皮

46.苹果缩果病

苹果缩果病主要发生在苹果果实上，在幼果上又称为旱斑病，发病严重时在枝叶上也有表现。一般年份不造成危害，个别年份，尤其是在土壤贫瘠、肥水投入不足的果园发生较重。

症状

在果实上主要表现为干斑型和木栓型两种类型症状。

干斑型：多在落花后半个月左右开始发生，果实表面出现不规则的褐色病斑，呈黄褐色网格状裂纹，病斑可布满整个果面，果面凹陷，有黄色黏液溢出，病部皮下果肉呈水渍状半透明，后期果肉变褐。发病严重的果实干缩，畸形，易脱落。

木栓型：从落花后到采收期都能发生，果肉松软，呈海绵状，从萼筒基部开始木栓化，沿果心线扩展，在果肉内呈放射状散布在维管束之间。果实生长后期发生，果面微凹陷，木栓化部分味苦。

在枝叶上主要表现两种类型症状，一种是枯梢型，新梢自顶向下逐渐枯死。另一种是簇生叶，发病严重的树体节间缩短，叶片簇生呈莲花状。

病因

由缺硼和春季高温干旱导致。春季温度不稳定，如前期温度低，墒情不足的果园，果实生长缓慢。缺硼树体，果实细胞发育不良，对外界环境的刺激较敏感。幼果期遇高温，发育不良的表层细胞坏死、木栓化、细胞内含物溢出，表现出干斑症状。

据报道，7月中旬苹果叶片中正常的硼含量为35 ~ 40mg/kg（叶片干重），如含量在14 ~ 25mg/kg时，硼含量不足，表现为春季发芽晚，果实畸形，出现旱斑症状。缺硼还会导致钙的传输受阻，使果实表现出缺钙的症状。叶片中硼的含量在12mg/kg以下时，树体的营养器官也会受到影响，夏末时嫩枝会表现枯死。

发生规律

发病严重的果园多为山地贫瘠的沙砾土壤，水浇条件差的果园发生严重，弱树、树冠外围的果实发病重，内膛果实发病轻，同一棵树上部果实发病重，背阴面发病轻，坡上地发病重，坡下地发病轻，叶片稀薄、透光率高的树体发病重。

防治技术

（1）深翻改土，增施有机肥。结合秋施基肥，增施硼肥，缺硼严重的树体每树可施用100 ~ 250g硼砂。

（2）春旱年份适时灌水。通过灌水提高土壤中水溶性硼的含量，谢花后套袋前注意田间墒情，及时浇水，预防旱斑病的发生。

（3）叶面喷施硼肥。秋季喷施比春季喷施效果更好，秋季在果实采收以后喷施，春季在花露红期和花后喷施0.3%硼砂溶液各1次。

（4）适当增施钙肥。苹果谢花后至套袋前的喷药要混加钙肥，以提高幼果抗旱性。

彩图46-1　苹果缩果病症状

彩图46-2　苹果缩果病病果（下）与正常果（上）比较

47.苹果虎皮病

苹果虎皮病属于生理性病害，多发生在贮藏中后期的3—4月。在全国各苹果产区均有发生，不同年份发生程度有差异，与苹果的贮藏条件和前期的生产管理关系密切。

症状

发病初期，果皮呈淡黄褐色，表面平或略有起伏，产生褐色不规则形病斑，如烫伤，故又称褐烫病。病变多发生于果实阴面未着色的部分，发病初期病斑较小，随着贮藏时间的延长病斑面积扩大，严重时病斑连成大片，甚至遍及整个果面。后期病斑颜色变深，呈褐色至暗褐色，稍凹陷。病部果皮可成片撕下，皮下数层细胞变褐色。病果肉绵，略带酒味。

病因

1966年Huelin等首先报道在苹果的蜡质层中存在一种倍半萜类物质α-法尼烯（α-farnesene），认为该物质诱导了虎皮病的发生。此后一系列研究表明，α-法尼烯的含量高低与虎皮病发生的相关性很小。1970年，Huelin和Coggila证明α-法尼烯的氧化产物（共轭三烯）是苹果虎皮病的致病因子，以后的大量研究又进一步证明了这一结论。1974年Anet的研究认为当有足够能限制α-法尼烯自氧化的抗氧化剂时，虎皮病就不会发生。现一般认为α-法尼烯的氧化产物是导致虎皮病发生的直接原因。但发病机制尚不甚清楚，有人认为是一种"自毒作用"，即发病是由于果实吸收了它本身散发的一种挥发性酯而中毒的结果。

发生规律

（1）气候因素。一般生长季炎热、干燥的年份虎皮病发生较严重，而凉爽、潮湿、光照充足的天气则会减少虎皮病的发生。采摘前几周天气干热加上土壤含水量低会加重虎皮病的发展，其原因可能是高温和水分胁迫促进了α-法尼烯和共轭三烯的形成和积累，促进了虎皮病的发生，而充足的光照促进了花青素形成，提高了果实的抗氧化性，从而降低虎皮病发生概率。

（2）果实成熟度。采收期早晚对苹果虎皮病影响较大，采收期越早，发病越早且越严重。其原因主要在于早采果实中的水溶性酚含量、多酚氧化酶活性以及α-法尼烯及其氧化产物的含量都明显高于正常采收的果实。采收过晚，贮藏期虎皮病也较重，只有适期采收的果实虎皮病发病率较低。不同品种果实

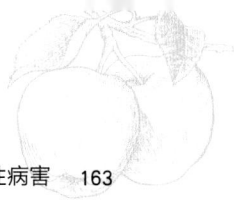

的虎皮病敏感性不同，蜜脆、澳洲青苹、国光、富士系、元帅系、乔纳金比较敏感，而嘎拉、秦冠抗性较强。就一个果实来说，着色浅的背阴面发病率明显高于着色深的向阳面。

（3）贮藏温、湿度。α-法尼烯与共轭三烯的含量都与贮藏温度呈显著负相关，长期低温对虎皮病的发生有明显的诱导作用，较高的贮温有利于α-法尼烯和共轭三烯的挥发和抑制α-法尼烯的合成与氧化。研究表明，当温度高于15℃时，虎皮病不再出现。但贮藏保鲜必须利用低温控制果实的自然衰老，不可能采用15℃以上的温度。一般认为苹果采后迅速预冷，及时进入适宜低温贮藏状态可减少虎皮病的发生。此外，水分是维持果实硬度的关键因素，贮藏环境湿度与苹果虎皮病发生有直接关系，贮藏过程中湿度降低可减少苹果虎皮病的发生。

（4）贮藏环境中的氧气和二氧化碳浓度。气调贮藏可显著抑制苹果虎皮病的发生。研究发现，氧气浓度须降至3%以下，控制虎皮病发生的效果才显著。但氧气浓度降至1.5%时也并不能完全控制虎皮病的发生，有时还会出现低氧伤害。气调贮藏前利用低氧短时间处理可以降低虎皮病的发生，如在1.0%氧气+1.5%二氧化碳条件下贮藏之前，利用0.5%氧气胁迫处理9d，对控制虎皮病效果显著。

（5）贮藏环境中的乙烯。虎皮病的发生与乙烯作用明显相关。乙烯抑制剂重氮基环戊烯通过抑制呼吸和乙烯形成延迟果实成熟，能有效抑制虎皮病发生。1-甲基环丙稀（1-MCP）处理明显抑制了果实的呼吸强度和乙烯释放量，推迟了乙烯高峰，极显著地降低了α-法尼烯与共轭三烯的含量，从而显著控制虎皮病的发生。

防治技术

（1）科学施肥。增施有机肥和合理使用化肥。只有在适宜的营养条件下苹果才能有优良的品质和较高的贮藏性。氮肥使用过量，苹果的耐贮性和抗病性会显著降低，果实着色差，易发生虎皮病，果实缺钙、缺硼时，果实不耐贮，易发生果肉褐变、虎皮病和水心病。因此，施肥时注意以有机肥为主，合理搭配使用化肥。

（2）适期采收。一般根据果实发育天数、果实淀粉染色指数、果实硬度或离层发育情况来确定果实采收期。各地要根据果实贮藏期的长短来确定最佳采收期。一般选择树体健康、田间管理以及果树修剪好、负载量适中、无病虫的果园进行采收。红色品种如富士系着色面积2/3至全红，果肉硬度80kg/cm² 以上，可溶性固形物含量在13%以上的健康果实可进行贮藏。

（3）药剂处理。①1-甲基环丙烯（1-MCP）处理。1-MCP不仅对苹果采后贮藏品质的保持有着显著的效果，而且对果实贮藏期和货架期虎皮病的发生有明显的抑制作用，是目前控制苹果虎皮病的最佳候选保鲜剂。一般使用0.5 ~ 1.0μL/L 1-甲基环丙稀在0℃下处理24h。②利用1 500 ~ 2 000μg/L二苯胺药液喷淋处理。

（4）及时预冷与低温贮藏。采摘应选择在早晨或傍晚田间气温较低时进行，并将采下的果实尽快运入0℃冷库迅速预冷，以尽快带走果实的田间热量，减少果实失水，且可大幅降低果实的呼吸代谢消耗，保持良好的品质，有利于延长贮藏期。预冷后在-1 ~ 0℃，相对湿度90% ~ 95%的条件下贮藏。

（5）科学规范的冷库管理。根据冷库体积以及制冷机组的功率，确定冷库的合理载荷，并根据载荷确定贮藏苹果的数量，合理均匀安排果品堆垛的位置。码垛时应注意：①尽量使用托盘，托盘高度15 ~ 20cm；②堆垛与冷库墙壁之间留有20 ~ 30cm的空隙，堆垛之间也应留有20 ~ 30cm的空隙，且空隙方向应与冷库风机出风方向平行。注意不要在库内风机下方及后方放置果品，以使库内的空气循环具有良好的回路、温度迅速降低且均匀一致。根据包装承载能力、库高以及库内的辅助设施等实际条件决定码垛的高度。应确保每个包装至少有一个表面与外界接触，以便于稳定果品包装的温度。此外，注意加强库内通风，防止贮藏后期库温随外界气温升高而上升。贮藏后期要经常检查果实状况，一旦发现病情，要尽快处置。

（6）合理的贮藏包装。相对于纸箱包装，大木箱或塑料周转箱的贮藏效果更好，不仅可使苹果果实迅速进入理想的低温贮藏状态，还有利于袋内苹果与外界进行气体交换，降低二氧化碳和乙烯的积累，抑制虎皮病的发生。

（7）气调贮藏。适当降低氧气浓度、提高二氧化碳浓度可降低苹果虎皮病的发生。由于各品种苹果贮藏的适宜氧气和二氧化碳浓度不同，应掌握各品种的最适气调指标，以免气体浓度不当而造成经济损失。一般要求温度0℃左右，氧气$1\%\sim25\%$、二氧化碳$0.5\%\sim3\%$，且在此范围内氧气浓度低时，二氧化碳浓度也相应较低。比如富士较其他品种对环境中的二氧化碳更加敏感，并且在低氧条件下更易发生二氧化碳伤害，所以在降低氧气浓度的同时，应相应降低二氧化碳的浓度，使贮藏环境中的二氧化碳浓度低于氧气浓度。

彩图47-1　苹果虎皮病症状

（任小林提供）

48.苹果贮藏期二氧化碳伤害

当前我国苹果贮藏主要以冷藏为主，但各地贮藏方式和管理技术不尽相同，因此贮藏质量差异很大。部分冷库由于库内堆码过密、通风换气不合理或贮藏包装内衬膜过厚，造成库内或包装内部二氧化碳积累，导致果肉褐变，果实风味发生变化，严重影响了苹果的食用品质和商品性，造成严重的经济损失。

症状

苹果二氧化碳伤害有果实外部伤害和内部伤害两种。外部伤害发生在贮藏前期，病变组织界限分明，呈黄褐色，下陷起皱。内部伤害多发生在贮藏中后期，危害较为严重，起初果肉果心局部组织出现褐色小斑块，随后病变部分果肉组织失水呈浅褐色空腔，果肉风味变淡，伴有轻微发酵味或苦味；病变也可能扩展到果皮，果皮上出现褐斑，直至果皮全部褐变，并出现皱褶。二者的相同之处是受害果实硬度偏高，坏死组织仍有弹性。

病因

苹果表皮二氧化碳伤害的直接原因是高浓度二氧化碳抑制了琥珀酸脱氢酶的活性，干扰有机酸代谢，积累乙醇、乙醛等有害物质，引起果肉褐变，果实品质下降。苹果贮藏过程中，随着呼吸作用的进行，果实内部氧气浓度逐渐减小，二氧化碳浓度逐渐增加，如果不及时通风换气，就会造成果实内部二氧化碳积累。对于简易气调贮藏来说，虽然初始袋内二氧化碳浓度控制在2%以下，但由于管理不当或包装材料透气性差等原因，导致包装袋内二氧化碳可能会达到2%以上，这样就会造成二氧化碳胁迫。

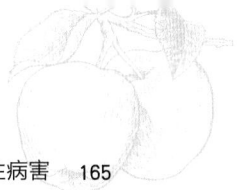

发生规律

苹果二氧化碳伤害的程度与品种、采收期、贮藏温湿度有关。果肉致密的品种，如富士、粉红女士、蜜脆等，由于果肉内部二氧化碳扩散能力差，细胞间隙二氧化碳积累高，因此对二氧化碳更为敏感，一般二氧化碳浓度不能超过2%。富士对二氧化碳十分敏感，库内堆码密集、通风不良、贮藏包装内衬薄膜过厚均会导致二氧化碳伤害，且随着果实成熟度的增加，伤害现象有加重趋势，低温条件下，果实对二氧化碳敏感性增加。而秦冠、金冠、红星等品种耐高浓度二氧化碳，即使在8%二氧化碳环境中贮藏2～3周也无伤害。

防治技术

（1）严格控制采收期。苹果对二氧化碳的敏感性随着果实成熟度增加而提高，随着贮藏期的延长而降低。因此应该适期采收，避免早采或采收过晚。就其采收期和二氧化碳伤害部位而言，早采果的二氧化碳伤害多见于表皮，而晚采果则多表现为内部损伤。采收期可以根据从盛花期至果实成熟的发育天数来确定，一般嘎拉110d，津轻120d，金冠140～150d，新红星155d，乔纳金150～160d，秦冠170～175d，富士175～180d，澳洲青苹180～185d。

（2）控制贮藏温度。常温比冷藏更容易发生二氧化碳伤害，原因在于温度过高，果实呼吸加快，内部积累过量二氧化碳，加重二氧化碳伤害。但温度过低，二氧化碳在细胞液中溶解度增大，也会加重二氧化碳伤害。苹果冷藏适宜温度为0℃±0.5℃，气调结合低温贮藏能有效减少苹果二氧化碳伤害的发生率，气调贮藏的适宜温度比冷藏略高0.5～1.0℃。

（3）适宜的气体指标。苹果气调贮藏可获得最佳的保鲜效果，但富士苹果对二氧化碳比较敏感，贮藏中应严格控制二氧化碳浓度。二氧化碳伤害受氧气浓度的制约，当二氧化碳浓度一定时，降低氧气浓度（低于2%），会加剧二氧化碳伤害。当二氧化碳浓度为2%时，氧气浓度降到5%以下会加剧富士对二氧化碳的敏感性，引起二氧化碳伤害。一般苹果气调贮藏推荐条件为：富士二氧化碳<0.5%，氧气1.5%～2.0%；嘎拉二氧化碳1.0%～2.0%，氧气1.5%～2.0%；元帅二氧化碳1.0%～2.0%，氧气2.0%～4.0%；金冠二氧化碳1.5%～3.0%，氧气1.0%～3.0%；澳洲青苹二氧化碳<1.0%，氧气1.5%～2.0%。采用薄膜包装进行简易气调贮藏时，袋内氧气浓度维持在12%～15%比较好。苹果采后贮藏前几周，更容易引起二氧化碳伤害现象。因此，对二氧化碳敏感品种（富士、粉红女士、蜜脆），气调贮藏环境中二氧化碳要求控制在2%以下。

（4）贮藏期间通风换气。一般说来，短期贮藏而且环境中二氧化碳浓度较低时，及时通风换气一般不会出现二氧化碳伤害，只有长期贮藏且二氧化碳浓度高于该品种的忍受阈值时，才会出现二氧化碳伤害现象，因此，要经常检测库内、袋内二氧化碳浓度，防止二氧化碳浓度超过阈值。晚熟苹果入库时间一般为10月上旬至11月上旬，此时环境温度仍然较高，果实入库时带进热量较多，致使库内温度偏高，果实呼吸强度增大，库内二氧化碳浓度上升很快。因此，苹果刚入库时，要求每隔1周测定库内二氧化碳浓度，根据测定结果及时通风换气。贮藏中后期，库内温度一般稳定在0℃左右，果实呼吸强度降低，库内二氧化碳浓度上升较慢，这时可以每隔10～15d检测库内二氧化碳浓度，一旦发现库内二氧化碳超过2%，就要进行通风换气。通风换气应在库内外温差最小时段进行，每次1h左右。

（5）选择适宜的包装薄膜。包装薄膜的透气性直接影响袋内二氧化碳浓度。采用塑料薄膜袋贮藏苹果时，一定要注意选择适宜的保鲜袋，并注意管理，以防止袋内二氧化碳积累过多而造成伤害。目前生产上苹果贮藏包装薄膜袋比较混乱，既有聚乙烯（PE）袋，也有聚氯乙烯（PVC）袋，厚度0.02～0.04mm不等。一般来说，PVC保鲜膜表面极性分子多，能透析排除有害代谢产物如醇、醛、乙烯等，且具有较高的二氧化碳透过率，因此PVC袋的厚度不能超过0.06mm。而PE袋的透气性差，厚度不能超过0.04mm。同时，根据不同品种对二氧化碳的耐受程度、装果量、薄膜的透气性能选择适宜的包装薄膜袋，特别是对二氧化碳高透性的苹果专用保鲜袋。

彩图48-2 贮存期二氧化碳中毒对果实的伤害

（曹洪建提供）

彩图48-1 苹果贮藏期二氧化碳伤害的表皮和内部症状

（任小林提供）

49.苹果肥害

　　肥料是苹果树的"食粮"，实际生产中，由于果农对苹果树的生理需求不是很清楚，所以常发生施肥不科学问题。尽管植物对营养的吸收在一定程度上有自我调节的能力，但是当供给低于植物需求的低限或超出高限时，就会导致果树生长异常。由于营养不平衡或缺少某些元素导致的异常称之为缺素症；供给量超出植物能够忍耐的上限时所表现出的异常称之为肥害。在生产中很多果农把追求产量作为目标，经常导致肥料的过量使用，加之劣质肥料、使用方法不科学等诸多问题，肥害仍然是生产上经常出现的问题。

症状

　　由于肥料的施用主要是在地下部，使用不当会对苹果树的根系产生不良影响，轻者导致根毛死亡，影响根系对肥水的吸收能力，造成地上部冠层叶片萎蔫变色、枝条失水，严重时根系死亡，与之对应的地上部主干基部会出现纵向条状坏死，上窄下宽，随着时间的推移，坏死斑由下向上发展，长度可达几十厘米，病健交界处出现开裂，病部组织变褐。也有的病株中间部位韧皮部表现正常，然而，顶部侧枝死亡，将剪下的中心干剖开后，会发现木质部以及相邻的韧皮部变褐。轻病株在主干出现纵向间断性条状褐色病斑，长短不一，发病初期韧皮部不开裂。如果仅从外部症状来看，与由冻害、日灼或除草剂造成的伤害有类似之处，将基部韧皮部剥开后发现内部木质部已变黑。地上部使用叶面肥不当也会对果树造成伤害，导致叶片变褐或形成不规则坏死斑。如在幼果期使用叶面肥易导致果锈，通过注射法给果树补充微量元素时，如施入量过大，会导致所对应的上部枝条萎蔫、叶片干枯。

原因

高浓度肥料会降低水的渗透势，使根系对水的吸收变得困难，根系长时间缺水会导致根系生长不良，地上部表现萎蔫。劣质肥料中重金属和有毒物质含量高，会对根系造成毒害。施用未腐熟的粪肥，由于粪肥在地下会继续发酵，产生的热量会伤害根系，发酵中产生的氨气会使根系中毒。未腐熟的粪肥中还会带有病菌、虫卵和蛴螬等，镰刀菌等土壤习居菌会导致圆斑根腐病，地下害虫会直接啃食苹果根皮，导致根系死亡。有的叶面肥如硫酸锌腐蚀性较强，树体修剪后伤口未愈合时喷施，会使伤口难以愈合，甚至会导致腐烂病、干腐病的发生。

影响因素

肥害的发生与肥料种类、施用量、施用方法等有关。

未腐熟的农家肥和劣质化肥往往会导致肥害。穴施肥料过于集中于根部，也会造成肥害。有些果农在矮砧密植果园施肥时，由于树下有地布覆盖，为了图省事，直接抓一把放到主干旁边，利用上面的滴灌水下渗。这样的施肥方法容易造成肥料在局部浓度很高，如果施肥点距主干较近，会造成地下根系死亡。长期过量使用化肥尤其是氮肥，会导致土壤板结、地表出现青苔，影响根系的呼吸，导致树势衰弱。

防治技术

（1）合理选择肥料。选用正规企业生产的肥料，保证肥料的质量。不可购买和使用劣质肥料。

（2）施用充分腐熟的有机肥。不能从养殖场直接拉运粪肥使用，对农家肥、粪肥一定要集中堆沤，在充分腐熟之后再施用。

（3）肥料施用量要适当。在施肥时要按树的大小、土壤供给养分的能力、产量的高低、肥料养分含量的多少进行合理施用。由于现阶段我国苹果生产是以户为经营单位，多不具备测土配方施肥条件，在这种情况下，可根据经验按目标产量进行施肥，大量生产实践表明，一般每生产100kg苹果需补给纯氮1.17kg，五氧化二磷0.67kg，氧化钾0.7kg，亩产3 000kg的苹果园，每亩需施纯氮35.1kg，折合尿素76kg，五氧化二磷20.1kg，折合过磷酸钙126kg，氧化钾21kg，折合硫酸钾42kg，生产中可按此基础数据确定肥料施用量，这样可极大地提高肥料施用的安全性。

（4）选择合适的施肥方式。扩大施肥范围，基肥在施用时可采用全园撒施法，以增加肥料与根系的接触点，降低根系接触到肥料的浓度。追肥时，建议采用水肥一体化措施，应用水溶性肥料，将肥料溶解于水中，通过追肥枪适量施肥，避免过量施用肥料。

彩图49-1　果园土壤过量施用化肥或施用未腐熟有机肥导致土壤盐碱化或酸化

彩图49-2　根颈部施肥烧根后导致对应根的上部皮层出现条状坏死

彩图49-3　苹果受肥害后皮层出现坏死褐色条斑，内部木质部变褐

彩图49-4　遭受肥害的苹果树叶片变黄，边缘出现褐色坏死

彩图49-5　施用未腐熟有机肥导致树干和树枝木质部变褐

彩图49-6　严重施肥不当导致果树死亡

彩图49-7　施肥量大并直接接触树体根颈部会导致果树死亡，挖开根部可见根系已坏死

彩图49-8　未腐熟的粪肥内含有大量蛴螬

彩图49-9　果园花盆内有两棵树表现为黄叶矮小，取出后发现病株根部有蛴螬（下左）

彩图49-10　花盆壁内侧可见孔穴内的蛴螬，将根围土壤去除后发现大量蛴螬

50. 苹果药害

在防控苹果病虫害过程中一般都要使用化学农药，目前用于苹果病虫害防控的药剂种类越来越多，虽然常用的农药多数都为高效低毒，但是，有时使用不当也会出现药害。一旦出现药害，轻则影响当年结果，重的还会影响来年结果，甚至导致死树。苹果药害每年都有发生，应引起足够的重视。

症状

农药的施用主要是在果树地上部，因此，药害症状也多体现在地上部。除草剂在土壤中会影响果树根部的生长，也会导致地上部有症状表现。不同药剂会产生不同症状类型，归纳起来主要包括以下几种：

（1）坏死。坏死是出现最多的药害症状。当使用杀虫、杀菌剂浓度过大时，或者在使用农药时遇到高温或低温天气，或者某类苹果品种对特定的化学药剂比较敏感，就会在叶片表现出坏死现象，形成大小不等的枯死斑，严重的造成叶枯和叶片脱落。有的果农防治枝干天牛时通过树干排粪孔注射毒死蜱，由于药液浓度高，会导致整个树干组织坏死。苹果园周边的玉米田或麦田除草时，有时因风向发生变化，除草剂会随风飘移到苹果园，也会对苹果的叶片、果实乃至树皮造成药害，因飘移的药液雾滴较小，一般形成圆形的坏死斑。有的果农在自己的果园也使用除草剂，如果喷药不细心，农药飘到树冠和主干上，也会造成坏死斑。除草剂喷到主干上会使主干树皮溃疡，症状表现类似干腐病。

叶、果上的坏死型症状一般是急性发作，从受害到症状表现一般需要3～5d，主干树皮受害到显现出可见症状需要2～3周或更长的时间。

（2）叶片畸形。畸形叶多是除草剂和植物生长调节剂产生药害所致，如苹果园使用草甘膦后，如果飘移到叶片上，会导致苹果叶变成柳叶状、节间缩短、簇生、叶肉失绿。畸形症状的表现比较缓慢，需要1～2个月的时间，有时甚至需要几个月或跨年度。如为了抑制苹果树的营养生长，有时果园会喷施果树促控剂或多效唑，如果这类植物生长调节剂使用浓度过高，或使用次数多，就会影响到叶片的生长，表现出节间缩短、叶色深绿、聚生、卷曲、叶厚、脆硬等不良症状。严重时第二年长出的叶片还会表现出畸形症状，直到第三年才逐渐恢复正常。果实受害，表现为果个小、皮厚，很难达到商品果的要求。

（3）果锈。由于幼果期对农药比较敏感，此时农药不合理使用会造成果锈。由高湿度造成的果锈以梗凹处最多，而由于药害造成的果锈则与药剂在果面的着落和分布有关，果锈表现在着药面有时能看到果锈与过量药液的沉积部位相一致。果锈一旦形成，会随着果实的生长而扩大。

（4）萎蔫。这类症状出现较少，极端情况下，果园使用除草剂后遇雨，除草剂会随水深入到地下的根部，导致根的生长受阻乃至死亡，地上部表现萎蔫，叶片和果实生长缓慢，似缺水状。萎蔫的表现是一个缓慢的过程，根系受害轻时，随着时间的推移，萎蔫症状会慢慢消失，如果受害严重，会导致树体死亡。

原因

导致药害的直接原因是使用杀虫剂、杀菌剂或植物生长调节剂的浓度过高或施用过量，以及除草剂与果树组织的接触。间接原因是使用药剂时遇到不良的环境条件或药剂施到了敏感的苹果品种上。

果农在果园用药通常是将多种农药及叶面肥混合在一起使用。这些混合物在苹果树的某一个生长发育阶段也许是安全的，但是在另一个生长发育阶段则可能造成药害。天气状况对施药效果也有非常大的影响。粗糙的喷雾设备、不合理的混合和搅拌、高度浓缩的药剂或极端天气，在喷药期间或之后都可能会引起果实或叶片的药害。在极度干旱、寒冷、潮湿或炎热的天气下施药，产生药害的风险更大。

影响因素

药害的发生与果农的用药习惯密切相关，以下列出一些容易产生药害的情况。

（1）药剂混合不合理。一些果农用药时担心防控不住病虫害，经常把4～5种药混合使用，盲目性很大，其中稀释倍数都是单独计算，如果将几种农药混合，就容易造成浓度过高，导致药害发生。目前常用的药剂大多数为微酸性、酸性和中性，如与碱性药剂石硫合剂、波尔多液等混用，不但会降低药效，有的还会产生药害。碱性药剂与其他药剂使用间隔期少于20d也有产生药害的风险。特别是当一种农药使用之前或之后再喷施油剂，非常容易发生药害。

（2）施药时期不合理。苹果树花期对药剂敏感，不应使用杀虫剂，对蜜蜂也是一种保护。如使用杀菌剂可选用多抗霉素、嘧啶核苷类抗菌素等生物制剂，这样比较安全。幼果期使用乳油和重金属离子药剂，如代森锰锌等，易使果面出现果锈。

（3）环境条件不适宜。高温强光下用药易发生药害，因为高温可以加强药剂的化学活性和代谢作用，有利于药液侵入植物组织而引起药害。如硫制剂在气温超过29.4℃时应用易产生药害。在花芽露红到落花期间使用克菌丹有降低坐果率的危险。不能把克菌丹和油剂混合在一起使用，在凉爽、干燥的天气条件下危险更大，克菌丹在使用油剂之前或之后2周才能使用。天气炎热时不能使用石硫合剂，使用过石硫合剂的叶片上不能再使用油剂。在冷凉、潮湿、极度干燥或多风的天气下使用油剂易产生药害。在果树露红期使用油剂易发生药害。在有风的天气喷洒除草剂，易飘洒到树叶上，引起药害。喷过除草剂的药桶、喷雾器没经过认真清洗，直接用来喷药，会造成严重药害。直接将除草剂喷到主干上，会导致皮层坏死，如环绕树体一周，会导致树体死亡。

（4）用药浓度过高。给果树输液，如果剂量和浓度过高，也容易出现药害。在主干及对应的枝叶造成皮层坏死和叶枯等。

施用果树促控剂时，喷一次效果显示较慢，如果当年喷施看到抑制枝叶生长的效果，往往次年还会表现出更明显的抑制生长作用。

防治技术

（1）合理混用农药。使用未曾混用过的农药时，参照说明书上的混用要求，首先少量配制后不发生沉淀反应，且小范围喷施不产生药害，这样才能大面积使用。含有相同成分的药剂不能混用，防止人为加大浓度。一次性使用农药种类不要太多，一般是一种杀虫剂加一种杀菌剂，再加一种叶面肥即可。

（2）严格掌握农药配制方法，控制药剂使用浓度和剂量。在配制农药时，一定要严格按照规定的浓度和剂量进行配制，不得随意加大浓度和剂量。尽可能用相同类型的制剂进行混合，如果不同剂型混合使用，添加顺序为可湿性粉剂或水分散粒剂、悬浮剂、乳油、油剂。在药液箱里先加1/2～2/3的水，然后边搅拌边添加药剂，如产生大量泡沫可添加表面活性剂或有机硅消泡剂。在花期、幼叶期、幼果期最容易造成药害，一定要慎重选用适宜的农药种类。

（3）杜绝假冒伪劣及过期农药。购买或使用农药时，要到正规经营门店，要仔细阅读标签，查看真伪及是否过期。应用一种新药剂时，不论是单剂还是复配制剂，都要试验示范后再推广应用。

（4）喷雾设备保持清洁。使用过农药后，要及时清洗喷雾设备。即使微量的除草剂都有可能造成药害，因此，施用除草剂的设备要专用。

（5）在适宜的天气条件下喷药。避免在中午高温或刮风的时段用药。有些药剂在低温潮湿时易产生药害，需要严格按照标签说明使用。

（6）发生药害后的挽救措施。很多情况下药害一旦发生，损害是不可挽回的。如果药害发现早、受害不是很严重，可以采取以下措施减轻危害程度。

①喷药中和。如因波尔多液中的铜离子产生药害，可喷0.5%～1%石灰水消除药害；如因石硫合剂产生药害，在水洗的基础上，再喷洒米醋400～500倍液，可减轻药害；若错用或过量使用有机磷类、菊酯类、氨基甲酸酯类等农药造成药害，可喷洒0.5%～1%石灰水、洗衣粉液、肥皂水、洗洁净

水等。

②浇水追肥。苹果树发生药害后，应结合浇水补充一些速效化肥，接着中耕松土，促进果树尽快恢复正常的生长发育。叶面可喷施0.3%尿素加0.2%磷酸二氢钾混合液，每隔15d喷1次，连喷2～3次。

③适量修剪。果树发生药害后，要及时适量地进行修剪，剪除枯死枝，防止病菌侵染而引起病害。

彩图50-1　除草剂药害导致鸡爪叶

彩图50-2　除草剂飘移药害导致苹果叶片及果实出现坏死斑点

彩图50-3　除草剂喷施到主干上导致皮层形成坏死斑，严重时整个皮层坏死

彩图50-4　喷施化学药剂时浓度掌握不当导致叶片出现坏死斑并造成大量落叶

彩图50-5　输液剂量过大导致皮层出现条状坏死斑，对应枝的叶片上出现褐色坏死斑

彩图50-6　大量喷施果树促控剂导致翌年树叶皱缩卷曲

第三节　遗传因素导致的伤害

51. 苹果毛刺瘤

毛刺瘤也称为气生瘤，是一种多分枝、短截的根系，生长在地上部的枝干上。毛刺瘤在我国各苹果产区均有发生，一般不造成危害，在云南昭通、曲靖等地的一些果园发生相对较重，对树体生长和结果构成了威胁。

症状

该病在受害树的主干、主枝和侧枝上均有发生，典型症状是毛刺状肿瘤，绝大多数肿瘤发生在背阴面，发病初期在枝干上长出黄绿色、表面光滑的圆形突起，大小不超过0.5cm，后期突起变大，表面龟裂，颜色变为黑褐色，内部木质部呈木刺状病变，瘤体后期长出气生根，破坏韧皮部，阻碍养分运输。苹果发病树体枝干上会长出多个直径0.3～20cm大小不等、形状不规则的肿瘤，发病严重时会因毛刺环割树干而导致树体衰竭死亡。

病因

毛刺瘤是一种可遗传的生理性病害，由易生毛刺瘤的砧木带病所致，而不是由土壤杆菌侵染所致。

发生规律

病害的发生程度与砧木种类有关，在M7、M9、M26、MM106、MM111砧木上出现较多。在5～35℃温度范围内，低光照和高湿度会刺激砧木根原基的发育，进一步的细胞分裂会导致功能性根尖的生长和伸长，这种伸长可能导致肿胀，在第二年夏季，根尖表皮破裂，在随后的生长季可能会有毛刺的增加和面积的扩大。

毛刺瘤是一些害虫如苹果绵蚜非常喜欢的越冬场所，因为冬季毛刺处的温度会比健康树皮高3～5℃，毛刺内的组织更加嫩软，有利于害虫刺吸取食。贴近地面的毛刺处还容易被疫腐病菌侵染而导致疫腐病的发生。

不同苹果品种发病程度有差异，其中，嘎拉最易感病，富士和新红星相对抗病。6—8月降雨之际发病较重，说明湿度影响该病的发生。

防治技术

最好的防控措施是选用不易生毛刺瘤的砧木。要保持树周围没有杂草，避免树干阴湿。通过修剪使树冠通风透光，会减轻毛刺瘤的发生。如果主干基部有毛刺瘤，可以通过埋土使其生根。需要注意的是埋土要均匀厚实，不能只在树干基部堆成小土堆，否则在树干基部极易发生冬季冻害。

国外资料及云南农业大学试验表明，用刀削除毛刺瘤后，在患处涂抹二甲苯能够抑制毛刺瘤的后续生长。

彩图51-1 苹果毛刺瘤在不同生长阶段的症状表现

彩图51-2 到后期毛刺瘤连接成片，对树体养分的传输造成明显影响

(孔宝华摄)

第三章　苹果害虫

第一节 食叶害虫

52. 绣线菊蚜

分布与危害

绣线菊蚜（*Aphis spiraecola* Patch）属半翅目蚜科，别名苹果黄蚜，俗称腻虫、蜜虫。绣线菊蚜在我国分布广泛，北起黑龙江、内蒙古，南至台湾、广东、广西均有分布，国外日本、朝鲜、印度、巴基斯坦、澳大利亚、新西兰及非洲、北美洲、中美洲均有分布。其寄主有苹果、沙果、桃、李、杏、海棠、梨、木瓜、山楂、山荆子、枇杷、石榴、柑橘、绣线菊和榆叶梅等多种植物。以成虫和若虫刺吸新梢和叶片汁液。若蚜和成蚜群集在新梢上和叶片背面为害，被害叶向背面横卷。发生严重时，新梢叶片全部卷缩，生长受到严重影响。当虫口密度大时，绣线菊蚜还可以刺吸为害果实。由于化学农药的使用量不断增加，果园生态平衡被破坏，绣线菊蚜抗药性增强，致使危害日益猖獗，已经成为各地苹果园的主要害虫。

形态特征

无翅孤雌胎生蚜：体长1.6～1.7mm，宽约0.95mm。体近纺锤形，黄色、黄绿色或绿色。头、复眼、口器、腹管和尾片均为黑色。口器伸达中足基节窝。触角显著比体短，基部浅黑色，无次生感觉圈。腹管圆柱形，向末端渐细，尾片圆锥形，生有10根左右弯曲的毛，体两侧有明显的乳头状突起，尾板末端圆，有毛12～13根。

有翅胎生雌蚜：体长1.5～1.7mm，翅展约4.5mm。体近纺锤形，头、胸、口器、腹管、尾片均为黑色，腹部绿色、浅绿色或黄绿色，复眼暗红色。口器黑色，伸达后足基节窝。触角丝状，6节，较体短，第三节有圆形次生感觉圈6～10个，第四节有2～4个。体两侧有黑斑，并具明显的乳头状突起。尾片圆锥形，末端稍圆，有9～13根毛。

卵：椭圆形，长径约0.5mm，初产浅黄色，渐变黄褐色、暗绿色，孵化前漆黑色，有光泽。

若蚜：体鲜黄色，无翅若蚜腹部较肥大，腹管短，有翅若蚜胸部发达，具翅芽，腹部正常。

生活史和习性

绣线菊蚜属于留守式蚜虫，全年留守在一种或几种近缘寄主上完成其生活周期，无固定转换寄主现象。一年发生10多代，以卵在苹果树枝杈、芽鳞及皮缝处越冬。翌春寄主萌动后越冬卵孵化为干母，4月下旬于芽、嫩梢顶端、新生叶的背面为害10d即发育成熟，开始进行孤雌生殖直到秋末，只有最后1代进行两性生殖，无翅产卵雌蚜和有翅雄蚜交配产卵越冬。为害前期因气温低、繁殖慢，多产生无翅孤雌胎生蚜；5月下旬随着温度增高，蚜虫快速繁殖，种群密度明显提高，开始出现有翅孤雌胎生蚜，并开始迁飞扩散；6月繁殖速度最快，麦收前后达到高峰，大量蚜虫群集在嫩梢以及叶背，致使叶片向叶背横卷，有的蚜虫甚至爬至果面刺吸为害。麦收后，果园周围麦田天敌大量迁移到果园内，使得果园内天敌数量突增，对绣线菊蚜的控制能力也大大增强。6月下旬以后，随着气温的升高、雨季的到来，同时春梢也停止生长并逐渐老化，田间蚜量急剧下降。7～9月田间蚜量尽管有所波动，但此期蚜量明显不及春季，且各果园差异较大，一般不需要防治。9月下旬至10月上旬，田间蚜量有所增加，但以有翅成蚜为主。10月下旬至11月上旬陆续产生雌、雄性蚜，并进行交尾、产卵越冬。

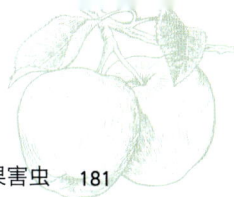

发生规律

（1）温度和湿度的影响。据国外有关资料报道，绣线菊蚜的发育起点温度为5℃，当温度在35℃以上持续较长时，蚜虫种群数量会迅速下降，25℃左右为最适温度。干旱对绣线菊蚜的发育与繁殖均有利，夏至前后降雨充足、雨势较猛时，会使其虫口密度大大下降。

（2）食料的影响。绣线菊蚜具有趋嫩性。多汁的新芽、嫩梢和新叶有利于其发育与繁殖。当群体拥挤、营养条件太差时，则开始产生有翅蚜，向其他新的嫩梢转移分散。因此，苗圃和幼龄果树发生常比成龄树严重。绣线菊蚜对品种也具有选择性，如国光、红玉受害较重，而花红等品种则受害较轻。

1993—1994年在同一品种（金冠）不同树龄上的系统调查结果表明，绣线菊蚜种群数量消长动态有较大差异。在3～5年生幼龄树上，春季为害高峰期持续时间长，蚜梢率达91.2%～97.5%，单梢蚜量316～772头，6月种群数量有明显下降，下降幅度为63.6%～81.7%；秋季为害高峰出现早，持续时间长，蚜量大。在8～10年生盛果初期树上，春季为害高峰与幼树上相近，6月间种群数量下降幅度为83.6%～92.7%，秋季为害高峰出现晚，持续时间也稍短。在15～16年生盛果期树上，绣线菊蚜只有显著的春季为害高峰，但峰期蚜量及持续时间均不及幼树和初果期树。初步分析认为，这种差异与不同树龄的新梢生长动态密切相关，幼树新梢生长旺盛，春秋梢分化不明显，盛果初期苹果树春梢分化显著，6月间新梢停止生长；而盛果期苹果树春梢生长明显而秋梢不明显甚至不抽发，而蚜虫喜为害生长旺盛的幼嫩组织，这必然造成在不同树龄上的种群动态出现明显差异。

（3）天敌的影响。自然界中存在不少蚜虫的天敌，如七星瓢虫（*Coccinella septempunctata*）、龟纹瓢虫（*Propylea japonica*）、异色瓢虫（*Leis axyridis*）、东亚小花蝽（*Orius sauteri*）、卵形异绒螨（*Allothrombium ovatum*）、叶色草蛉（*Chrysopa phyllochroma*）、大草蛉（*Chrysopa septempunctata*）、日本通草蛉（*Chrysopa nipponensis*），以及多种食蚜蝇和蚜茧蜂等，这些天敌对抑制蚜虫的发生具有重要作用，应加以保护利用。在我国小麦产区，麦收后麦田的瓢虫、草蛉和食蚜蝇等天敌大多转移到果园，成为抑制蚜虫发生的主要因素，可以很快压低果园内绣线菊蚜的种群数量。此时应减少果园喷药，以保护这些天敌。

严毓骅和段建军（1988）、王大平（2001）以及魏永平等（2011）研究表明，在苹果园保留夏至草或间作苜蓿、三叶草、白花草木樨、百脉根等可提高天敌昆虫的多样性，有助于发挥天敌昆虫的作用。他们认为果园地面有益植被增加了生物多样性，形成了有利于天敌而不利于害虫的生态环境，地面有益植被上栖息有大量的植食性中性昆虫类群，为果园天敌类群的形成和大量增殖提供了丰富的替代食物。有益植被自身又是天敌最佳交配产卵场所及适宜的栖息环境和躲避场所，大量增殖的天敌，可由地面植被向树冠上迁移，发挥天敌对果树害虫的自然控制作用，地面有益植被可成为具有很大容量的天敌资源库，调节着树上节肢动物种群密度，降低了害虫种群密度的平衡位点，使其不易造成危害。

预测预报方法

（1）蚜梢率调查。春季从5月初开始，随机5点取样调查果园内主栽苹果品种树5棵，每棵树按东、西、南、北抽取20个枝条，检查枝梢上的蚜虫，计算蚜梢率。如果蚜梢率超过45%，需要评价捕食性天敌的数量和作用再做防治决策；当蚜梢率达到或超过60%时，应尽快采取措施进行防治，特别是受害严重的幼树应加强春季防治。

（2）天敌调查。结合果园内蚜虫消长调查，分别记载嫩梢上天敌的种类和数量，掌握天敌发生情况。

防治技术

（1）化学防治。

①在果树休眠期，结合防治红蜘蛛等害虫，喷洒含油量5%的矿物油乳剂，对蚜虫越冬卵有较好的杀灭效果。

②喷药防治。在果树生长期，当虫口密度较大，蚜梢率达到60%而天敌较少时，可选择10%吡虫啉可湿性粉剂1 500～2 000倍液、20%啶虫脒可湿性粉剂6 000～8 000倍液、10%烯啶虫胺可溶性液剂

3 000 ～ 4 000倍液、22%氟啶虫胺腈悬浮剂4 500 ～ 7 500倍液、25%吡蚜酮可湿性粉剂2 500 ～ 5 000倍液、1.8%阿维菌素乳油2 500 ～ 3 000倍液、4.5%高效氯氰菊酯乳油1 500 ～ 2 000倍液、20%氰戊菊酯乳油1 500 ～ 2 000倍液、50%抗蚜威可湿性粉剂2 000倍液或10%烟碱乳油1 000 ～ 1 200倍液进行喷雾防治。

　　③输液或药剂涂干。对水源较远，取水喷药困难的果园，可用注干法或输液法注入吡虫啉或噻虫嗪等内吸性杀虫剂，依树株大小酌斟药液稀释倍数，适量注入。用药浓度不宜过大，以免造成落叶或药害。

　　（2）生物防治。在正常气候下，如果没有药剂干扰，天敌完全可以控制蚜虫的种群数量，蚜虫不致成灾，因此应充分认识和利用天敌的自然控制作用，尽量减少喷施广谱性杀虫剂。果园周围有麦田时，小麦蜡熟期至收获时，麦田里大量的瓢虫、草蛉、食蚜蝇等蚜虫天敌向果园转移，可在短期内控制其为害，因此尽量避免在麦田天敌往果园大量迁移时喷施杀虫剂。

　　（3）果园生草蓄养天敌。果园生草除了节省用工，降低生产成本外，还对果园土壤、果树本身、病虫害防治以及小气候环境等皆有积极作用。果园生草丰富了果园生物多样性，尤其是近地表的生物多样性，改变了生物群落结构，形成了一个相对稳定的复合系统，为天敌的繁衍、栖息提供场所，增加了天敌种类和数量，从而减少了虫害的发生。

　　果园生草常见模式为自然生草与人工种草，也可将两种模式相结合。目前应用的草种主要有禾本科和豆科植物，如长毛野豌豆、鼠茅、紫花苜蓿、高羊茅、黑麦草、白三叶、红三叶、马唐、虎尾草、打碗花、稗等。自然生草要及时铲除恶性杂草，选留适当的低矮杂草。

彩图52-1　绣线菊蚜无翅蚜、有翅蚜、成蚜及若蚜

（右图为曹克强摄）

彩图52-2　进入11月绣线菊蚜多为有翅蚜

（曹克强摄）

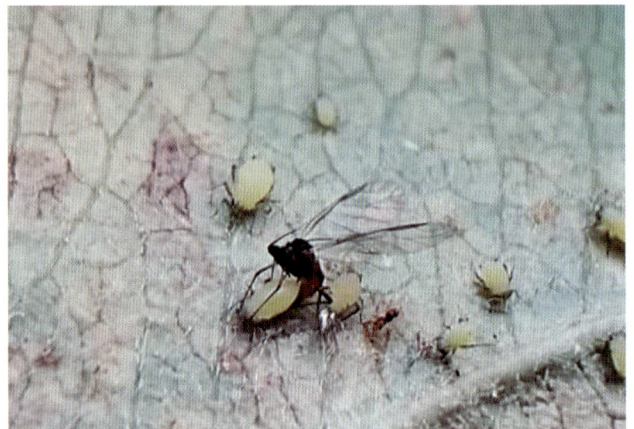

彩图52-3　正在交尾的绣线菊蚜

彩图52-4　绣线菊蚜越冬卵

彩图52-5　苹果芽上的绣线菊蚜初孵若蚜

彩图52-6　苹果嫩梢上的绣线菊蚜

彩图52-7　绣线菊蚜为害花
（曹克强摄）

彩图 52-8　果实上的绣线菊蚜

彩图 52-9　绣线菊蚜为害状

53. 苹果瘤蚜

分布与危害

苹果瘤蚜 [*Ovatus malisuctus* (Matsumura)] 属半翅目蚜科,又名卷叶蚜。苹果瘤蚜在我国分布很广,东北、华北等地均有发生,国外在日本和朝鲜也有分布。除为害苹果外,还为害海棠、沙果、花红、山荆子等。以成蚜和若蚜为害果树的嫩芽和嫩叶。被害幼叶常出现红斑,叶边缘向背面纵卷成条筒状,叶面凸凹不平,严重时新梢叶片全部卷缩,渐渐枯死。树上一般是局部发生,仅个别枝梢卷叶,只有受害重的树才会全树新梢叶片卷缩。

形态特征

成虫:无翅胎生雌蚜体长1.5mm左右,纺锤形,体暗绿色。头黑色,额瘤明显,复眼红褐色,触角6节,比体短,除第三、四节的基半部淡绿色或淡褐色外,其余全为黑色。胸、腹部背面各节均有黑色横带。尾片圆锥形,黑褐色,有细刚毛3对。腹管黑褐色,长圆筒形,末端稍细。有翅胎生雌蚜体长1.6mm左右,头部额瘤明显,口器、复眼、触角均为黑色。触角第三节有圆形感觉孔约22个,第四节有8个。头、胸部黑色,腹部暗绿色,翅透明,背面腹管以前各节有黑色横纹。腹管和尾片黑褐色。

卵:长椭圆形,长约0.5mm,黑绿色,具光泽。

若蚜:无翅若蚜淡绿色,似无翅胎生蚜。有翅若蚜胸部发达,有暗色翅芽,体淡绿色。

生活史和习性

苹果瘤蚜1年发生10余代,以卵在1年生新梢、芽腋或剪锯口等部位越冬。翌年4月苹果发芽至展叶期为越冬卵的孵化期,约半个月。孵化出的若蚜都集中在叶芽露绿部分和开绽的嫩叶上为害。5~6月随着新梢发出嫩叶,苹果瘤蚜即转移到新梢上为害,此时雌蚜孤雌胎生繁殖速度加快,种群数量剧增,为害严重。受害重的叶片向下弯曲、纵卷,严重的皱缩枯死。除为害叶片外,还能为害幼果,致果面出现稍凹陷的红斑。7月虫口密度仍很高,至8月以后蚜量减少,10~11月出现有性蚜,交尾后产卵越冬。

苹果瘤蚜对果树的种类和品种有比较强的选择性,苹果中元帅、青香蕉、柳玉、晚沙布、醇露、倭锦、新红玉等品种及海棠、花红和山荆子受害重,国光、红玉受害轻。天敌有多种瓢虫、草蛉、食蚜蝇、蚜茧蜂及小花蝽。

防治技术

(1) 生长季节,如果个别枝条发生苹果瘤蚜,可剪除被害枝条并带出园外处理。

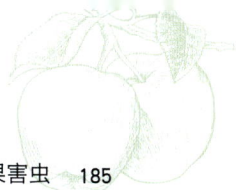

（2）早春果树发芽前喷5%矿物油乳剂或
3～5波美度石硫合剂，以消灭越冬卵。

（3）药剂防治苹果瘤蚜的关键是在越冬卵
孵化盛期细致喷药，施药种类参考绣线菊蚜。

彩图53-1　卷叶内的苹果瘤蚜
（王勤英摄）

彩图53-2　苹果瘤蚜为害状
（王勤英摄）

54.山楂叶螨

分布与危害

山楂叶螨（*Tetranychus viennensis* Zacher）属蛛形纲真螨目叶螨科，又称山楂红蜘蛛。在我国分布很广，以北方苹果产区发生较重，主要为害苹果、梨、桃、樱桃、山楂、李等果树。山楂叶螨主要在叶背面刺吸汁液为害，受害叶片正面出现失绿的小斑点，螨量多时失绿黄点连成片，呈黄褐色至苍白色。严重时叶片背面甚至布满丝网，叶片呈红褐色，似火烧状，易引起大量落叶，造成二次开花。不但影响当年产量，对以后两年的树势及产量也会造成不良影响。

形态特征

雌成螨：体圆形，体长0.54～0.59mm，冬型鲜红色，夏型暗红色，体背前端隆起，背毛26根，横排成6行，细长，基部无毛瘤。

雄成螨：体长0.35～0.45mm，体末端尖削，第一对足较长，体浅黄绿色至橙黄色，体背两侧各具1个黑绿色斑。

卵：圆球形，春季卵橙红色，夏季卵黄白色。

幼螨：黄白色，取食后为淡绿色，体圆形。

若螨：足4对，淡绿色，体背出现刚毛，两侧有深绿色斑纹，老熟若螨体色发红。

生活史和习性

山楂叶螨1年发生5 ～ 13代，各地均以受精雌成螨越冬，越冬部位多在枝干树皮缝内、树干基部3cm深的土块缝隙内，有时还可以在杂草、枯枝落叶或石块下越冬。翌春日平均气温达9 ～ 10℃、苹果花芽膨大露绿时越冬雌螨出蛰为害芽，展叶后到叶背为害，苹果中熟品种盛花期山楂叶螨出蛰基本结束，整个出蛰期达40余d。出蛰雌螨取食7 ～ 8d后开始产卵，盛花期为产卵盛期，卵期8 ～ 10d，落花后7 ～ 8d卵基本孵化完毕，此时虫态比较整齐，是药剂防治的第一个关键期。第二代卵在落花后30余d达孵化盛期，此时各虫态同时存在，世代重叠。一般6月前温度低，完成1代需20余d，虫量增加缓慢，夏季高温干旱时9 ～ 15d即可完成1代，卵期4 ～ 6d。6月上旬是第二代卵孵化盛期，也是防治的第二个关键期，麦收前后为全年发生高峰期，如防治不及时，很容易导致山楂叶螨暴发流行，导致叶片焦枯脱落。越冬雌螨出现的早晚与寄主植物的营养状况有关。当叶片营养差时，由于山楂叶螨食料不足，常提前至7月出现橘红色的越冬雌螨。在食料正常的情况下，进入雨季的高湿，加之天敌数量的增长，会使山楂叶螨虫口显著下降，至9月可再度上升，为害至10月陆续以末代受精雌螨潜伏越冬。

山楂叶螨多在叶片背面群集为害，数量多时吐丝结网，并可借丝随风传播，在叶背茸毛或丝网上产卵。一般先在树冠内膛进行为害，随气温升高，逐渐向外扩散。山楂叶螨行两性生殖或孤雌生殖，两性生殖的后代雌雄性比为3：1 ～ 5：1；孤雌生殖的后代全部为雄性个体。春、秋季世代平均每雌产卵70 ～ 80粒，夏季世代每雌产卵20 ～ 30粒。当气温18 ～ 20℃时，雌成螨寿命约40d。平均产卵日数为13.1 ～ 22.3d，产卵数为43.9 ～ 83.9粒，最多可达146粒。

发生规律

（1）温度和湿度对山楂叶螨的影响。温度和湿度是影响山楂叶螨数量消长的主要生态因子。春季温度回升快、干旱时间长，山楂叶螨发生严重，高温高湿对叶螨发生不利。叶螨年发生代数与营养条件和发生地有效积温有密切关系。据测定，卵期的发育起点温度为11.3℃，有效积温为73.2℃；幼、若螨的发育起点温度为14.8℃，有效积温为64.3℃；成螨的发育起点温度为7.3℃，有效积温为141.6℃；全世代的发育起点温度为8.5℃，有效积温为273.7℃。在一定的温度范围内，温度与山楂叶螨生长发育速率的关系呈正态分布，超过其上限温度，其生长发育速率又下降或停滞。据报道，当日均气温在16.0 ～ 25.3℃时，完成1代需23.3d，当日均气温在24 ～ 29.5℃时，完成1代只需10.4d，在恒温27℃时，完成1代只需6.8d。在一定的温度范围内，随着温度上升，发育与繁殖速度加快。山楂叶螨适宜的相对湿度为72% ～ 90%，长期阴雨高湿不利于山楂叶螨的发育，夏季的急风暴雨会迅速降低山楂叶螨种群数量。但遇到高温、干旱的天气，便有猖獗发生的可能。

越冬雌螨的抗寒性极强，在−15 ～ −10℃下持续3d死亡率仍很低，在−30℃下经1d时间才全部冻死。翌年春季平均气温9 ～ 11℃树芽萌动膨大时，越冬雌螨出蛰，树芽萌顶，开始取食。如遇倒春寒天气，则回树缝内潜藏。整个出蛰期可持续40d左右。

（2）药剂对山楂叶螨的影响。药剂对山楂叶螨的直接影响是使其产生抗药性，间接影响是杀伤大量的天敌，使自然平衡受到破坏。山楂叶螨具有世代周期短、繁殖力强等特点，长期使用化学杀螨剂容易导致该螨产生抗药性。近年有报道山楂叶螨已经对多种类型的杀虫、杀螨剂产生了抗药性。2015年报道，陕西苹果园的山楂叶螨普遍对哒螨灵和高效氯氟氰菊酯产生了不同水平的抗药性，兴平的种群对阿维菌素产生了低水平抗性。2016年报道，山西苹果主产区运城苹果园的山楂叶螨对阿维菌素和三唑锡均处于敏感性下降及低水平抗性阶段，对哒螨灵和噻螨酮的抗性由低水平抗性升至中等水平抗性，对炔螨特处于低水平抗性。果园天敌的种类和数量受喷药种类和次数影响很大，不使用广谱性的菊酯类及有机磷类农药的果园，一般叶螨自然消退较早。

（3）食料的影响。主要表现在品种、树势和叶片含氮量的差异上，元帅受害重于金冠，树势弱的受害重于树势强的，叶片含氮量高的叶螨发生量多于低的。另外光照是引起滞育的主导因子，但食料的缺乏明显加速了冬型雌成螨的产生，大发生的年份，8月左右开始产生受精雌螨。由此看来，食料对山楂叶螨的发

生也是很重要的。

预测预报方法

（1）越冬雌螨出蛰盛期及第一代幼螨孵化盛期的预测预报。一般从4月初日平均温度达到10℃开始，在果园内利用对角线取样法，随机选定5株树，于树冠中下部内膛枝上分东、西、南、北各固定5个芽，每株树定20个芽，5株树共100个芽。每隔2～3d调查1次芽上雌成螨的数量，并将已查螨去掉。当出蛰数量逐渐上升后又突然开始下降时，即为出蛰高峰期，由此再往后推15～20d，便是第一代幼螨孵化盛期，也是进行药剂防治的关键期。

（2）生长季山楂叶螨虫情调查和预测预报。在苹果落花展叶后，在每个果园内采取5点棋盘式取样，每个点选取4棵树，每棵树随机取5片叶，每点合计取20片叶，5个点共取样100片叶，记录有螨叶数和活动螨数。前期每周调查1次，叶螨暴发期每3d调查1次，当平均每叶活动螨达到4～5头时，开始喷施杀螨剂进行防治。

防治技术

（1）诱杀越冬虫源。对于树干光滑的果园，在越冬雌螨进入越冬场所之前，于树干上绑草绳或瓦楞纸等诱集带诱集越冬雌螨，进入冬季后解下集中销毁。对树干粗糙、翘皮裂缝多的苹果树，也可在苹果树休眠期刮除枝干粗皮、翘皮，破坏害螨越冬场所。

（2）保护利用天敌。果园内叶螨天敌主要有捕食螨、塔六点蓟马、食螨瓢虫等，这些天敌对叶螨的控制能力非常强，不喷药或喷药少的果园叶螨很少暴发成灾。因此，果园内尽量不使用广谱性杀虫剂。尽量减少杀虫剂的使用次数或使用不杀伤天敌的药剂，特别是在花后大量天敌相继上树时，如不喷药杀伤，往往可把害螨控制在经济阈值允许水平以下，个别严重树，平均每叶叶螨达5头时应进行"挑治"，避免普治大量杀伤天敌。

（3）果园生草招引并培育天敌。在果园行间种植绿肥植物，通过绿肥植物上发生的害虫培育叶螨的天敌，以种植毛叶苕子为好。不适合种植绿肥植物的果园，提倡果园自然生草，剔除生长茂盛的恶性杂草，保留低矮杂草，为天敌提供庇护场所。在叶螨发生始盛期要及时割草，迫使天敌转移上树，控制叶螨。

（4）人工释放捕食螨。目前国内已有多种商品化的智利小植绥螨、胡瓜新小绥螨、巴氏新小绥螨、加州新小绥螨等捕食螨。在害螨低密度时 [每叶害螨（卵）2头（粒）以下] 释放捕食螨，捕食螨与叶螨的释放比例大约为1：200。释放捕食螨应注意天气情况，在阴天或晴天的傍晚进行释放，雨天或预告近期有连续降雨的天气不宜释放。释放时剪掉捕食螨纸袋上方一侧角2～4cm长的一细缝，用订书钉固定于不被阳光直射的树冠中间下部枝杈处，袋底要与枝干充分接触，以利于捕食螨顺树而爬。捕食螨出厂后应尽快释放，一般不超过7d。如遇到不宜释放的情况，应置于15～20℃下贮存。释放捕食螨前后避免使用杀虫杀螨剂。释放当天应距最后一次施药15d以上（应视所用农药的残留期而定）。释放捕食螨后一般在1～1.5个月后达到最高防治效果，因此释放捕食螨后30d内不能喷洒任何农药，30d后可根据具体情况使用农药。果园要留草，不可使用除草剂。

（5）化学防治。当越冬雌螨数量大时，在苹果树花芽露红时，喷施1次5%噻螨酮可湿性粉剂1 500～2 000倍液或20%四螨嗪悬浮剂1 500～2 000倍液，这两种药剂虽然对成螨没有直接杀伤作用，但可杀灭卵和初孵幼螨，且使成螨所产卵不能孵化。生长季节每周调查一次树上的叶螨量，当平均每叶达到4～5头活动螨时喷药防治，有效药剂有1.8%阿维菌素乳油2 500～3 000倍液、15%哒螨灵乳油1 500～2 000倍液、25%三唑锡可湿性粉剂1 500～2 000倍液、50%丁醚脲悬浮剂2 000～3 000倍液、240g/L螺螨酯悬浮剂4 000～5 000倍液、110g/L乙螨唑悬浮剂4 000～5 000倍液等。注意不同类型的药剂交替使用，延缓叶螨抗药性的产生，喷药时一定要注意均匀周到，特别是树冠上部和内膛，往往由于喷药不均匀，易使叶螨在局部繁殖暴发。

彩图54-1　山楂叶螨雌成螨及卵
（曹克强摄）

彩图54-2　山楂叶螨成螨和卵

彩图54-3　山楂叶螨叶片背面为害状

彩图54-4　山楂叶螨叶片正面为害状

彩图54-5　山楂叶螨吐丝结网
（右图由尹新明提供）

彩图54-7 土块下的山楂叶螨越冬雌螨

彩图54-6 老翘皮下的山楂叶螨越冬雌螨

彩图54-8 瓦楞纸诱虫带诱集越冬的山楂叶螨

彩图54-9 瓦楞纸内诱集的越冬雌螨

彩图54-10 树干布条下的越冬雌螨

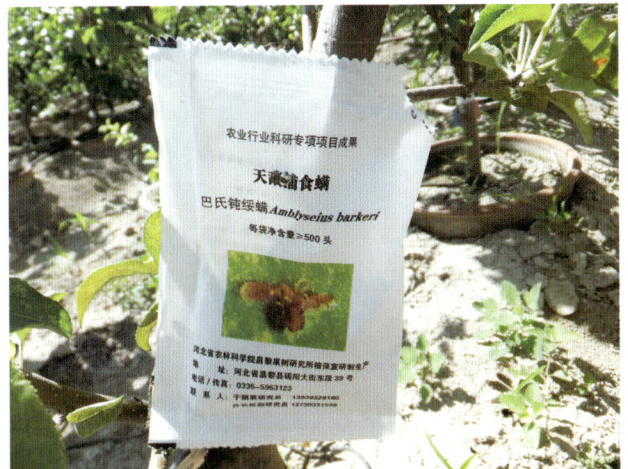

彩图54-11 释放巴氏新小绥螨防治山楂叶螨

55.苹果全爪螨

分布与危害

苹果全爪螨（*Panonychus ulmi* Koch）属蛛形纲真螨目叶螨科，又称苹果红蜘蛛。苹果全爪螨是世界性害虫，广泛分布于世界各地，我国分布于辽宁、山东、山西、河南、河北、江苏、湖北、四川、陕西、甘肃、宁夏、内蒙古、北京等地。苹果全爪螨常与山楂叶螨混合发生，主要为害苹果，也可为害梨、沙果、桃、杏、樱桃、山楂、枣、葡萄等果树。

苹果全爪螨为害的叶片不易识别，叶片受害后颜色变灰绿色，仔细观察叶正面出现许多失绿小斑点，整体叶貌类似苹果银叶病为害，一般不提早落叶。

形态特征

雌成螨：体长约0.45mm，宽约0.29mm，体圆形，深红色，背部显著隆起。背毛26根，较粗长，着生于粗大的黄白色毛瘤上。足4对，黄白色。

雄成螨：体长约0.3mm，体后端尖削似草莓状。初蜕皮时为浅橘红色，取食后呈深橘红色，刚毛数目与排列同雌成螨。

卵：扁圆形，葱头状，顶端有刚毛状柄，越冬卵深红色，夏卵橘红色。

幼螨：足3对，越冬卵孵化出的第一代幼螨呈淡橘红色，取食后呈暗红色；夏卵孵化出的幼螨初为黄色，后变为橘红色或深绿色。

若螨：足4对，前期体色较幼螨深；后期体背毛较为明显，体形似成螨，可分辨出雌雄。

生活史和发生规律

苹果全爪螨在辽宁1年可发生6～7代，在山东、河南1年发生7～9代。以卵在短果枝、果台和2年生以上枝条的粗糙处越冬。个体发育经过卵期、幼螨期、第一静止期、前若螨期、第二静止期、后若螨期、第三静止期和成螨期，各个螨态历期随温度变化差异较大，在平均温度15℃条件下，完成整个世代需要33d左右，在30℃条件下，完成1个世代需要9.17d左右。越冬代雌成螨平均寿命为18.8d，每雌平均产卵量为67.4粒；第一代成螨平均寿命为14.4d，每雌平均产卵量为46.0粒；第五代成螨平均寿命为8.0d，每雌平均产卵量为11.2粒。

苹果全爪螨的幼螨、若螨和雄成螨多在叶背面活动，而雌成螨多在叶正面活动。一般麦收前后是全年为害高峰期，夏季叶面上螨数量较少，秋季数量回升又出现小高峰。苹果全爪螨为害高峰期早于山楂叶螨，但在一些农药使用不当的果园，苹果全爪螨为害期延长，有些果园可以持续为害到8月中下旬。苹果全爪螨的天敌和山楂叶螨相同，田间发现的主要种类包括捕食螨、塔六点蓟马等，对其种群具有显著的控制作用。

预测预报方法

（1）休眠期调查。在休眠期，园中果树上随机调查100个芽，查看芽上是否有红色的越冬卵，如果有卵芽率不到10%，就不需要采取任何防治措施，如果超过10%，可以喷施5波美度石硫合剂或5%矿物油乳剂。

（2）生长季调查　调查方法同山楂叶螨，重点查看叶片正面，防治指标为每片叶10头活动螨。

防治技术

（1）休眠期越冬卵结合其他病虫害防治，在果树发芽前喷施1次5%矿物油乳剂或5波美度石硫合剂，消灭越冬卵。

（2）果园内生草招引培育天敌，参见山楂叶螨。

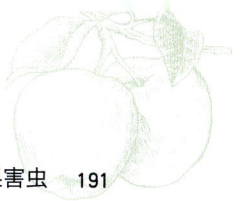

（3）人工释放捕食螨，参见山楂叶螨。

（4）生长期药剂防治。如果树上越冬卵数量较大，在苹果树花芽萌动后及时喷施5%噻螨酮可湿性粉剂1 500～2 000倍液或20%四螨嗪悬浮剂1 500～2 000倍液，防治未孵化的越冬卵和初孵幼螨。苹果树落花后，根据叶片上苹果全爪螨的数量及上升情况，当达到防治指标时及时喷药，有效药剂同山楂叶螨。

彩图55-1　苹果全爪螨雌螨（身体上白色的毛片和刚毛）

（尹新明提供）

彩图55-2　苹果全爪螨雌螨（右）和雄螨（中）

彩图55-3　苹果全爪螨叶片正面为害状

彩图55-4　苹果全爪螨初孵幼螨

彩图55-5　苹果全爪螨为害状

彩图55-6　枝干分杈处的苹果全爪螨越冬卵

彩图55-7　苹果芽上的苹果全爪螨越冬卵

56. 二斑叶螨

分布与危害

二斑叶螨（*Tetranychus urticae* Koch）属蛛形纲蜱螨目叶螨科，俗称白蜘蛛。20世纪80年代，北京、河北、山东等地苹果树上相继发生二斑叶螨，甚至在部分果园为害十分严重；从20世纪90年代后，甘肃、兰州、宁夏、陕西等地果园开始报道发现二斑叶螨为害，并逐渐蔓延扩散至其他地区果园及附近的蔬菜和花卉等作物上，成为农作物上的主要害虫。二斑叶螨寄主广泛，包括100多科植物，对苹果、梨、桃、杏、樱桃等均可造成严重危害，果园间作的草莓、蔬菜、花生、大豆等也可严重受害。

形态特征

雌成螨：体长0.42 ~ 0.59mm，体椭圆形，体背有刚毛26根，呈6横排。体色多为污白色或黄白色，体背两侧各具1块暗褐色斑。越冬型为橘黄色，体背两侧无明显斑。

雄成螨：体长0.26mm，体卵圆形，前端近圆形，后端尖削。体色为黄白色，体背两侧也有明显褐斑。

卵：球形，初产为乳白色，逐渐变为橘黄色，孵化前出现红色眼点。

幼螨：球形，白色，足3对，取食后变为绿色。

若螨：卵圆形，足4对，体淡绿色，体背两侧具2个暗绿色斑。

生活史和发生规律

二斑叶螨在南方每年发生20多代，在北方每年一般发生12 ~ 15代，在北方以受精的雌成螨在土缝、枯枝落叶下或小旋花、夏至草等宿根性杂草的根际等处吐丝结网潜伏越冬，在树木上则在树皮下、裂缝中或在果树根颈处的土壤中越冬。二斑叶螨的出蛰温度为5 ~ 7℃，当3月平均气温10℃左右时，越冬雌螨开始出蛰活动并产卵。3月下旬出蛰后，先在地面早春绿色植物如小旋花、荸草及菊科、十字花科等杂草及果树根蘖上取食和产卵繁殖，即使是在树上越冬的个体，大多也先转移到树下繁殖，卵期10余d。成虫开始产卵至第一代幼虫孵化盛期需20 ~ 30d，以后世代重叠。近麦收时二斑叶螨才开始上树为害，上树后先集中在内膛为害，6月下旬开始扩散，7月达为害高峰期。二斑叶螨猖獗发生期持续的时间较长，一般年份可持续到8月中旬前后。10月后陆续出现滞育个体，但如此时温度超过25℃，滞育个体仍然可以恢复取食，体色由滞育型的红色再变回到黄绿色，进入11月后均滞育越冬。

二斑叶螨主要营两性生殖，也可进行孤雌生殖，孤雌生殖后代均为雄螨。每雌可产卵50 ~ 110粒，

最多可产卵216粒。喜群集叶背主脉附近并吐丝结网于网下为害，有吐丝下垂借风力扩散传播的习性，大发生或食料不足时常千余头群集于叶端呈一螨团。在高温季节，二斑叶螨8 ～ 10d即可完成1个世代。与山楂叶螨相比，其繁殖力更强，在二者混合发生的果园，二斑叶螨具有更强的竞争能力，很快会取代山楂叶螨成为果园的优势种。果园出现越冬型成螨的时期和果树营养关系密切，一般在10月上旬开始出现越冬螨。

为害寄主不同，二斑叶螨发育历期亦不相同，如取食花生叶片，在25℃和30℃下发生1代需11.04d和7.96d；而取食苹果叶片则相应的天数为11.48d与8.63d。寄主的差别对雌成螨的生殖力影响最大。在30℃花生叶饲养条件下，单雌平均产卵56粒，而在相同条件下，饲喂苹果叶片，产卵量仅为29粒。冬春气温高，干旱少雨，越冬虫口基数大，发生严重。

预测预报方法

在6月之前，先调查树下杂草上的二斑叶螨，当小旋花、荠菜等叶片开始变色时，立即对地面杂草喷药。从5月下旬开始按照生长季山楂叶螨的调查方法调查苹果树叶片上的二斑叶螨数量，当平均单叶活动螨量达到10头时，可在树上喷施杀螨剂。

防治技术

（1）保护利用天敌。果园喷药时要注意保护天敌，若不使用广谱性杀虫剂，塔六点蓟马、食螨瓢虫及捕食螨等可发挥明显的控制害螨作用。另外，也可人工大量释放捕食螨等天敌进行防控，释放方法参见山楂叶螨。

（2）地面防治。利用二斑叶螨前期主要在地面上活动的习性，麦收前注意防治树下杂草和根蘖上的二斑叶螨。当地面杂草上螨量较多时，不建议进行除草，因为除草后会驱使二斑叶螨提早上树为害。此时可以专门针对地面杂草喷施杀螨剂，树下喷雾用药与树上相同。

（3）树干上涂抹或设置粘虫胶带。利用二斑叶螨前期在树下活动而后上树的习性，于二斑叶螨上树前在树干上涂抹或设置粘虫胶带，阻挡其上树为害。

（4）树上药剂防治。当树上二斑叶螨数量上升到每叶10头活动螨时，及时进行喷药防治。效果较好的杀螨剂有24%螺螨酯悬浮剂4 000 ～ 5 000倍液、5%唑螨酯乳油2 000 ～ 3 000倍液、110g/L乙螨唑悬浮剂4 000 ～ 5 000倍液、1.8%阿维菌素乳油2 500 ～ 3 000倍液、20%四螨嗪悬浮剂1 500 ～ 2 000倍液、15%哒螨灵乳油1 500 ～ 2 000倍液和25%三唑锡可湿性粉剂1 500 ～ 2 000倍液等。由于二斑叶螨抗药性较强，喷药时最好两种不同类型的药剂混合使用，并注意喷洒果树内膛及叶片背面。如果螨量较大，最好间隔10d左右再喷药1次，具体间隔时间根据药剂持效期确定。

彩图56-1　正在取食的二斑叶螨

彩图56-2　二斑叶螨成螨

彩图56-3　二斑叶螨卵

彩图56-4　树皮下的二斑叶螨越冬雌螨

彩图56-5　纸袋上的二斑叶螨越冬雌螨

彩图56-6　二斑叶螨对苹果为害状
（尹新明提供）

彩图56-7　二斑叶螨对树下杂草打碗花为害状

彩图56-8　二斑叶螨对树下杂草龙葵为害状

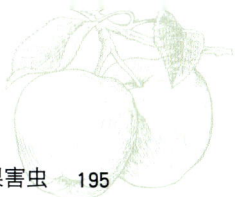

57. 梨网蝽

分布与危害

梨网蝽（*Stephanitis nashi* Esaki et Takeya）属半翅目网蝽科，又名梨冠网蝽、梨花网蝽、军配虫，在我国大部分地区均有发生。主要为害苹果、梨、海棠、桃、杨梅等果树及多种花卉。以成虫、若虫在叶背吸食汁液为害，被害叶正面出现许多苍白色小点，叶背面有褐色斑点状虫粪及分泌物，使整个叶背呈锈黄色，严重时导致被害叶片早期脱落。

形态特征

成虫：体长3.3～3.5mm，体扁平，暗褐色。头小，复眼暗黑色，触角丝状，翅上布满网状纹。前胸背板隆起，向后延伸呈扁板状，盖住小盾片，两侧向外突出呈翼状。前翅叠合，其上黑斑构成X形黑褐色斑纹。腹部金黄色，有黑色斑纹。足黄褐色。

卵：长椭圆形，长0.6mm，稍弯，初期淡绿色，渐变淡黄色。

若虫：暗褐色，翅芽明显，外形似成虫，头、胸、腹部均有刺突。

生活史和发生规律

梨网蝽1年发生3～5代，年发生代数由北向南依次增加，各地均以成虫在枯枝落叶、翘皮缝、杂草及土石缝中越冬。翌年，在北方大部分地区，越冬代成虫从4月中旬苹果树展叶时开始出蛰活动，4月下旬至5月上旬达到高峰。成虫畏光，多隐匿在叶背面，夜间具有趋光性，遇惊后即纷纷飞去。成虫出蛰后于4月下旬开始产卵，卵产在叶背叶脉两侧的组织内，数十粒集中产在一处，卵上附有黄褐色胶状物，卵期9～14d。若虫孵出后群集在叶背主脉两侧为害，二龄后分散为害，先在下部为害，逐渐扩散至整个树冠。若虫经4次蜕皮后转化为成虫，全年以7月上中旬至8月中下旬为害最为严重，10月中旬后成虫陆续寻找适宜场所越冬。

暖冬少雨雪以及保护地栽培面积增大，有利于越冬成虫存活。调查表明，梨网蝽主要天敌有椿象、黑卵蜂、食虫虻等。由于连年大量使用化学农药，天敌数量大幅度下降，自然控制能力减弱，加重了梨网蝽的发生为害。

防治技术

（1）诱杀越冬成虫。9月在苹果树干上绑草或瓦楞纸等诱集带诱集越冬成虫。

（2）清洁果园。秋冬季彻底清除果园中及附近的杂草、枯枝落叶，刮除枝干的粗翘皮，集中销毁；春季越冬成虫出蛰前、秋季成虫越冬后耕翻果园，松土刨树盘，消灭越冬成虫，可大大压低虫源，减轻来年为害。

（3）化学防治。发生严重时，在越冬成虫出蛰后或一代若虫孵化盛期及时喷洒药剂防治，可选用22.4%螺虫乙酯悬浮剂2 000倍液、5%啶虫脒可湿性粉剂2 000～2 500倍液、70%吡虫啉水分散粒剂8 000～10 000倍液、4.5%高效氯氰菊酯乳油1 500～2 000倍液或50%马拉硫磷乳油1 500～2 000倍液。发生严重的果园7～10d后再喷1次。做到交替用药、轮换用药，提倡将两类以上不同的药剂混合使用，或在杀虫剂中加入增效剂以增加药效。7～8月大发生时防治，注意全园连同树下的杂草一起喷药，防止成虫逃逸。

彩图57-1　梨网蝽成虫

彩图57-2　叶背面的梨网蝽成虫、若虫和黑色排泄物

彩图57-3　梨网蝽若虫

彩图57-4　梨网蝽叶片正面为害状

彩图57-5　梨网蝽叶片背面为害状

彩图57-6　梨网蝽排泄物

58. 苹小卷叶蛾

分布与危害

苹小卷叶蛾（*Adoxophyes orana* Fischer von Röslerstamm）属鳞翅目卷蛾科，又名棉褐带卷蛾、茶小卷蛾、苹果小卷叶蛾、黄小卷叶蛾、溜皮虫。苹小卷叶蛾分布较广，在辽宁、河北、山东、河南、陕西和山西等地均普遍发生。目前，苹小卷叶蛾已上升为许多果区的主要害虫，不仅发生面积大，而且个别果园受害严重。苹小卷叶蛾不仅取食叶片，还啃食果皮。幼虫吐丝缀连叶片，潜居缀叶中食害，新叶受害严重。果实稍大时常吐丝将叶片缀连贴在果实上，幼虫啃食果皮及果肉，形成残次果。

形态特征

成虫：体长6～8mm，翅展13～23mm，体淡棕色或黄褐色。前翅长方形，有两条深褐色斜纹，形似"h"状，外侧比内侧的细。雄成虫前翅有前缘褶，前翅肩区向上折叠。

卵：扁平，椭圆形，淡黄色，数十粒至上百粒排成鱼鳞状。

幼虫：老龄幼虫体长13～15mm。头黄褐色或黑褐色，在侧单眼区上方偏后具一黑斑。前胸背板淡黄色，体翠绿色或黄绿色。头明显窄于前胸，整个虫体两头尖。第一对胸足黑褐色，腹末有臀栉6～8根。雄性幼虫在胴部第七、八节背面具1对黄色肾形的性腺。

蛹：体长9～11mm，黄褐色，腹部第二至七节背面各有两排小刺。

生活史和发生规律

苹小卷叶蛾在河北1年发生3代，以二龄或三龄幼虫在树体上的老翘皮、剪锯口、芽鳞或贴在树干的枯叶下做一薄茧越冬。翌年春季于苹果的花芽膨大期（候平均温度达7℃以上时）开始出蛰，苹果盛花期（候平均温度在12～13℃时）为越冬幼虫出蛰盛期，此时小幼虫常为害幼芽、花蕾及嫩叶，稍后卷叶为害。幼虫为害时有转叶现象，许多虫苞内无虫。5月下旬，幼虫老熟后在最后的卷叶中化蛹，化蛹叶常为单叶，呈饺子形。在麦收前（6月上中旬）越冬代成虫羽化。羽化后的成虫主要在夜晚活动，但白天也可活动。成虫产卵于叶片背面，个别也可产在果面上。卵期9～10d，于麦收后孵化。成虫产卵常与湿度密切相关，一般需要70%以上的相对湿度，在空气湿度低于50%时常出现遗腹卵。幼虫孵化后马上吐丝扩散，该代幼虫既可卷叶为害，又可啃食果皮。幼虫取食18～26d后化蛹，蛹期7～8d，7月下旬至8月上旬发生第一代成虫。第二代成虫于8月下旬至9月上旬发生。第三代幼虫于9月上旬以后发生，取食一段时间后越冬。

成虫白天很少活动，常静伏在树冠内膛遮阴处的叶片上，或于叶背上夜间活动。成虫有较强的趋化性和微弱的趋光性，对糖醋液或果醋趋性甚烈，有取食糖蜜的习性。卵产于叶面，或果面较光滑处。幼虫很活泼，触其尾部即迅速爬行，触其头部会迅速倒退。有吐丝下垂的习性，也有转移为害的习性。老熟幼虫在卷叶内化蛹，成虫羽化时，移动身体，头、胸部露在卷叶外，羽化后在卷叶内留下蛹皮。雨水较多的年份发生最严重，干旱年份发生量少。

预测预报方法

利用苹小卷叶蛾性诱剂监测成虫发生动态，确定防治适期。做法是将苹小卷叶蛾性诱剂诱芯用细铁丝挂在三角形黏着式诱捕器或水盆式诱捕器上，挂于树上，高度1.5m左右。间隔50m悬挂3个，诱芯1个月更新1次。三角形黏着式诱捕器上的粘虫板粘虫太多时要及时更换，5～7d检查1次。水盆式诱捕器内装清水，加少量洗衣粉，液面距诱芯1cm左右，每隔1d定时查诱到蛾的数量并做好记录，捞出死蛾。遇雨及时倒出多余水分，干燥时补足液面，及时更换清水，出现发蛾高峰后开始喷药防治。

防治技术

（1）人工摘除虫苞。结合疏花疏果等农事活动，及时摘除卷叶虫苞，集中销毁，消灭苞内幼虫。

（2）果实套袋。该虫能咬破膜袋，因此，套双层纸袋才能保护果实免遭啃食，降低果实被害率。

（3）释放赤眼蜂。用苹小卷叶蛾性诱剂诱捕器监测成虫发生期数量消长，在第一代卵或第二代卵初期释放螟黄赤眼蜂或松毛虫赤眼蜂。自性诱剂诱捕器中出现越冬成虫之日起，第四天开始释放赤眼蜂防治，一般每隔5d放蜂1次，连续释放3～4次，每亩次放蜂量1万～2万头，卵块寄生率可达85%左右，基本可以控制苹小卷叶蛾危害。

（4）化学防治。关键应抓住两个时期：一是越冬幼虫出蛰期（花芽膨大至落花期），这是全年防治的基础与重点，做好越冬幼虫出蛰期防治，可显著降低后期的防治压力及成本，需开花前、后各喷药1次；二是第一代和第二代幼虫孵化期，效果较好的药剂有20%氯虫苯甲酰胺悬浮剂3 000～4 000倍液、20%氟苯虫酰胺水分散粒剂2 500～3 000倍液、20%虫酰肼悬浮剂1 500～2 000倍液、240g/L甲氧虫酰肼悬浮剂3 000～4 000倍液、25%灭幼脲悬浮剂1 500～2 000倍液、50g/L虱螨脲乳油1 500～2 000倍液、14%氯虫·高氯氟微囊悬浮剂3 000～4 000倍液、1.8%阿维菌素乳油2 500～3 000倍液、3%甲氨基阿维菌素苯甲酸盐微乳剂4 000～5 000倍液、60g/L乙基多杀菌素悬浮剂2 000～3 000倍液、5%高效氯氟氰菊酯乳油3 000～4 000倍液、4.5%高效氯氰菊酯乳油或水乳剂1 500～2 000倍液、48%毒死蜱乳油1 500～2 000倍液等。在幼虫卷叶为害前喷药效果最好，发生期不整齐时7～10d后应再喷药1次。

彩图58-1　苹小卷叶蛾成虫

彩图58-2　苹小卷叶蛾卵

彩图58-3　苹小卷叶蛾幼虫

彩图58-4　苹小卷叶蛾幼虫和蛹

彩图58-5　苹小卷叶蛾果实为害状

彩图58-6　苹小卷叶蛾叶片为害状

彩图58-7 树皮下的苹小卷叶蛾越冬幼虫

彩图58-8 枯叶下的苹小卷叶蛾越冬幼虫

彩图58-9 苹小卷叶蛾性诱剂诱捕器

彩图58-10 性诱的苹小卷叶蛾雄蛾

59. 黄斑卷叶蛾

分布与危害

黄斑卷叶蛾 [*Acleris fimbriana* (Thunberg)] 属鳞翅目卷蛾科，又名黄斑长翅卷蛾。黄斑卷叶蛾在我国各地均有发生，主要为害苹果、桃、杏、李、山楂等果树，在苗圃及苹果与桃、李等果树混栽的幼龄果园发生较多。幼虫吐丝连结数叶，或将叶片沿主脉间正面纵折藏于其间取食，药物防治很难见效，常造成大量落叶，影响当年果实质量和来年花芽的形成。

形态特征

成虫：体长 7 ~ 9mm。夏型成虫翅展 15 ~ 20mm，体橘黄色；前翅金黄色，散生有银白色鳞片，翅面上有竖立的鳞片数丛；后翅灰白色，复眼灰色。冬型成虫翅展 17 ~ 22mm，体深褐色，前翅暗褐色或暗灰色，后翅比前翅颜色略淡，复眼黑色。

卵：扁椭圆形，长约0.8mm，淡黄白色，半透明，近孵化时表面有一红圈。

幼虫：老熟幼虫体长22mm，初龄幼虫体为乳白色，头部、前胸背板及胸足均为黑褐色。二至三龄幼虫体呈黄绿色，头、前胸背板及胸足仍为黑褐色。四至五龄幼虫头部、前胸背板及胸足变为淡绿褐色。老熟幼虫化蛹前体呈黄绿色。

蛹：体深褐色，长9～11mm，头顶端有一角状突起，基部两侧各有2个瘤状突起。蛹在卷叶内，羽化后部分蛹壳裸露于卷叶外。

生活史和发生规律

黄斑卷叶蛾1年发生3～4代。以冬型成虫在杂草、落叶上越冬。翌年3月下旬苹果花芽萌动时越冬成虫即出蛰活动，天气晴朗温暖时，成虫活动交尾，于4月上旬在枝条上和芽的两侧产第一代卵。每雌产卵约200粒，卵期19～20d。5月上旬幼虫大量出现，初孵幼虫多为害嫩芽，二、三龄后取食嫩叶。二至三代卵多产于叶片上，以老叶背面为多。第一代成虫发生期为6月上旬，第二代为7月下旬至8月上旬，第三代为8月下旬至9月上旬，第四代在10月发生，为越冬成虫。在自然情况下，以第一代各虫期发生比较整齐，是防治的有利时机，以后各代互相重叠，给防治造成一定困难。成虫分冬型与夏型，两型颜色不同。成虫白天活动，晴暖天气很活跃。活动的适宜温度为20～30℃，气温过高或过低，成虫均不活动。春秋两季成虫多在10～18时活动，夏季多在4～12时及19～24时活动。成虫趋光性弱，抗寒能力强。羽化大多在白天，羽化后当日即可交尾。交尾后当日或翌日即可产卵。卵散产，越冬代成虫的卵主要产在枝条上，少数产在芽的两侧和基部。其他各代卵主要产在叶片上，以叶背为主，极少数产在枝条和叶柄上。成虫产卵有选择性，一般都产在老叶上，很少产在新叶上。越近基部的老叶着卵越多。第一代卵孵化后，幼龄幼虫先为害花芽，果树展叶后即为害枝梢嫩叶，吐丝卷叶，取食叶肉及叶片，有果时啃食果实。幼虫行动较迟缓，有转叶为害习性，每蜕一次皮则转移一次。

防治技术

（1）农业防治。苹果萌芽前彻底清除果园内的杂草、落叶，集中销毁，消灭越冬成虫。

（2）人工摘除。果树生长季节，结合其他农事活动，及时剪除卷叶虫苞并销毁，苗圃和幼树上的尤为重要。

（3）化学防治。黄斑卷叶蛾的防治关键是第一、二代幼虫孵化盛期，即4月中下旬（花序分离期至开花前）和6月中旬，每代喷药1次即可。有效药剂同苹小卷叶蛾。

彩图59-1　黄斑卷叶蛾成虫　　　　彩图59-2　黄斑卷叶蛾成虫和蛹　　　　彩图59-3　黄斑卷叶蛾低龄幼虫

彩图59-4 黄斑卷叶蛾幼虫　　　　彩图59-5 黄斑卷叶蛾幼虫及为害状　　　　彩图59-6 黄斑卷叶蛾为害状

60.顶梢卷叶蛾

分布与危害

顶梢卷叶蛾（*Spilonota lechriaspis* Meyrick）属鳞翅目小卷蛾科，又称顶芽卷叶蛾、芽白小卷蛾。顶梢卷叶蛾分布在我国吉林、辽宁、河北、山东、山西、陕西、甘肃等地，主要为害苹果、海棠、梨、桃等果树。顶梢卷叶蛾幼虫专害嫩梢，吐丝将数片嫩叶缠缀成虫苞，并啃下叶背茸毛做成筒巢，潜藏入内，仅在取食时身体露出巢外。顶梢卷叶团干枯后，不脱落，易于识别。

形态特征

成虫：体长6～8mm，全体银灰褐色。前翅前缘有数组褐色短纹；基部1/3处和中部各有一暗褐色弓形横带，后缘近臀角处有一近似三角形褐色斑，此斑在两翅合拢时并成一菱形斑纹；近外缘处从前缘至臀角间有8条黑褐色平行短纹。

卵：扁椭圆形，乳白色至淡黄色，半透明，长径0.7mm，短径0.5mm。卵粒散产。

幼虫：老熟幼虫体长8～10mm，体污白色，头部、前胸背板和胸足均黑色。无臀栉。

蛹：体长5～8mm，黄褐色，尾端有8根细长的钩状毛。茧黄白色，椭圆形。

生活史和发生规律

顶梢卷叶蛾1年发生2～3代。以二至三龄幼虫在枝梢顶端卷叶团中越冬。早春苹果花芽展开时，越冬幼虫开始出蛰，早出蛰的主要为害顶芽，晚出蛰的向下为害侧芽。幼虫老熟后在卷叶团中做茧化蛹。在1年发生3代的地区，各代成虫发生期为：越冬代在5月中旬至6月末，第一代在6月下旬至7月下旬，第二代在7月下旬至8月末。每雌产卵60余粒。多产在当年生枝条中部的叶片背面多茸毛处。第一代幼虫主要为害春梢，第二、三代幼虫主要为害秋梢，10月上旬以后幼虫越冬。

防治技术

顶梢卷叶蛾防治应以人工防治为主，药剂防治为辅。原因一是顶梢卷叶蛾主要为害幼树，对盛果期苹果树产量和质量均无影响；二是在顶梢卷叶蛾为害时，形成拳头状团，且干枯不落，极易发现，有助于人工防治；三是卷叶紧密，药剂防治难以奏效。具体方法是在芽萌动前彻底剪除虫枝梢集中销毁；生长季节随时摘除虫苞或捏死卷叶蛾幼虫。

彩图60-1　顶梢卷叶蛾成虫

彩图60-2　顶梢卷叶蛾幼虫

彩图60-3　顶梢卷叶蛾虫苞及幼虫

彩图60-4　顶梢卷叶蛾蛹

彩图60-5　顶梢卷叶蛾为害状

彩图60-6　越冬幼虫所在的枯叶虫苞

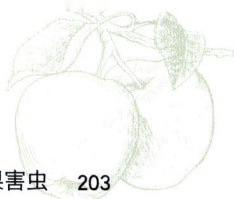

彩图60-7　单个虫苞内有多个顶梢卷叶蛾幼虫
（曹克强摄）

彩图60-8　顶梢卷叶蛾幼虫（左）与苹小卷叶蛾幼虫（右）
（曹克强摄）

61. 黑星麦蛾

分布与危害

黑星麦蛾（*Telphusa chloroderces* Meyrich）属鳞翅目麦蛾科，又称黑星卷叶蛾。黑星麦蛾在国内分布范围较广，在吉林、辽宁、河北、河南、山东、山西、陕西、甘肃、安徽等省份都有发生。寄主果树有苹果、桃、海棠、山定子、李、杏、樱桃等。幼虫在新梢上吐丝结叶片作巢，内有白色细长丝质通道，并夹有粪便，虫苞松散。幼虫在苞内群集为害，有时数头幼虫聚在一起将枝条顶端的几片叶卷曲成团，幼虫在团内取食，啃食叶片上表皮和叶肉，残留下表皮，影响新梢生长。管理粗放的幼龄果园发生较重，严重时全树枝梢叶片受害，只剩叶脉和表皮，全树呈枯黄状，导致二次发芽，影响果树生长发育。

形态特征

成虫：体长5～6mm，翅展16mm，全体灰褐色。胸部背面及前翅黑褐色，有光泽，前翅中央有2个明显的黑色斑点，后翅灰褐色。

卵：椭圆形，长约0.5mm，淡黄色，有珍珠光泽。

幼虫：体长10～15mm，头部、臀板和臀足褐色，前胸盾黑褐色，背线两侧各有3条淡紫红色纵纹，貌似黄白和紫红相间的纵条纹。

蛹：体长约6mm，红褐色，第七腹节后缘有暗黄色的并列刺突。

生活史和发生规律

黑星麦蛾1年发生3～4代，以蛹在杂草、落叶和土块下越冬。翌年4月中下旬羽化为成虫。成虫在叶丛或新梢顶端未展开的嫩叶基部产卵，单产或数粒成堆。第一代幼虫于4月中旬开始发生，幼龄幼虫潜伏在未伸展的嫩叶上为害，幼虫长大后将几片叶卷成虫苞，居内为害，只取食叶肉，不取食下表皮。发生多时，一个虫苞内有10～20头幼虫，将枝端叶片缀连在一起，在缀叶团内群集为害，把叶片为害成纱网状。幼虫较活泼，受触动吐丝下垂。5月下旬开始在虫苞内结茧化蛹，蛹期约10d。6月下旬出现第一代成虫，第二代幼虫于7月上旬出现。7月下旬化蛹，8月中旬开始出现第二代成虫。第三代幼虫约为害至9月中下旬至10月。秋末，老熟幼虫在杂草、落叶等处结茧化蛹越冬。

防治技术

（1）清洁果园。落叶后至萌芽前，彻底清除果园内的枯枝、落叶、杂草，集中销毁，消灭越冬虫蛹。

（2）摘除虫苞。生长期，结合其他农事操作，及时摘除虫苞或枝梢缀叶团，集中消灭其中的幼虫和蛹。

（3）喷药防治。黑星麦蛾多为零星发生，一般果园不需单独喷药防治，可结合其他害虫兼治。个别发生严重果园，抓住第一代幼虫为害初期（多为5月上中旬）喷药1次即可。有效药剂同苹小卷叶蛾。

彩图61-1　黑星麦蛾成虫

彩图61-2　黑星麦蛾幼虫

彩图61-3　黑星麦蛾为害造成的虫苞

彩图61-4　黑星麦蛾为害状

62. 梨星毛虫

分布与危害

梨星毛虫（*Illiberis pruni* Dyar）属鳞翅目斑蛾科，又称梨叶斑蛾，俗称饺子虫。在我国主要分布在河北、山西、河南、辽宁、陕西、甘肃、山东等省份，可为害苹果、梨、海棠、山定子、杏、樱桃、沙果等多种果树。梨星毛虫以幼虫钻蛀嫩芽、花蕾及啃食叶片，春季越冬幼虫出蛰后，钻蛀芽和花蕾成孔洞，钻蛀处有黄褐色黏液溢出，后期被害芽及花蕾变黑枯死；展叶后，幼虫吐丝将叶片包合成饺子形，在内部啃食叶肉，残留叶脉成丝网状，后期被害叶变黄焦枯。

形态特征

成虫：体长约10mm，翅展20～30mm，全身灰黑色，雌蛾触角短羽状，翅面有黑色绒毛，前翅半透明，翅脉清晰，色较深。

卵：扁椭圆形，长约0.75mm，初产时白色，渐变淡黄色，孵化前呈暗褐色，卵成块，数粒至百余粒不等。

幼虫：老龄幼虫乳白色，身体粗短，体长15～18mm，中胸、后胸和腹部第一至八节侧面各有1个圆形黑斑，各节背面有横列毛丛。

蛹：黑褐色，略呈纺锤形，体长12mm。茧白色，有内外两层。

生活史和发生规律

梨星毛虫1年发生1～2代，以二、三龄幼虫结茧在枝干粗皮裂缝内及根颈部附近土壤缝内越冬。春季苹果树花芽膨大时，越冬幼虫开始出蛰，花芽开绽期为出蛰盛期，一直延续到花序分离期。幼虫出蛰后上树为害花芽，有时钻入芽内取食。被害芽常流出黄褐色汁液，逐渐变黑、枯死。花芽开放后，幼虫为害花蕾或幼叶。苹果落花后，幼虫又转移到叶片上为害，叶片稍大时，幼虫吐丝将叶片边缘向中间包缝，把叶片包成饺子状，在其中啃食叶肉。被害叶逐渐枯焦，以致脱落。1头幼虫可为害6～8片叶。幼虫老熟后在苞叶内吐丝结薄茧化蛹，蛹期约10d。成虫飞翔力不强，只在树冠内飞舞，白天多静伏在枝叶上，受振荡易落地，在傍晚或夜间交尾产卵。卵多产于叶背，常几十粒或百余粒排列成不规则块状，有时卵粒重叠。初孵幼虫先在卵块附近啃食叶肉，1～2d后分散为害，当发育到二至三龄时，便寻找隐蔽场所越冬。管理粗放的果园为害较重。

防治技术

（1）消灭越冬虫源。早春刮除枝干粗皮、翘皮，将刮除组织集中销毁，消灭越冬虫源。

（2）人工捕杀。成虫盛发期，于清晨振树，捕杀落地成虫。虫情较轻的果园，人工摘除虫苞，集中销毁。

（3）生长期喷药防治。花芽露绿至花序分离期是药剂防治的关键期，一般发生的果园喷药1次即可。常用有效药剂有1.8%阿维菌素乳油3 000～4 000倍液、1%甲氨基阿维菌素苯甲酸盐水乳剂1 500～2 000倍液、35%氯虫苯甲酰胺水分散粒剂6 000～8 000倍液、25%灭幼脲悬浮剂1 500～2 000倍液、20%氟苯虫酰胺水分散粒剂3 000～4 000倍液、240g/L甲氧虫酰肼悬浮剂2 000～3 000倍液、2.5%高效氯氟氰菊酯乳油1 500～2 000倍液、4.5%高效氯氰菊酯乳油1 500～2 000倍液等。

彩图62-1　正在交尾的梨星毛虫成虫

彩图62-2　正在产卵的梨星毛虫成虫

彩图62-3　梨星毛虫低龄幼虫

彩图62-4　梨星毛虫老熟幼虫

彩图62-5　梨星毛虫虫苞

彩图62-6　梨星毛虫为害状

63. 苹果巢蛾

分布与危害

苹果巢蛾（*Yponomeuta padella* L.）属鳞翅目巢蛾科，又名苹果黑点巢蛾，俗名巢虫、织网虫等。分布于我国黑龙江、吉林、辽宁、河北、山西、宁夏、甘肃、青海、新疆、陕西等苹果产区，一般管理粗放的果园受害重。苹果巢蛾食性比较单一，主要为害苹果、沙果、海棠，也能为害梨、山楂、樱桃等。初龄幼虫钻入嫩叶内食害叶肉，被害嫩叶呈现焦枯状。二龄以后爬至叶外吐丝拉网做巢，幼虫群居巢中取食，残留叶片外表皮和部分叶脉。一个网幕的叶片食尽后，再进一步扩大丝巢，形成很大的网巢。严重时，整个树冠形成丝巢网幕。

形态特征

成虫：体长9～10mm，翅展18～21mm，虫体银白色，前翅上约有25个黑色斑点，大致排成3纵列，后翅为银灰色。

卵：椭圆形，稍扁，长约0.6mm。初产时乳白色，后变淡黄色，近孵化时为暗紫色，常数十粒排列成鱼鳞状卵块，卵块上覆盖着红褐色黏性物质，形成卵鞘。

幼虫：老熟时体长约18mm，体污绿色，有时灰黑色，头、前胸背板、胸足和臀板均为黑色，胴体各节背面两侧各有1个大黑点，排成两纵列。

蛹：体长6～11mm，黄褐色，末端有4～5根臀棘，外被白色薄茧。

生活史和发生规律

苹果巢蛾属于专性滞育的害虫，全国各地均为1年发生1代，以一龄幼虫在卵壳下越夏、越冬。翌年苹果花序分离时幼龄幼虫出壳为害，出蛰幼虫群集在新梢上吐丝结网，食害芽、花和嫩叶，随着幼虫生长，吐丝越冬，缠绕枝叶成丝巢，将巢内叶片食尽，再进一步扩大丝巢，形成很大的网巢，大龄幼虫还为害果实，幼虫为害期40余d。5月下旬至6月上旬老熟幼虫在巢中叶片上做薄茧化蛹，也可在果实梗洼、枝干分杈处结茧化蛹，蛹期约11d。6月中旬为成虫羽化盛期，成虫昼伏夜出，每头雌虫产卵2～3块，多产在2年生且表皮光滑的枝梢芽腋附近，以树冠上部枝条最多，中部次之，下部最少。幼虫期食料丰富、充足，成虫产卵量就大，反之则少。成虫产卵持续半个月，6月下旬为产卵盛期。卵期13d左右，孵化后的初龄幼虫即在卵壳下越夏、越冬。

防治技术

（1）人工防治。冬春结合修剪，清除枝上卵块；生长季节清除虫巢，集中销毁。

（2）化学防治。发生严重时在苹果花芽露绿至花序分离期进行药剂防治，有效药剂参考苹果小卷蛾。

彩图63-1　苹果巢蛾成虫

彩图63-2　苹果巢蛾低龄幼虫

（陈汉杰提供）

彩图63-3　苹果巢蛾老熟幼虫

（陈汉杰提供）

彩图63-4　苹果巢蛾为害状

（陈汉杰提供）

64. 金纹细蛾

分布与危害

金纹细蛾（*Lithocolletis ringoniella* Mats.）属鳞翅目细蛾科，又名苹果细蛾。分布在我国辽宁、河北、山东、山西、陕西、甘肃、安徽等苹果产区。寄主有苹果、海棠、梨、李等果树。金纹细蛾幼虫从叶背潜食叶肉，形成椭圆形的虫斑，叶表皮皱缩，呈筛网状，叶面拱起。虫斑内有黑色虫粪。虫斑常发生在叶片边缘，严重时布满整个叶片，导致落叶。自20世纪70年代以来，金纹细蛾在我国的危害逐渐加重，20世纪80年代初局部果园严重受害，80年代末至90年代初已成为苹果园的主要害虫之一，1993年大暴发。有报道指出，当田间第四代金纹细蛾叶均虫斑数达到7～8个时，能引起苹果落叶，此时用药防治，虽能控制住其继续为害，但受害树第2年结果量比对照减少77.16%，减产率达60.10%。一般认为，该虫为害严重时苹果树受害率高达100%，叶片受害率可达30%～93%，虫害指数在80～90之间，每叶虫斑可高达20个以上，导致叶片提早脱落，严重影响果品的产量和质量，导致单果重下降，一般产量损失达33.16%。

形态特征

成虫：体长2.5～3mm，翅展6.5～7mm．全身金黄色，其上有银白色细纹，头部银白色，顶端有两丛金黄色鳞毛，复眼黑色。前翅金黄色，自基部至中部中央有1条银白色剑状纹，翅端前缘有4条、后缘有3条银白色纹，呈放射状排列。后翅披针形，缘毛很长。

卵：扁椭圆形，乳白色，半透明，有光泽。

幼虫：老熟幼虫体长约6mm，呈纺锤形，稍扁。幼龄时淡黄绿色，老熟后变黄色。

蛹：体长约4mm，梭形，黄褐色。

生活史和习性

金纹细蛾1年发生4～5代，以蛹在被害的落叶内越冬。翌年3月下旬至4月上旬苹果发芽开绽期为越冬代成虫羽化期。成虫喜欢在早晨或傍晚围绕树干附近飞舞，进行交配、产卵。其产卵部位多集中在发芽早的苹果品种或根蘖苗上。卵多产在幼嫩叶片背面茸毛下，卵单粒散产，卵期7～10d，长则11～13d。幼虫孵化后从卵底直接钻入叶片中，潜食叶肉，致使叶背被害部位仅剩下表皮，叶背面表皮鼓起皱缩，外观呈泡囊状，幼虫潜伏其中，被害部内有黑色粪便。幼虫老熟后，就在虫斑内化蛹。成虫羽化时，蛹壳一半露在表皮之外，极易识别。8月是金纹细蛾全年中为害最严重的时期，当1片叶上有10～12个斑时，会导致落叶。各代成虫发生盛期如下：越冬代4月中下旬，第一代6月上中旬，第二代7

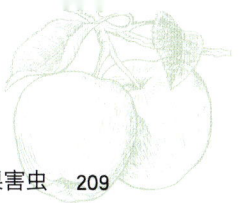

月中旬，第三代8月中旬，第四代9月下旬。

发生规律

我国易感品种富士种植面积的扩大，苹果树的矮化密植栽培，广谱性化学合成类农药的大量使用，以及全球范围内气温上升的综合作用使金纹细蛾的发生为害逐渐加重，是其暴发的重要原因。

（1）有效积温。在室内自然变温条件下，金纹细蛾成虫产卵前期、卵、幼虫、蛹及全世代的发育起点温度分别为7.5℃、5.2℃、10.4℃、11.3℃和7.1℃，有效积温分别为40.6℃、59.7℃、102.2℃、15.4℃和203.1℃。

（2）天敌。在我国记载的金纹细蛾的寄生蜂有8种，其中金纹细蛾跳小蜂（*Ageniaspis testaceipes* Raz）、金纹细蛾姬小蜂（*Sympiesis soriceicornis* Nees）和茶细蛾雕绒茧蜂（*Glyptapanteles theivorae* Shenefelt）为优势种。它们的发生代数和发生期与金纹细蛾几乎同步，寄生蜂的自然寄生率高达20%～93%，对金纹细蛾的种群数量具有一定的控制作用。

（3）苹果品种和树体小气候。有试验表明，在普遍栽培的8个苹果品种中，有4个对金纹细蛾表现出高抗，即短枝金冠、红星、青香蕉和金冠，而新红星、富士和国光表现为高感，秦冠居高感和高抗之间。在空间分布上，内膛明显高于外围，树冠北高于树冠南。

预测预报方法

用金纹细蛾性诱剂诱蛾测报。做法是将金纹细蛾性诱剂诱芯用细铁丝挂在三角形黏着式诱捕器或水盆式诱捕器上，挂于树上，高度为1.3～1.5m。间隔50m悬挂5个，诱芯1个月更新1次。三角形黏着式诱捕器上的粘虫板诱蛾太多时要及时清除或更换，5～7d检查1次。水盆式诱捕器内装清水，加少量洗衣粉，液面距诱芯1cm左右，每隔1d定时检查诱到蛾数量并做好记录，捞出死蛾。遇雨及时倒出多余水分，干燥时补足液面，及时更换清水，蛾高峰期开始喷药防治。

孙瑞红等调查研究认为，金纹细蛾田间第一代的防治指标是每百叶有1～2头幼虫，第二代的防治指标是每百叶有4～5头幼虫。常聚普等笼罩试验结果表明，当平均百叶虫斑数达到43个以上时，仅造成5%的落叶，而百叶虫斑数21.4个尚不致落叶，因此试验品种的经济允许受害密度应在每百叶21.4～43个虫斑，经济阈值暂定为每百叶30个虫斑。

防治技术

（1）休眠期彻底清除园内落叶，春季及时铲除根蘖苗　落叶后至发芽前，彻底清除果园内的苹果落叶，集中深埋或销毁，消灭在落叶中越冬的虫蛹，这是防治金纹细蛾最有效的措施，凡彻底扫净的果园，翌年发生甚轻。因为越冬代金纹细蛾成虫多集中产卵于树下根蘖苗上，在第一代幼虫化蛹前，即苹果发芽后开花前，尽量剪除树下无用根蘖苗，集中处理或销毁，可显著降低园内虫口密度，减轻树上防治压力。

（2）卵期释放螟黄赤眼蜂。用金纹细蛾性诱剂诱捕器监测成虫发生期数量消长，在第一代卵或第二代卵初期释放螟黄赤眼蜂。自性诱剂诱捕器中出现越冬成虫之日起，第4天开始释放赤眼蜂，一般每隔5d放蜂1次，连续放3～4次，每亩放蜂量1万～2万头，卵块寄生率可达85%左右，基本可以控制为害。

（3）化学防治。往年发生严重的果园，应重点抓住第一代和第二代幼虫发生初期及时喷药，每代喷药1次；然后在第三代和第四代幼虫发生期，每代根据对叶片上被害虫斑的调查结果，依据防治指标确定是否需要喷药，一般当百叶虫斑数达到30个时进行喷药防治。具体喷药时间利用金纹细蛾性诱剂诱捕器进行测报，在成虫盛发高峰时进行喷药。效果较好的药剂有25%灭幼脲悬浮剂1 500～2 000倍液、25%除虫脲悬浮剂1 500～2 000倍液、240g/L甲氧虫酰肼悬浮剂2 000～2 500倍液、35%氯虫苯甲酰胺水分散粒剂8 000～10 000倍液、240g/L虫螨腈悬浮剂4 000～5 000倍液、1.8%阿维菌素乳油2 500～3 000倍液、25g/L高效氯氟氰菊酯乳油1 500～2 000倍液。

彩图64-1　金纹细蛾成虫

（右图为曹克强摄）

彩图64-2　金纹细蛾卵

彩图64-3　金纹细蛾幼虫

彩图64-4　金纹细蛾不同时期的蛹

彩图64-5　金纹细蛾为害状（叶片正面）

彩图64-6　金纹细蛾为害状（叶片背面）

彩图64-7　金纹细蛾性诱剂诱捕器

彩图64-8　性诱的金纹细蛾雄蛾

65. 旋纹潜叶蛾

分布与危害

旋纹潜叶蛾（*Leucoptera scitella* Zeller）属鳞翅目潜叶蛾科，通常简称为旋纹潜蛾。在国内分布于东北、华北、华东、西北等地，国外分布于欧洲、美洲等地。寄主有苹果、梨、沙果、海棠、山楂等多种果树。以幼虫在叶内作螺旋状潜食叶肉，残留表皮，粪便排于潜道中，被害处由叶正面看多呈圆形旋纹状褐色虫斑，严重时一片叶上有虫斑数十处，常引起早期落叶，非越冬幼虫老熟后主要于叶上吐丝做Z形丝幕，两端系于叶面上，于其中化蛹。

形态特征

成虫：体长约2.3mm，翅展约6mm。体、前翅及足银白色，头顶具一丛竖立的银白色毛，触角银白带有褐色，几乎与身体等长，无下唇须。前翅近端部2/5大部橘黄色，其前缘及翅端共有7条褐色纹，顶端第三至四条呈放射状，第一至二条之间为银白色，第三至四条和第四至五条间为白色或橘黄色，在第二和第三条短褐纹下具一银白色小斑点，翅端下方有2个大而深的紫色斑。前翅前半部具长的浅灰黄或灰白色绒毛，后翅披针形，浅褐色，具很长的白色缘毛。

卵：扁椭圆形，长径0.27mm，短径0.22mm，上有网状脊纹。初产卵乳白色，渐变成青白色，有光泽。

幼虫：老龄时体长5mm左右，体扁纺锤形，污白色。头部黄褐色，前胸盾棕褐色，中央被黄白部分纵向隔开。胴部节间稍缢缩，后胸及第一、二腹节侧面各有一管状突起，上生1根刚毛。

蛹：体长4～5mm，体稍扁纺锤形，为黄褐色。茧白色，梭形，上覆Z形丝幕。

生活史和发生规律

旋纹潜叶蛾在河北1年发生3～4代，在河南、山东1年发生4～5代，以蛹在枝干缝隙处和落叶、土块等处茧中越冬。翌年4月底至5月上旬苹果展叶期越冬代羽化为成虫。成虫白天活动，喜在中午气温高时飞舞，夜间静伏枝、叶上不动。成虫寿命3～12d，卵散产在较老叶片的背面。初孵幼虫从卵下方直接蛀入叶内，潜叶为害，形成虫斑。幼虫发生量大的果园，叶上虫斑累累，1片叶上多达十几个。老熟幼虫爬出虫斑，吐丝下垂飘移，在叶背面做茧化蛹，羽化出成虫繁殖后代。最后1代老熟幼虫大多在枝干粗皮裂缝中和落叶内做茧化蛹越冬。各代成虫期为第一代6月中下旬，第二代7月中下旬，第三代9月上旬。6～8月为幼虫为害盛期。

防治技术

（1）清洁果园。冬前或早春结合修剪，刮树皮，清理果园，集中处理园中残枝落叶及修剪下的枝条，与刮下的树皮集中销毁，可消灭部分越冬蛹。

（2）化学防治。旋纹潜叶蛾多为零星发生，结合金纹细蛾喷药兼治即可。个别发生严重的果园，需在成虫盛发期及时进行喷药。有效药剂同金纹细蛾。

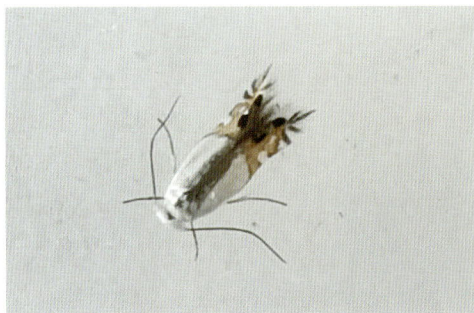

彩图65-1　旋纹潜叶蛾成虫

彩图65-2　旋纹潜叶蛾幼虫

彩图65-3 旋纹潜叶蛾茧

彩图65-4 旋纹潜叶蛾虫斑

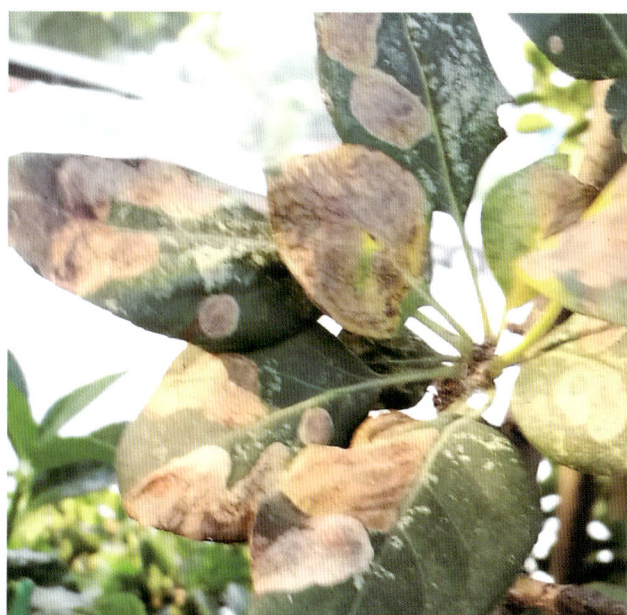

彩图65-5 旋纹潜叶蛾为害状

66. 黄刺蛾

分布与危害

黄刺蛾（*Cnidocampa flavescens* Walker）属鳞翅目刺蛾科，俗称洋辣子、扫角、八角虫。在我国除宁夏、新疆、贵州、西藏尚无记录外，其他各省份普遍发生。黄刺蛾幼虫食性杂、寄主范围广，可为害苹果、梨、杏、桃、李、枣、核桃、柿、山楂、板栗等多种果树和林木。初孵幼虫啃食叶肉，将叶片食成筛网状；大龄幼虫可将叶片食成缺刻，严重时只剩叶柄和主脉。幼虫身体上的枝刺含有毒物质，触及人体皮肤时，会发生红肿，疼痛难忍。

形态特征

成虫：体长15mm左右，翅展30～34mm，身体黄至黄褐色。头和胸部黄色，腹背黄褐色；前翅内半部黄色，外半部黄褐色，有两条暗褐色斜线，在翅尖处汇合，呈倒V形，内部1条成为黄色和黄褐色的分界线。

卵：椭圆形，长约1.5mm，扁平，暗黄色，常数十粒排在一起，卵块不规则。

幼虫：老龄幼虫体长25mm左右，身体肥大，黄绿色，体背上有哑铃形紫褐色大斑，每体节上有4个枝刺，以胸部上的6个和臀节上的两个较大。

蛹：长约13mm，长椭圆形，黄褐色。茧椭圆形，似雀蛋，光亮坚硬，白色，表面布有褐色粗条纹。

生活史和发生规律

黄刺蛾在北方地区1年发生1～2代，均以老熟幼虫在枝条上结石灰质茧越冬。翌年5月中旬开始化蛹，5月下旬始见成虫。成虫昼伏夜出，有趋光性，在叶背面产卵，散产或数粒产在一起，每雌产卵49～67粒。6～7月为幼虫为害盛期。初孵幼虫啃食叶片下表皮和叶肉，稍大后将叶片吃成不规则的缺刻或孔洞，大龄幼虫可将整片叶吃光，仅留叶脉和叶柄。第二代幼虫出现在8～10月。从9月上旬开始，幼虫陆续老熟做茧越冬。黄刺蛾的天敌较多，已有报道的寄生性天敌主要有上海青蜂（*Chrysis shanghalensis* Smith）、刺蛾广肩小蜂（*Eurytoma monemae* Ruschka）、健壮刺蛾寄蝇（*Chaetexorista eutachinoides* Baronoff）、朝鲜紫姬蜂（*Chlorocryptus coreanus* Siepligeli）等，其中上海青蜂发生范围广，寄生率高，能有效控制其为害。

防治技术

（1）人工防治。结合果树冬剪，彻底剪除越冬虫茧，集中销毁。发生为害较重的果园，还应注意剪除周围防护林上的越冬虫茧。生长季节结合农事操作，人工捕杀幼虫。幼龄幼虫多群集取食，被害叶显现白色或半透明斑块等，甚易发现。此时斑块附近常栖息大量幼虫，及时摘除带虫枝、叶，加以处理，效果明显。人工摘除虫叶时需注意个人防护，避免直接接触虫体，以防遭受伤害。

（2）生物防治。主要是保护和利用自然天敌。在冬季或初春，人工采集越冬虫茧，放在用纱网做成的纱笼内，网眼大小以黄刺蛾成虫不能钻出为宜。将纱笼保存在树阴处，待上海青蜂羽化时，将纱笼挂在果树上，使羽化的上海青蜂顺利飞出，寻找寄主。连续释放几年，可基本控制黄刺蛾。卵期释放赤眼蜂也可以控制黄刺蛾的种群数量。

（3）化学防治。在黄刺蛾发生严重的果园，抓住幼虫发生初期及时喷药即可有效控制黄刺蛾的发生为害。效果较好的药剂有25%灭幼脲悬浮剂1 500～2 000倍液、20%虫酰肼悬浮剂1 500～2 000倍液、240g/L甲氧虫酰肼悬浮剂3 000～4 000倍液、50g/L虱螨脲悬浮剂1 500～2 000倍液、20%氟苯虫酰胺水分散粒剂3 000～3 500倍液、35%氯虫苯甲酰胺水分散粒剂8 000～10 000倍液、1.8%阿维菌素乳油2 500～3 000倍液、3%甲氨基阿维菌素苯甲酸盐微乳剂4 000～5 000倍液、4.5%高效氯氰菊酯乳油1 500～2 000倍液、5%高效氯氟氰菊酯乳油3 000～4 000倍液、48%毒死蜱乳油15 00～2 000倍液、52.25%氯氰·毒死蜱乳油2 000～2 500倍液等。

彩图66-1　黄刺蛾成虫

彩图66-2 黄刺蛾茧和成虫

彩图66-3 黄刺蛾低龄幼虫

彩图66-4 黄刺蛾高龄幼虫

彩图66-5 黄刺蛾茧

彩图66-6 黄刺蛾越冬茧

彩图66-7 黄刺蛾茧和内部的蛹
（曹克强摄）

彩图66-8 寄生黄刺蛾茧的上海青蜂

67. 中国绿刺蛾

分布与危害

中国绿刺蛾（*Latoia sinica* Moore）属鳞翅目刺蛾科，又名褐袖刺蛾、小青刺蛾。分布于我国河北、河南、山西、陕西、山东、四川、贵州、湖北、江西等地。寄主较广，主要有苹果、梨、桃、枣、樱桃、李、柑橘、石榴、核桃、柿等多种果树和林木。以幼虫啃食寄主植物的叶片，造成缺刻或孔洞，严重时常将叶片吃光。

形态特征

成虫：体长约12mm，翅展21～28mm；头、胸背面绿色，腹背灰褐色，末端灰黄色；触角雄羽状、雌丝状；前翅绿色，基斑和外缘带暗灰褐色；后翅灰褐色，臀角稍灰黄。

卵：扁椭圆形，长1.5mm，光滑，初淡黄色，后变淡黄绿色。

幼虫：老熟幼虫体长16～20mm；头小，棕褐色，缩在前胸下面；体黄绿色，前胸盾具1对黑点，背线红色，两侧具蓝绿色点线及黄色宽边，侧线灰黄色较宽，具绿色细边；各节生灰黄色肉质刺瘤1对，以中后胸和第八至九腹节的较大，端部黑色，第九、十节上具2对较大黑瘤；气门上线绿色，气门线黄色；各节体侧也有1对黄色刺瘤，端部黄褐色，上生黄黑刺毛；腹面色较浅。

蛹：长13～15mm，短粗；初淡黄色，后变黄褐色。茧扁椭圆形，暗褐色。

生活史和发生规律

中国绿刺蛾在东北1年发生1代，在河北、山西、河南1年发生2代，以老熟幼虫于枝干上做茧越冬。在1年发生1代区，越冬幼虫于5月化蛹，6～7月为成虫发生期，7～8月为幼虫发生为害期，为害至秋末老熟结茧越冬。在1年发生2代区，翌年5月越冬幼虫化蛹，6月羽化为成虫，7～8月为第一代幼虫发生为害期，8～9月出现第一代成虫，10月以第二代幼虫老熟，在枝干上结茧越冬。成虫昼伏夜出，有趋光性，羽化后即可交尾产卵，卵多产于叶背，呈块状，每块有卵数10粒，鱼鳞状排列。初孵幼虫群集于卵壳上不食不动，二龄后先食蜕皮，后食卵壳及叶肉，将叶片食成纱网状，然后分散为害，将叶片吃成缺刻或孔洞。

防治技术

（1）人工防治。成虫羽化前摘除虫茧，消灭其中的幼虫或蛹，及时摘除幼虫群集的叶片。

（2）化学防治。尽量选择在低龄幼虫期防治，此时虫口密度小，为害轻，且虫的抗药性相对较弱。有效药剂同黄刺蛾。

彩图67-1　中国绿刺蛾成虫

彩图67-2　正在交尾的中国绿刺蛾成虫

彩图67-3 中国绿刺蛾低龄幼虫

彩图67-4 中国绿刺蛾高龄幼虫

彩图67-5 中国绿刺蛾茧

彩图67-6 中国绿刺蛾为害状

68. 褐边绿刺蛾

分布与危害

褐边绿刺蛾（*Latoia consocia* Walker）属鳞翅目刺蛾科，又称青刺蛾、绿刺蛾、曲纹绿刺蛾、四点刺蛾，俗称洋辣子、八角虫。在我国许多省份均有发生，寄主范围很广，可为害苹果、梨、桃、李、杏、梅、樱桃、枣、柿、核桃、板栗、山楂等多种果树及桑、杨、柳、榆、悬铃木等多种林木和花卉。幼虫孵化后，初期先群集为害，叶片被啃食成筛网状，仅留表皮；稍大后分散取食，将叶片吃成孔洞或缺刻，有时仅留叶柄，严重影响树势。

形态特征

成虫：体长 15 ~ 16mm，翅展约 36mm；触角棕色，雄蛾栉齿状，雌蛾丝状；头和胸部绿色，胸部中央有1条暗褐色背线；前翅大部分绿色，基部暗褐色，外缘部分灰黄色，其上散布暗紫色鳞片；腹部和后翅灰黄色。

卵：扁椭圆形，长 1.5mm，初产时乳白色，渐变为淡黄绿色，数粒排列成块状。

幼虫：老龄幼虫体长约 25mm，体短而粗，初孵化时黄色，长大后变为黄绿色；头黄色，其小，常缩在前胸内，前胸盾上有2个黑斑；胴部第二至末节每节有4个毛瘤，上生黄色刚毛簇，第四节背面的1对毛瘤上各有 3 ~ 6 根红色刺毛，腹部末端的4个毛瘤上生蓝黑色刚毛丛，呈球状；背线绿色，两侧有深蓝色点。

蛹：椭圆形，长约 15mm，肥大，黄褐色。茧椭圆形，长约 16mm，棕色或暗褐色，似羊粪状。

生活史和发生规律

褐边绿刺蛾1年发生 1 ~ 2 代，均以老熟幼虫在树干基部根颈周围 2 ~ 5cm 深的土层中结茧越冬。第二年春末夏初，越冬幼虫化蛹并羽化出成虫。成虫昼伏夜出，有趋光性，在叶背近主脉处产卵，卵粒排成鱼鳞状卵块，每雌产卵 150 粒左右。初孵幼虫先吃掉卵壳，然后啃食叶片下表皮和叶肉，残留上表皮，使叶片呈筛网状。三龄以前幼虫有群集性，四龄后逐渐分散为害，六龄后食量增大，常将叶片吃光，仅剩主脉和叶柄。幼虫8月为害最重，8月下旬至9月下旬幼虫陆续老熟入土结茧越冬。

防治技术

（1）人工防治。上年为害较重果园，早春翻耕树盘，促进越冬幼虫死亡，或翻到地表被鸟类啄食。夏季结合果树管理，在幼虫群集为害期及时进行人工捕杀，捕杀方法同黄刺蛾。

（2）化学防治。关键是在幼虫孵化初期到分散为害前及时喷药，一般果园每代喷药1次即可。有效药剂同黄刺蛾。

彩图 68-1　褐边绿刺蛾成虫

彩图 68-2　褐边绿刺蛾低龄幼虫

彩图 68-3　褐边绿刺蛾高龄幼虫

彩图 68-4　褐边绿刺蛾老熟幼虫

69. 扁刺蛾

分布与危害

扁刺蛾［*Thosea sinensis*（Walker）］属鳞翅目刺蛾科，又称黑点刺蛾，俗称洋辣子、扫角。在我国许多省份均有发生，可为害苹果、枣、梨、海棠、桃、梧桐、枫杨、白杨、泡桐等多种果树和林木。以幼虫蚕食植株叶片，低龄期啃食叶肉，稍大后将叶片食成缺刻或孔洞，严重时将叶片吃光，导致树势衰弱。

形态特征

成虫：雌蛾体长13～18mm，翅展28～35mm，雄蛾体长10～15mm，翅展26～31mm，全体暗灰褐色，腹面及足色泽更深；前翅灰褐色，中室前方有一明显的暗褐色斜纹，自前缘近顶角处向后缘斜伸，雄蛾中室上角有一黑点（雌蛾不明显）；后翅暗灰褐色。

卵：扁平，光滑，椭圆形，长1.1mm，初为淡黄绿色，孵化前呈灰褐色。

幼虫：老熟幼虫体长21～26mm，宽16mm，体扁椭圆形，背部稍隆起，形似龟背，全体绿色或黄绿色，背线白色、边缘蓝色，身体两侧边缘各有10个瘤状突起，生有刺毛，每体节背面有两小丛刺毛，第四节背面两侧各有一红点。

蛹：长10～15mm，前端钝圆，后端略尖削，近似椭圆形，黄褐色。茧椭圆形，暗褐色，形似鸟蛋。

生活史和发生规律

扁刺蛾在北方地区1年发生1代，长江下游地区1年发生2代，均以老熟幼虫在树下3～6cm深的土层内结茧越冬。1代发生区5月中旬开始化蛹，6月上旬成虫开始羽化、产卵，发生期很不整齐。成虫羽化后即可交尾、产卵，卵多散产在叶面。初孵幼虫先取食卵壳，再啃食叶肉，残留表皮，高龄幼虫直接蚕食叶片。6月中旬至8月上旬均可见初孵幼虫，8月为害最重。8月下旬开始幼虫陆续老熟，入土结茧越冬。

防治技术

参照褐边绿刺蛾。

彩图69-1　正在交尾的扁刺蛾成虫

（董琳杰摄）

彩图69-2　扁刺蛾幼虫

（右图为陈汉杰提供）

70. 苹掌舟蛾

分布与危害

苹掌舟蛾（*Phalera flavescens* Bremer et Grey）属鳞翅目舟蛾科，又名苹果天社蛾、苹果舟蛾，俗称舟形毛虫。在我国分布比较广泛，在北京、黑龙江、吉林、辽宁、河北、河南、山东、山西、陕西、四川、广东、云南、湖南、湖北、安徽、江苏、浙江、福建等地都有发生。主要寄主有苹果、梨、桃、海棠、杏、樱桃、山楂、枇杷、核桃、板栗等果树。苹掌舟蛾是苹果生长后期的食叶性害虫，发生严重时，整株树的叶片会被吃光，导致树体二次发芽，严重影响树势。

形态特征

成虫：体长22～25mm，翅展49～52mm，体淡黄白色。前翅银白色，近基部有银灰白色和紫褐色各半的椭圆形斑纹，外缘有6个椭圆形斑，横列成带状，各斑内端灰黑色，外端茶褐色，中间由黄色弧线隔开；翅中部有淡黄色波浪状线4条；顶角上具两个不明显的小黑点。后翅浅黄白色，近外缘处生一褐色横带，有些雌虫消失或不明显。

卵：圆球形，直径约1mm，初产淡绿色，孵化前为灰褐色，数十粒至百余粒密集成排于叶背上。

幼虫：共5个龄期，各龄幼虫头部黑褐色，有光泽，全身生有黄白色长软毛。初孵幼虫体黄褐色，二龄幼虫体淡红褐色，三龄幼虫体红褐色，四龄幼虫体暗红褐色，老熟幼虫体长55mm左右，被灰黄长毛。头、前胸盾、臀板均黑色。胴部紫黑色，背线和气门线及胸足黑色，亚背线与气门上、下线紫红色。体侧气门线上、下生有多个淡黄色的长毛簇。

蛹：体长20～23mm，暗红褐色至黑紫色。中胸背板后缘具9个缺刻，腹部末节背板光滑，前缘具7个缺刻，腹末有臀棘6根，中间2根较大，外侧2根常消失。

生活史和发生规律

苹掌舟蛾1年发生1代，以蛹在树下根部附近约7cm深的土层中越冬。翌年6月中下旬成虫开始羽化，7月中下旬为羽化高峰期，一直可延续至8月上旬。成虫白天隐藏在树冠内或杂草丛中，夜间活动。趋光性强。羽化后数小时至数日后交尾，交尾后1～3d产卵。卵产在叶背面，常数十粒或百余粒集成卵块，排列整齐。卵期6～13d。初孵幼虫多群集叶背，头向叶缘排列成行，由叶缘向内蚕食叶肉，仅剩叶脉和下表皮。低龄幼虫如受惊扰或振动便成群吐丝下垂。三龄后的幼虫便开始逐渐分散为害，受惊后假死落地。幼虫白天多静伏栖息于枝条或叶柄上，同时头尾上翘状似泊港小舟，故名"舟形毛虫"。成虫昼伏夜出，有很强的趋光性，产卵于中下部枝条的叶片背面，卵单层排列，密集成块，卵期约7d。幼虫的食量随龄期的增大而增加，四龄以后，食量剧增。8月至9月中旬为幼虫为害期，幼虫期平均为31d左右，8月中下旬为发生为害盛期，9月上中旬老熟幼虫沿树干爬下树，入土化蛹。

防治技术

（1）人工防治。果园中加强巡回检查，利用低龄幼虫群集叶片取食为害习性，发现后人工摘除虫叶，就地踏死，随时将其消灭在分散暴食期之前。幼虫扩散后，利用其受惊吐丝下垂的习性，振动有虫树枝，收集消灭落地幼虫。

（2）生物防治。在苹掌舟蛾卵期，即7月中下旬释放松毛虫赤眼蜂，卵寄生率可达95%以上。此外，也可在低龄幼虫期喷施Bt可湿性粉剂。

（3）化学防治。苹掌舟蛾大发生的果园，在幼虫分散为害之前喷施25%灭幼脲悬浮剂1 500～2 000倍液、20%虫酰肼悬浮剂1 500～2 000倍液、240g/L甲氧虫酰肼悬浮剂3 000～4 000倍液、25%除虫脲可湿性粉剂1 500～2 000倍液、50g/L虱螨脲悬浮剂1 500～2 000倍液、35%氯虫苯甲酰胺水分散粒剂8 000～10 000倍液、10%氟苯虫酰胺悬浮剂1 500～2 000倍液、10%烟碱乳油1 000～1 500倍液、1.8%

阿维菌素乳油2 500 ～ 3 000倍液、5%甲氨基阿维菌素苯甲酸盐微乳剂6 000 ～ 8 000倍液等。如果局部发生，只针对有虫树喷药。

彩图70-1　苹掌舟蛾成虫

彩图70-2　正在交尾的苹掌舟蛾
（董琳杰摄）

彩图70-3　苹掌舟蛾卵

彩图70-4　苹掌舟蛾低龄幼虫

彩图70-5　苹掌舟蛾高龄幼虫（幼虫遇触动拉网下坠）
（右图为曹克强摄）

彩图70-6　苹掌舟蛾老熟幼虫

彩图70-7　苹掌舟蛾蛹

彩图70-8　苹掌舟蛾为害状

71.苹梢鹰夜蛾

分布与危害

苹梢鹰夜蛾（*Hypocala subsatura* Guenée）属鳞翅目夜蛾科，又名苹果梢夜蛾。分布在我国河北、山西、山东、河南、辽宁、江苏、广西、广东、陕西、云南、贵州、台湾等地。除为害苹果外，还为害梨、李、栎等，苹果新梢受害最重。以幼虫取食叶片和新梢，少数蛀食幼果。苹梢鹰夜蛾幼虫为害苹果新梢时，常将叶片向上纵卷，被害梢顶端的几片叶仅剩叶脉和絮状叶片残余物，大龄幼虫将叶片咬成缺刻或孔洞。苹果幼苗和幼树受害较重，一般山区管理粗放的苹果园发生尤为严重。

形态特征

成虫：体长18～20mm，翅展34～38mm，个体间体色和花纹变化较大，一般体色为紫褐色，前翅前半从基部到顶角纵贯有深褐色镰刀形宽带（有的个体无此宽带），外缘线及亚端线棕色，后翅臀角有2个黄色团斑，中室处有1个黄色回形纹。

卵：半球形，淡黄色，从顶端向下有放射状纵脊。

幼虫：老熟幼虫体长30～35mm，体较粗壮，光滑，毛稀而柔软。体色变异很大，一般头部黄褐色，体淡绿色，两侧各有1条淡黑色纹，有的个体头部黑色，体褐色，两侧的纵线明显。

蛹：长14～17mm，红褐色至深褐色。

生活史和发生规律

苹梢鹰夜蛾在北方苹果园内1年发生1代，成虫有迁飞习性，虫源由南方迁飞而来，越冬习性还有待深入研究。在山西省交城县越冬代成虫于6月初开始迁入苹果园产卵繁殖，6月中旬开始出现幼虫，6月下旬为发生盛期，直到7月上旬。老熟幼虫7月中旬开始下树，在入土2cm左右处或地面覆叶下化蛹。7月下旬达化蛹高峰，蛹期10～11d。7月下旬第一代成虫开始羽化，8月上旬羽化完毕，羽化后成虫离开果园迁往他处。成虫昼伏夜出，趋光性强。幼虫非常活泼，稍受惊动即滑溜落地，食料不足时，幼虫可转移为害。此虫在苹果园内属间歇性大发生害虫。陕西关中地区曾于1965年和1977年严重发生，其他年份也有发生，但数量不多。而近年来该虫有日趋严重的趋向。该虫发生与否与6月的降水量关系密切。6月的总降水量超过60mm，发生量大；6月的总降水量少于50mm，发生极轻或不发生。

防治技术

（1）加强果园管理。结合果园农事活动，发芽前翻耕树盘，促进越冬幼虫死亡；及时剪除被害虫梢，集中销毁。利用成虫趋光性，在果园内设置黑光灯或频振式诱虫灯，诱杀成虫，并进行预测预报。

（2）化学防治。苹梢鹰夜蛾多为零星发生，许多果园不需单独喷药防治。个别发生较重果园，在幼虫发生初期及时进行喷药。效果较好的药剂有1.8%阿维菌素乳油2 500～3 000倍液、2%甲氨基阿维菌素苯甲酸盐微乳剂3 000～4 000倍液、48%毒死蜱乳油1 500～2 000倍液、4.5%高效氯氰菊酯乳油1 500～2 000倍液、2.5%高效氯氟氰菊酯水乳剂1 500～2 000倍液、25%灭幼脲悬浮剂1 500～2 000倍液、20%氰戊菊酯乳油1 500～2 000倍液等。

彩图71-1　苹梢鹰夜蛾成虫

彩图71-2　苹梢鹰夜蛾幼虫

彩图71-3　苹梢鹰夜蛾蛹

彩图71-4　苹梢鹰夜蛾为害状

72. 美国白蛾

分布与危害

美国白蛾 [*Hyphantria cunea*（Drury）] 属鳞翅目灯蛾科，又叫美国灯蛾、秋幕毛虫、秋幕蛾、网幕毛虫。原产于北美洲，广泛分布于美国北部、加拿大南部和墨西哥，是重要的国内外检疫对象。20世纪40年代末，通过人类活动和运载工具传播到了欧洲和亚洲，现分布于匈牙利、斯洛文尼亚、克罗地亚、塞尔维亚、黑山、捷克、斯洛伐克、罗马尼亚、奥地利、俄罗斯、波兰、保加利亚、法国、意大利、土耳其、日本、朝鲜等地。1979年传入我国辽宁省丹东地区。目前在国内分布于吉林、辽宁、河北、北京、天津、山东、陕西、安徽、上海等省份，在辽宁、河北、北京、天津和山东等地普遍发生，在林区造成严重损失。

美国白蛾寄主范围较广，国外报道寄主植物达300种以上，国内初步调查也有100余种。在果树中主要有苹果、梨、杏、李、桃、樱桃、山楂、板栗、核桃、葡萄、海棠、草莓、无花果等，林木主要有法国梧桐、榆、柳、糖槭、桑、白蜡、杨等，农作物及蔬菜主要有玉米、大豆、谷子、茄子、白菜、南瓜、灰菜等。

形态特征

成虫：体长12～17mm，翅展30～40mm，体白色。头、胸部白色，胸部常具黑纹。腹部背面白色或黄色，背面和侧面各有1列黑点。足基节和腿节橘黄色，胫节和跗节白色，具黑带。后足胫节有端距2个。雄虫触角双栉齿状，黑色，前翅上有或多或少的黑色斑点。雌虫触角锯齿状，前翅翅面无斑点。

卵：圆球形，直径约0.5mm，初产卵浅黄绿色或浅绿色，孵化前变灰褐色；卵聚产，数百粒连片单层平铺排列于叶背，表面覆盖有白色鳞毛。

幼虫：老熟幼虫体长28～35mm，体色变化较大，有红头型和黑头型之分，我国仅有黑头型。头黑色，具光泽，胸、腹部为黄绿色至灰黑色，背部两侧线之间有1条灰褐色至灰黑色宽纵带，背中线、气门上线、气门下线为黄色。背部毛瘤黑色，体侧毛瘤为橙黄色，毛瘤上生有白色长毛。

蛹：体长8～15mm，暗红褐色，雄蛹瘦小，雌蛹较肥大，臀刺8～17根，蛹外被有黄褐色丝质薄茧，茧丝上混杂有幼虫体毛。

生活史和发生规律

美国白蛾在我国1年发生2～3代，以蛹在枯枝落叶、树皮缝、树洞、表土层、建筑物缝隙及角落等处越冬。翌年春末夏初，当连续5d日均气温达到12℃，相对湿度超过68%时，成虫开始羽化。成虫昼伏夜出，有趋光性。成虫产卵于叶片背面，块产，每个卵块有卵300～500粒，每头雌虫最高产卵量可达2 000粒，卵块表面覆盖有雌成虫腹部脱落的体毛。幼虫孵化后不久即吐丝结网，群集网内取食叶肉，残留表皮。网幕随幼虫龄期增长而扩大，可达1.5m以上。幼虫在1个网幕内将叶片食尽后，成群转移到另一处重新结网。四龄后的幼虫分散为害，不再结网，常将叶片吃光，仅剩叶脉。因高龄幼虫食量很大，2～3d就可将整株叶片吃光。幼虫老熟后下树寻找适宜场所结薄茧化蛹。第一代幼虫5月上旬开始为害，一直延续至6月下旬。7月上旬当年第一代成虫出现，第二代幼虫7月中旬开始发生，8月中旬达为害盛期，经常导致整株树叶被吃光的现象。8月中旬第二代成虫开始羽化，第三代幼虫从9月上旬开始为害，直至11月中旬。从10月中旬开始，第三代幼虫陆续下树寻找隐蔽场所结茧化蛹越冬。

无论1年发生2代还是3代，越冬代成虫数量一般不大，因此，第一代幼虫发生量相对较少，不易引起重视。从第一代成虫发生期开始，由于天气条件适合该虫发生，造成第二代幼虫数量明显增加，经常将树叶吃光。在1年发生3代的地区，由于对第二代幼虫采取了防治措施，加上自然天敌的控制作用，第三代幼虫发生数量又有减少。

在自然界，美国白蛾有多种天敌，寄生性天敌中以寄生蜂为主，主要种类有白蛾周氏啮小蜂（*Chouioia cunea* Yang）、白蛾黑棒啮小蜂（*Tetrastichus septentrionalis* Yang）、白蛾黑基啮小蜂（*Tetrastichus nigricoxae* Yang）、山东白蛾啮小蜂（*Tetrastichus shandongensis* Yang）、白蛾聚集盘绒茧蜂（*Cotesia gregalis* Yang et Wei）、白蛾孤独长绒茧蜂（*Dolichogenidea ingularis* Yang et You）、白蛾圆腹啮小蜂（*Aprostocetus magniventer* Yang）、舞毒蛾黑瘤姬蜂（*Coccygomimus diparis* Viereck）、稻苞虫黑瘤姬蜂 [*Coccygomimus parnasae* （Viereck）]、白蛾派姬小蜂（*Pediobius elasmi* Ashmead）、中广大腿小蜂（*Brachymeria intermermedia* Nees）等。主要寄生蝇有日本追寄蝇（*Exorista japonica* Townsend）、康刺腹寄蝇（*Compsilura concinnata* Meigen）、兰黑栉寄蝇（*Ctenophorocera pavida* Meigen）和条纹追寄蝇（*Exorista fasciata* Falle）等。在捕食性天敌中，卵期的主要天敌有各种草蛉和瓢虫，幼虫期的天敌主要是多种蜘蛛。

这些天敌对美国白蛾的自然控制作用在我国各地有所不同，其中白蛾周氏啮小蜂的寄生率较高，对其应用技术的研究也较多，目前可以进行工厂化生产，用于大范围释放，可有效控制美国白蛾的发生。

防治技术

（1）人工防治。

①捕杀幼虫。在幼虫发生期，低龄幼虫结网为害，很容易被发现。要经常巡回检查果园和果园周围的林木，发现幼虫网幕要及时剪除，并集中处理。

②挖蛹。在虫口密度较大或邻近林木的果园，于越冬代成虫羽化前挖蛹，是防治美国白蛾的有效方法。

③诱集老熟幼虫和蛹。根据老熟幼虫下树化蛹的习性，在树干上用谷草、稻草或草帘等围成下紧上松的草把，可诱集老熟幼虫在此化蛹，待化蛹结束后解下草把集中销毁，可消灭其中藏匿的幼虫或蛹。或在树下堆放砖头瓦块，诱集幼虫集中化蛹，然后集中消灭蛹。

④结合其他农事活动，发现卵块及时摘除，并注意捕杀成虫。

（2）生物防治。目前应用比较成功的生物防治方法是释放人工饲养的白蛾周氏啮小蜂。方法是在美国白蛾幼虫发育到六至七龄时，将已经接种白蛾周氏啮小蜂的柞蚕蛹挂到树上，按每个柞蚕蛹出蜂4 000头，蜂和美国白蛾的比例为5∶1计算悬挂柞蚕蛹的数量。连续释放2～3年，即可控制美国白蛾的危害。

（3）化学防治。美国白蛾发生严重的果园，在幼虫三龄以前及时喷药防治，每代喷药1次即可，同时注意防治果园周围其他植物上的美国白蛾幼虫。效果较好的药剂有25%灭幼脲悬浮剂1 500～2 000倍液、20%虫酰肼悬浮剂1 500～2 000倍液、240g/L甲氧虫酰肼悬浮剂3 000～4 000倍液、25%除虫脲可湿性粉剂1 500～2 000倍液、50g/L虱螨脲悬浮剂1 500～2 000倍液、35%氯虫苯甲酰胺水分散粒剂8 000～10 000倍液、10%氟苯虫酰胺悬浮剂1 500～2 000倍液、10%烟碱乳油1 000～1 500倍液、1.8%阿维菌素乳油2 500～3 000倍液、5%甲氨基阿维菌素苯甲酸盐微乳剂6 000～8 000倍液等。应当指出，菊酯类和有机磷类杀虫剂均为广谱性药剂，防治美国白蛾的同时还可杀灭许多天敌昆虫，所以药剂选择时应进行综合考虑。

美国白蛾是一种杂食性害虫，在果园内喷药的同时，还应注意防治果园周围其他植物上的美国白蛾幼虫。

彩图72-1　美国白蛾雄蛾（上）和雌蛾（下）

彩图72-2　美国白蛾成虫和卵

彩图72-3　美国白蛾卵

彩图72-4　美国白蛾低龄幼虫

彩图72-5　美国白蛾高龄幼虫

彩图72-6　美国白蛾老熟幼虫

彩图72-7　美国白蛾蛹

彩图72-8　美国白蛾网幕

彩图72-9　美国白蛾为害状

73. 绿尾大蚕蛾

分布与危害

绿尾大蚕蛾（*Actias selene ningpoana* Felder）属鳞翅目大蚕蛾科，又称绿尾天蚕蛾、燕尾蛾、水青燕尾蛾、水青蛾等。在我国许多省份均有发生，可取食苹果、梨等多种果树及山茱萸、丹皮、杜仲等药用植物。以幼虫蚕食叶片，低龄幼虫将叶片食成缺刻或孔洞，稍大后可把叶片全部吃光，仅残留叶柄或叶脉。

形态特征

成虫：雌成虫体长约38mm，翅展135mm；雄成虫体长36mm，翅展126mm。体表具浓厚的白色绒毛，前胸前端与前翅前缘有1条紫色带，前、后翅粉绿色，中央有1个透明眼状斑，后翅臀角延伸呈燕尾状。

卵：球形稍扁，直径约2mm，初产时米黄色，孵化前淡黄褐色。

幼虫：多为5龄，一至二龄幼虫体黑色，三龄幼虫全体橘黄色，毛瘤黑色，四龄体渐呈嫩绿色，化蛹前多呈暗绿色；老熟幼虫平均体长73mm。气门上线由红、黄两色组成。体各节背面具黄色瘤突，其中第二、三胸节和第八腹节上的瘤突较大，瘤上着生深褐色刺及白色长毛。尾足特大，臀板暗紫色。

蛹：体长45～50mm，红褐色，额区有1个浅白色三角形斑，体外有灰褐色厚茧，茧外黏附有寄主叶片。

生活史和发生规律

绿尾大蚕蛾1年发生2代，以蛹茧附在树枝或地面覆盖物下越冬。翌年5月中旬羽化、交尾、产卵。卵期10余d。第一代幼虫于5月下旬至6月上旬发生，7月中旬化蛹，蛹期10～15d，7月下旬至8月发生第一代成虫。第二代幼虫8月中旬开始发生，为害至9月中下旬陆续结茧化蛹越冬。成虫昼伏夜出，有趋光性，飞翔力强，喜在叶背或枝干上产卵，常数粒或偶见数十粒产在一起，每雌产卵200～300粒。成虫寿命7～12d。初孵幼虫群集取食，二、三龄后分散为害，幼虫行动迟缓，食量大，每头幼虫可食害100多片叶。第一代幼虫老熟后于枝上贴叶吐丝结茧化蛹。第二代幼虫老熟后下树，附在树干或其他植物上吐丝结茧化蛹越冬。

防治技术

（1）人工防治。在各代产卵期、幼虫期和化蛹期，人工摘除卵叶、幼虫和蛹茧，集中销毁，减少虫口数量。

（2）灯光诱杀。在成虫发生期内，于果园中设置黑光灯或频振式诱虫灯，诱杀成虫，大面积统一诱杀效果明显。

（3）化学防治。绿尾大蚕蛾多为零星发生，一般果园不需单独喷药防治；个别发生严重的果园，在低龄幼虫期适当进行喷药，每代喷药1次即可。有效药剂同美国白蛾。

彩图73-1　绿尾大蚕蛾成虫

彩图73-2　绿尾大蚕蛾卵

彩图73-3　绿尾大蚕蛾三龄幼虫

彩图73-4　绿尾大蚕蛾老熟幼虫

彩图73-5　绿尾大蚕蛾蛹茧

74. 桑褶翅尺蛾

分布与危害

桑褶翅尺蛾（*Zamacra excavate* Dyar）属鳞翅目尺蛾科，又称桑刺尺蛾、桑褶翅尺蠖。在我国河北、北京、河南、陕西、辽宁、宁夏、内蒙古等地均有发生，可为害苹果、海棠、梨、核桃、山楂、桑、红叶李、榆、毛白杨、刺槐等多种果树和林木。以幼虫食害花芽、叶片及幼果。叶片受害，低龄幼虫食成缺刻或孔洞，三至四龄后食量增大，可将叶片全部吃光；幼果受害，被吃成缺刻状，并导致早期脱落。发生较重时，会削弱树势、降低产量。

形态特征

成虫：雌蛾体长 14 ～ 15mm，翅展 40 ～ 50mm，雄蛾体长 12 ～ 14mm，翅展 38mm；体灰褐色，翅面有赤色和白色斑纹，前翅内、外横线外侧各有 1 条不太明显的褐色横线，后翅基部及端部灰褐色，中部有 1 条明显的灰褐色横线，静止时四翅皱叠竖起。

卵：椭圆形，中央凹陷，初产时深灰色，后变为深褐色，带金属光泽。

幼虫：老熟幼虫体长 30 ～ 35mm，黄绿色，腹部第一至八节背部有黄色刺突，第二至四节上的明显较长，第五腹节背部有绿色刺 1 对，腹部第四至八节的亚背线粉绿色，腹部第二至五节两侧各有 1 个淡绿色刺。

蛹：椭圆形，红褐色，长 14 ～ 17mm，末端有 2 个坚硬的刺。茧灰褐色，表皮较粗糙。

生活史和发生规律

桑褶翅尺蛾 1 年发生 1 代，以蛹茧在树干基部土下越冬，翌年 3 月中旬开始陆续羽化。成虫趋光性强，白天潜伏，夜晚活动，有假死习性，受惊后落地，卵产于枝干上。4 月初孵化出幼虫，食害叶片。幼虫停栖时常头部向腹面蜷缩于第五腹节下，以腹足和臀足抱握枝条。5 月中旬幼虫老熟后爬到树干基部寻找化蛹处吐丝作茧化蛹，越夏、越冬。各龄幼虫均有吐丝下垂习性，受惊后或虫口密度大、食量不足时，即吐丝下垂随风飘扬，转移为害。

防治技术

一般果园不需单独喷药防治，与其他害虫综合防治即可。个别发生严重的果园，在低龄幼虫发生为害期需及时喷药 1 次，有效药剂同黄刺蛾。

彩图74-1   桑褶翅尺蛾成虫

彩图74-2   桑褶翅尺蛾幼虫

75. 黄尾毒蛾

分布与危害

黄尾毒蛾（*Porthesia xanthocampa* Dyar）属鳞翅目毒蛾科，又称桑斑褐毒蛾、纹白毒蛾、桑毒蛾、黄尾白毒蛾，俗称金毛虫。在我国广泛分布，可为害苹果、梨、桃、山楂、杏、李、枣、柿、栗、海棠、樱桃、桑、柳等多种果树和林木。以幼虫蚕食叶片，喜食新芽、嫩叶，将叶片咬食成缺刻或孔洞，甚至吃光或仅剩叶脉。管理粗放的果园发生较多。

形态特征

成虫：体长约18mm，翅展约36mm，全体白色，复眼黑色，触角双栉齿状，淡褐色，雄蛾更为发达；前翅后缘近臀角处有两个褐色斑纹；雌蛾腹部末端丛生黄毛，腹面从第三腹节起被有黄毛，足白色。

卵：扁圆形，中央稍凹，灰黄色，长径0.6～0.7mm，常数十粒排成带状卵块，表面覆有雌虫腹末脱落的黄毛。

幼虫：老熟幼虫体长约30mm，头黑褐色，胴部黄色，背线与气门下线呈红色，亚背线、气门上线及气门线均为断续的黑色线纹；各体节生有很多红、黑色毛瘤，上生黑色及黄褐色长毛，第六、七腹节中央有红色翻缩腺。

蛹：体长约13mm，棕褐色，臀棘较长，成束。茧灰白色，长椭圆形，外附有幼虫脱落的体毛。

生活史和发生规律

黄尾毒蛾在华中地区1年发生3～4代，华北、西北及东北地区1年发生2代，均以三至四龄幼虫在树干裂缝或枯叶内结茧越冬。越冬幼虫在翌年春季果树发芽时开始活动，为害嫩芽及嫩叶，5月下旬化蛹，6月上旬羽化。雌虫交尾后将卵块产在枝干表面或叶背，卵块上覆有腹末黄毛。每雌产卵200～550粒，卵期4～7d。幼虫8龄，初孵幼虫群集叶背啃食叶肉，二龄起开始有毒毛，三龄后分散为害。幼虫白天停栖叶背阴凉处，夜间取食叶片。老熟幼虫在树干裂缝处结茧化蛹。华北果区第一代成虫出现在7月下旬至8月下旬，经交尾后产卵，孵化的幼虫取食一段时间后即潜入树皮缝隙或枯叶中结茧越冬。

防治技术

（1）人工捕杀。黄尾毒蛾卵呈块状，比较集中，且在低龄阶段具有群集为害习性，比较容易发现。因此，结合果园内的其他农事操作，注意发现并清除枝叶上的卵块、初孵幼虫等，集中捕杀消灭。因毒蛾类幼虫的毒毛对人的皮肤、眼睛及呼吸道有伤害作用，具体操作时应注意防护。

（2）灯光诱杀。利用成虫较强的趋光性，在成虫发生期利用诱虫灯诱杀成虫。

（3）化学防治。黄尾毒蛾多为零星发生，一般不需单独喷药防治，个别发生严重的果园，在越冬幼虫出蛰为害初期或低龄幼虫群集为害期适当喷药防治1～2次即可。有效药剂同美国白蛾。

彩图75-1　黄尾毒蛾成虫

彩图75-2　黄尾毒蛾幼虫

76. 角斑古毒蛾

分布与危害

角斑古毒蛾 [*Orgyia gonostigma* (Linnaeus)] 属鳞翅目毒蛾科，又称赤纹毒蛾。在我国主要分布于东北、华北及西北地区，可为害苹果、梨、桃、杏、李、樱桃、梅等多种果树。以幼虫食害花芽、叶片和果实。为害花芽基部，钻成小洞，造成花芽枯死；叶片被蚕食仅留叶脉、叶柄；果实被啃食成许多小洞，并导致落果。

形态特征

成虫：雌雄异型。雌蛾体长约为17mm，长椭圆形，只有翅痕，体上有灰色和黄白色绒毛。雄蛾体长约15mm，翅展约32mm，体灰褐色，前翅红褐色，翅顶角处有1个黄斑，后缘角处有1个新月形白斑。

卵：长0.8～0.9mm，扁圆形，如倒立的馒头，卵孔处凹陷，花瓣状，灰黄色，外有1条黄纹。

幼虫：老熟幼虫体长约40mm，头部灰黑色；体黑灰色，被黄色和黑色毛，亚背线有白色短毛，体两侧有黄褐色纹；前胸两侧和腹部第八节背面各有1束黑色长毛，第一至四腹节背面中央各有1个黄灰色短毛刷。

蛹：雌蛹体长11mm左右，灰色；雄蛹黑褐色，尾端有长突起，腹部黄褐色，背有金色毛。

生活史和发生规律

角斑古毒蛾1年发生1～2代，均以二至三龄幼虫在树皮裂缝、粗翘皮下或落叶层中越冬。翌年4月越冬幼虫陆续出蛰，在树上为害幼芽和嫩叶。5月至6月下旬幼虫老熟后开始在树皮缝处结茧化蛹，蛹期6～15d。7月上旬开始羽化，雌蛾交尾后将卵产在茧的表面，分层排列成不规则的块状，上覆雌蛾腹末的鳞毛。每卵块有卵百余粒，卵期约15d。初孵幼虫先群集啃食叶肉，使受害叶片呈网状；以后借风力扩散，幼虫有转移为害习性。7～8月为第二代幼虫发生期，9月幼龄幼虫陆续开始越冬。

防治技术

参考黄尾毒蛾。

彩图76-1 角斑古毒蛾雌成虫和卵

彩图76-2 角斑古毒蛾雄成虫

彩图76-3 角斑古毒蛾低龄幼虫

彩图76-4 角斑古毒蛾高龄幼虫

77. 舞毒蛾

分布与危害

舞毒蛾（*Lymantria dispar* L.）属鳞翅目毒蛾科，又名秋千毛虫、苹果毒蛾、柿毛虫。根据其地理分布和生活习性被分为亚洲种群、欧洲种群及北美种群。欧洲种群和北美种群同属于一个亚种，即欧洲亚种，主要分布于欧洲，1869年由欧洲传入美国。亚洲种群通常被称为亚洲型舞毒蛾，主要包括两个亚种，即亚洲亚种（*Lymantria dispar asiatica* Vnukovskij）和日本亚种（*L. dispar japonica*），亚洲亚种主要分布在亚洲和欧洲部分地区，日本亚种主要分布于日本的本州、四国、九州及北海道的南部和西部地区。我国的舞毒蛾种群为亚洲亚种，舞毒蛾在我国主要分布在黑龙江、吉林、内蒙古、陕西、宁夏、甘肃、青海、新疆、河北、山西、山东、河南、湖北、四川、贵州、江苏、台湾。寄主范围广，有苹果、柿、梨、桃、杏、樱桃等500多种植物。该虫食量大，食性杂，以幼虫食害叶片，严重时可将全树叶片吃光。

形态特征

成虫：雌雄异型，雄成虫体长约20mm，前翅茶褐色，有4～5条波状横带，外缘呈深色带状，中室中央有1个黑点。雌成虫体长约25mm，前翅灰白色，每两条脉纹间有1个黑褐色斑点。腹末有黄褐色毛丛。

卵：圆形，稍扁，直径1.3mm，初产为杏黄色，数百粒至上千粒产在一起成卵块，其上覆盖有很厚的黄褐色绒毛。

幼虫：老熟幼虫体长50～70mm，头黄褐色，有"八"字形黑色纹，体黑褐色。背线与亚背线黄褐色。前胸至腹部第二节的毛瘤为蓝色，腹部第三至八节的6对毛瘤为红色。

蛹：体长20～26mm，纺锤形，红褐色。体表在原幼虫毛瘤处生有黄色短毛。臀棘末端钩状突起。

生活史和发生规律

舞毒蛾1年发生1代，以卵在石块缝隙或树干背面洼裂处越冬，翌年苹果发芽时开始孵化，幼虫孵化后群集在原卵块上，气温转暖时上树取食幼芽。一龄幼虫昼夜生活在树上，群集叶片背面，白天静止不动，夜间取食叶片成孔洞，幼虫受惊动则能吐丝下垂，并借助风力顺风飘移很远，可达1.6km。幼虫从二龄开始，白天潜伏在落叶及树上的枯叶、树皮缝隙里或树下石块下，黄昏成群结队上树分散取食，至天亮时又爬回树下隐蔽场所。后期幼虫有较强的爬行转移为害能力，能吃光树叶。雄虫蜕皮5次，雌虫蜕皮6次，均夜间群集树上蜕皮，幼虫期约60d，5～6月为害最重，6月中下旬陆续老熟，老熟幼虫大多爬到树下隐蔽处结茧化蛹。蛹期10～15d，成虫7月大量羽化，羽化后2～3d即可交尾。雄蛾善飞翔，日间常成群作旋转飞舞，故称之为"舞毒蛾"，雌蛾身体肥大笨重，不爱飞舞。雌蛾产卵在树干表面、主枝表面、树洞中、石块下、石崖避风处及石砾上等。每雌平均产卵量为450粒，每雌产卵1～2块，每个卵块有300多粒卵，上覆雌蛾腹末的黄褐色鳞毛。大约1个月内幼虫在卵内完全发育成形，然后停止发育，进入滞育期。舞毒蛾雌、雄成虫均有强烈的趋光性。

防治技术

（1）人工防治。利用幼虫白天下树潜伏隐蔽的习性，在树下堆石块诱集幼虫，及时消灭。舞毒蛾大发生的年份，舞毒蛾的卵一般大量集中在石崖下、树干、草丛等处，卵期长达9个月，所以容易人工采集并集中销毁。

（2）灯光诱杀。在成虫发生期利用诱虫灯进行诱杀，每3hm²安装1台诱虫灯，可以取得较好的防治效果。在灯诱的过程中，一定要注意对灯周围的空地和果树喷洒杀虫剂，及时杀死落在灯周边的各种害虫。

（3）化学防治。舞毒蛾发生严重的果园，在低龄幼虫发生期喷药1次即可。有效药剂同美国白蛾。

彩图77-1　舞毒蛾雌虫（左）和雄虫（右）

彩图77-2　舞毒蛾雌虫和卵块

彩图77-3 舞毒蛾雌虫产卵

彩图77-4 舞毒蛾雄虫

彩图77-5 舞毒蛾卵

彩图77-6 舞毒蛾幼虫

78. 黄褐天幕毛虫

分布与危害

黄褐天幕毛虫（*Malacosoma neustria testacea* Motschulsky）属鳞翅目枯叶蛾科，又称天幕毛虫、幕枯叶蛾、带枯叶蛾，俗称"顶针虫"。在我国除新疆和西藏外均有分布，主要为害苹果、梨、海棠、沙果、桃、李、杏、樱桃、楹椋、梅及杨、榆、柳、栎等植物。初孵幼虫群集于同一枝上，吐丝结成网幕，食害嫩芽、叶片；而后逐渐下移至粗枝上结网巢，白天群栖巢上，夜出取食，五龄后期分散为害，严重时将全树叶片吃光。管理粗放的果园常见。

形态特征

成虫：雌雄异型，雌虫体长18～20mm，翅展约40mm，全体黄褐色，触角锯齿状，前翅中央有1条赤褐色宽斜带，两边各有1条米黄色细线；雄虫体长约17mm，翅展约32mm，全体淡黄色，触角双栉齿状，前翅有2条紫褐色斜线，两线间的部分颜色较深，呈褐色宽带。

卵：椭圆形，灰白色，顶部中央凹下，常数百粒围绕枝条排成圆桶状，非常整齐，形似顶针状或指环状。

幼虫：低龄幼虫身体和头部均黑色，四龄以后头部呈蓝黑色，顶部有两个黑色圆斑。老熟幼虫体长50～60mm，背线黄白色，两侧有橙黄色和黑色相间的条纹，各节背面有黑色瘤数个，上生许多黄白色长毛，前胸和最末腹节背面各有2个大黑斑，腹足趾钩双序缺环。

蛹：体长13～25mm，黄褐色或黑褐色，体表有金黄色细毛。茧黄白色，棱形，双层，多结于阔叶树的叶片正面、草叶正面或落叶松的叶簇中。

生活习性和发生规律

黄褐天幕毛虫1年发生1代，以完成胚胎发育的幼虫在卵壳内越冬。翌年果树发芽后，幼虫从卵壳里爬出，出壳期比较整齐，大部分集中在3～5d内。出壳后的幼虫先在卵块附近的嫩叶上为害。幼虫共6龄，一至四龄幼虫吐丝结网，白天潜伏网中，夜间出来取食。随着幼虫的长大，网幕逐渐增大，五龄以后幼虫逐渐离开网幕，分散为害。被害叶最初呈网状，以后呈现缺刻或只剩叶脉或叶柄。离开网幕的幼虫遇振动即吐丝下坠。六龄幼虫进入暴食阶段，这时的幼虫食量剧增，常将叶片吃光。幼虫老熟后多在叶背或树干附近的杂草上结茧化蛹，也有在树皮缝隙、墙角、屋檐下吐丝结茧化蛹者。6～7月为成虫盛发期，成虫昼伏夜出，有趋光性。成虫羽化后即可交尾产卵，每头雌虫产卵1～2个卵块，产卵于当年生小枝上，每卵块有卵量146～520粒。幼虫胚胎发育完成后不出卵壳即越冬。

黄褐天幕毛虫的天敌较多，有关资料记载，在吉林有22种，其中寄生性天敌昆虫13种，捕食性天敌昆虫5种，鸟类4种。在卵寄生蜂中，大蛾卵跳小蜂 [*Gocncyrtus kuwanae* (Howard)] 为优势种，寄生率为8.3％，其次是杨扇舟蛾黑卵蜂 (*Telenomus clostera* Wu et Chen)，寄生率4％，松毛虫黑卵蜂 (*Telenomus dendrolimusi* Chu) 寄生率为3.5％。在辽宁沈阳和吉林延吉两地发现卵寄生蜂6种：大蛾卵跳小蜂、天幕毛虫黑卵蜂 [*Telenomus terbraus* (Ratzeburg)]、毒蛾黑卵蜂 (*Telcnomus* sp.)、斑角跳小蜂 [*Ooencyrtus masii* (Merc.)]、舞毒蛾卵平腹小蜂 [*Anastatus disparis* (Rusch.)]、松毛虫赤眼蜂 (*Trichogramma dendrolimi* Matsumura) 等。在山东烟台地区，天幕毛虫黑卵蜂对卵的寄生率可达90％。在辽宁盖州，天幕毛虫抱寄蝇 (*Baumhaueria goniaeformis* Meigen) 对幼虫的寄生率可达93.6％。

防治技术

（1）人工防治。结合果树修剪，剪掉小枝上的卵块，集中销毁。春季幼虫在树上结网幕为害显而易见，在幼虫分散前及时捕杀。分散后的幼虫，也可振树捕杀。

（2）灯光诱杀。利用成虫的趋光性，用诱虫灯诱杀成虫。

（3）化学防治。越冬幼虫出蛰盛期至低龄幼虫期是喷药防治的关键期，大发生时喷药1次即可有效控制天幕毛虫的为害。有效药剂同美国白蛾。

彩图78-1 天幕毛虫雌虫

彩图78-2 天幕毛虫雄虫

彩图78-3　天幕毛虫卵块

彩图78-4　天幕毛虫老熟幼虫
（曹克强摄）

彩图78-5　天幕毛虫高龄幼虫
（曹克强摄）

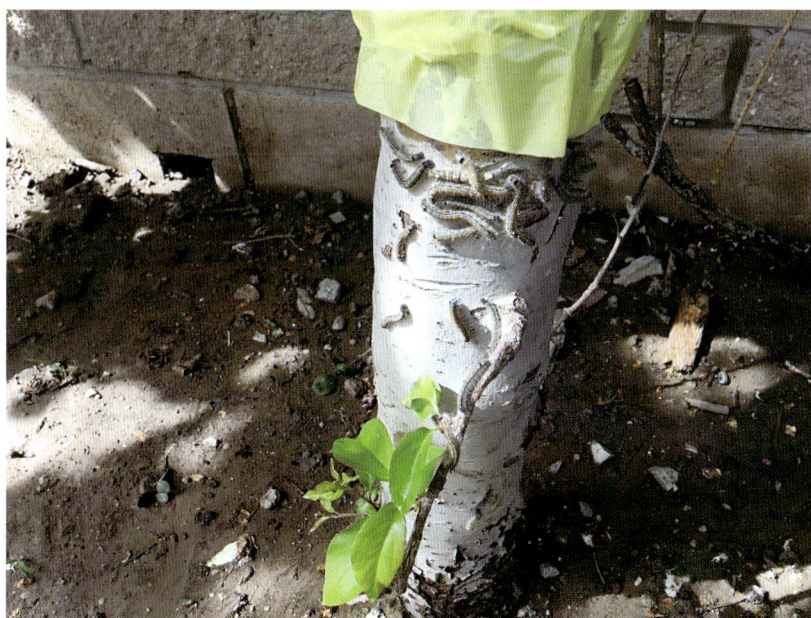

彩图78-6　树上粘贴胶带阻挡幼虫向上爬行

79. 铜绿丽金龟

分布与危害

铜绿丽金龟（*Anomala corpulenta* Motschulsky）属鞘翅目丽金龟科，又称铜绿金龟子、青金龟子。在我国许多地区普遍发生，可为害苹果、梨、桃、杏、李、樱桃、梅、山楂、海棠、柿、核桃、板栗、草莓等果树。铜绿丽金龟成虫食害叶片，造成叶片残缺不全，严重时可将全树叶片吃光，幼龄果树受害较重。幼虫又名蛴螬，在土中生活，为害植物地下部分，是一种重要的地下害虫，苗圃内的树苗受害严重。

形态特征

成虫：体长19～21mm，触角黄褐色，鳃叶状，前胸背板及鞘翅铜绿色，具闪光，上有细密刻点；额及前胸背板两侧边缘黄色，虫体腹面及足均为黄褐色。

卵：椭圆形，乳白色。

幼虫：老熟幼虫体长约40mm，头黄褐色，胴部乳白色，腹部末节腹面除钩状毛外尚有两纵列刺状毛，共14～15对。

蛹：长约20mm，裸蛹，黄褐色。

生活史和发生规律

铜绿丽金龟1年发生1代，以三龄幼虫在地下越冬。第二年春季土壤解冻后，越冬幼虫开始向上移动，取食为害植物根部一段时间后老熟，然后做土室化蛹。6月初成虫开始出土，严重为害期在6月至7月上旬，约40d。成虫昼伏夜出，多在傍晚18～19时进行交配，20时后开始取食为害叶片，直至凌晨3～4时飞离果树继续入土潜伏。成虫喜欢栖息在疏松、潮湿的土壤中，潜入深度多为7厘米左右。成虫有较强的趋光性和较强的假死性。6月中旬成虫开始在果树下的土壤内或大豆、花生、甘薯、苜蓿等田地内产卵，每雌产卵20～30粒。7月间孵化出幼虫，取食植物根部，10月中上旬幼虫在土壤中开始下迁越冬。

防治技术

（1）捕杀成虫。利用成虫的假死性，于傍晚成虫开始活动时振动树枝，捕杀成虫；利用成虫的趋光性，在果园内设置黑光灯或频振式诱虫灯，诱杀成虫。

（2）药剂防治。成虫发生量大时，及时树上喷药或树下地表用药。具体方法及有效药剂同"黑绒金龟"防治部分。

（3）土壤处理。蛴螬发生严重的苗圃，每公顷可用50%辛硫磷乳油3.7～4.5L，结合灌水施入土中；或用50%辛硫磷乳油250g，加水1 000～1 500kg灌根。

彩图79-1　铜绿丽金龟成虫

彩图79-2　铜绿丽金龟幼虫

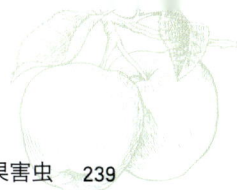

彩图79-3　铜绿丽金龟成虫取食叶片（左）及正在交尾的成虫（右）

（曹克强摄）

彩图79-4　生长季苹果树叶变黄，刨开土壤可见其中的蛴螬，并啃咬根部皮层一周

（曹克强摄）

彩图79-5　通过糖醋液（左）和高压汞灯（右）诱集到的铜绿丽金龟

80. 黑绒金龟

分布与危害

黑绒金龟（*Serica orientalis* Motschulsky）属鞘翅目金龟科，又称黑绒绢金龟、天鹅绒金龟子、东方绢金龟、黑绒金龟子。在我国大部分地区均有发生，食性很杂，可食害149种植物，包括苹果、梨、葡萄、杏、枣、梅等多种果树。主要以成虫取食为害，食害嫩芽、新叶及花朵，尤其嗜食幼嫩的芽、叶，且常群集暴食，严重时常将叶、芽吃光，尤其对刚定植的苗木及幼树威胁很大。幼虫在地下取食根系。

形态特征

成虫：体长7～8mm，宽4.5～5.0mm，卵圆形，体黑色至黑紫色，密被天鹅绒状灰黑色短绒毛，鞘翅具9条隆起的线，外缘具稀疏刺毛。前足胫节外缘具2齿，后足胫节两侧各具1刺。

卵：乳白色，初产时卵圆形，后膨大成球状。

幼虫：老熟幼虫体长14～16mm，体乳白色，头部黄褐色，肛腹片上有约28根锥状刺，横向排列成单行弯弧状。

蛹：裸蛹，长约8mm，黄褐色。

生活史和发生规律

黑绒金龟1年发生1代，以成虫在土中越冬。翌年4月上中旬出蛰，4月末至6月上旬为发生盛期。成虫有假死性。根据观察，黑绒金龟多在中午开始起飞，14：00左右开始爬树，15：30开始取食幼芽、嫩叶，17：00左右开始下树，钻进约10cm深的土壤中。5月中旬为成虫交尾盛期，而后在15～20cm深的土壤中产卵，卵散产或5～10粒聚集，每雌产卵30～100粒。6月中旬开始孵化出幼虫，幼虫3龄，共需80d左右。幼虫在土中取食腐殖质及植物嫩根，8月初三龄幼虫老熟后在30～45cm深的土层中化蛹，蛹期10～12d，9月上旬成虫羽化后在原处越冬。

防治技术

（1）苗木套袋，预防啃食。新栽果树定干后套袋，以选用直径5～10cm、长50～60cm的塑料袋或报纸袋较好。将袋顶端封严后套在整形带处，下部扎严，袋上扎5～10个直径为2～3mm的通气孔，待成虫盛发期过后及时取下。

（2）振树捕杀成虫。利用成虫的假死性，在成虫发生期内，选择温暖无风的傍晚（18～20时）在树下铺设塑料薄膜，而后人工振落捕杀成虫。

（3）土壤用药防治成虫和幼虫。利用成虫白天入土潜伏的习性，在成虫发生期内地面用药防治。幼虫发生期也可以采取土壤施药的措施。可选用48%毒死蜱乳油或50%辛硫磷乳油300～500倍液喷洒地面，将表层土壤喷湿，然后耙松土表；也可使用1%噻虫胺颗粒剂、15%毒死蜱颗粒剂每亩0.5～1kg或5%辛硫磷颗粒剂每亩3～5kg，按1∶1比例与干细土或河沙拌匀后地面均匀撒施，然后耙松土表，施药后结合浇水效果更好。

（4）树上喷药防治。成虫发生量大时，也可选择树上喷药，以傍晚喷药效果较好，且需选用击倒力强的触杀性药剂。效果较好的药剂有48%毒死蜱乳油1 200～1 500倍液、50%马拉硫磷乳油1 000～1 200倍液、5%高效氯氟氰菊酯乳油3 000～4 000倍液、4.5%高效氯氰菊酯乳油1 500～2 000倍液、52.25%氯氰·毒死蜱乳油1 500～2 000倍液等。喷药时，若在药液中混加有机硅类或石蜡油类农药助剂，可显著提高杀虫效果。

彩图80-1　黑绒金龟成虫

彩图80-2　取食叶片的黑绒金龟成虫
（曹克强摄）

彩图80-3　土壤中的黑绒金龟和正在从土洞中爬出的黑绒金龟
（右图为曹克强摄）

彩图80-4　黑绒金龟取食芽（左），芽被咬伤出现伤流很难再长出叶片（右）
（曹克强摄）

彩图80-5　取食苹果花的黑绒金龟

（曹克强摄）

彩图80-6　被吃成光干的幼树

彩图80-7　套塑料袋预防黑绒金龟成虫取食为害

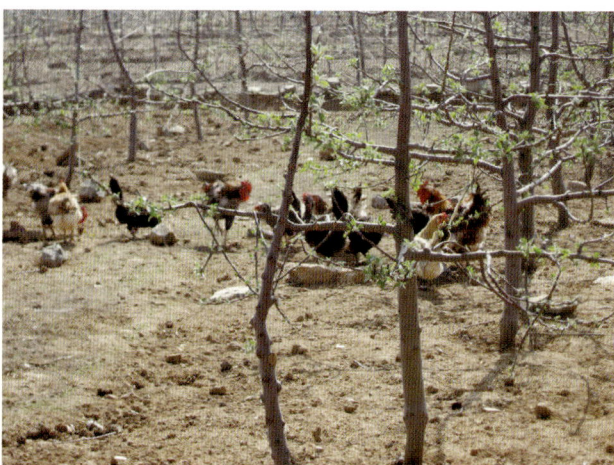

彩图80-8　果园养鸡防治黑绒金龟成虫和幼虫

第二节　花果害虫

81. 桃小食心虫

分布与危害

桃小食心虫（*Carposina sasaki* Matsumura）属鳞翅目蛀果蛾科，又名桃蛀果蛾，简称桃小，是苹果生产中主要的食心虫。在国内分布广泛，仅新疆和西藏未见记录；国外分布于日本、朝鲜半岛及俄罗斯。幼虫蛀食多种蔷薇科和鼠李科植物的果实，如苹果、海棠、沙果、梨、山楂、桃、杏、李、枣和酸枣等，以苹果、枣和酸枣受害最重。

桃小食心虫初孵幼虫从苹果果实的胴部蛀入，蛀孔处流出泪珠状果胶，果胶不久就干成一片白色蜡质膜。随着果实生长，蛀孔愈合成一个小黑点，蛀孔处略凹陷。幼虫入果后在皮下潜食果肉，果面上显现出凹陷的潜痕，导致果实畸形，呈"猴头果"。幼虫发育后期，食量增大，在果内纵横潜食，并排虫粪于果实内，形成"豆沙馅"，使果实失去商品价值。

形态特征

成虫：雌虫体长7～8mm，翅展16～18mm；雄虫体长5～6mm，翅展13～15mm。体灰白或浅灰褐色。雌蛾下唇须长且前伸，雄蛾下唇须短而上翘；雄蛾触角每节腹面两侧具有纤毛，雌蛾触角无此纤毛。前翅近前缘中部有1个蓝黑色近三角形的大斑，并有9个突起的蓝褐色斜立鳞片。后翅灰色，缘毛长，浅灰色。

卵：竖椭圆形或桶形，初产淡黄色，后变橙红色，卵壳上有不规则刻纹。端部1/4处环生2～3圈Y形刺。

幼虫：低龄幼虫淡黄白色或白色。老熟幼虫体长13～16mm，桃红色，头黄褐色，前胸背板褐色，前胸气门前方毛片上具2根毛。腹足趾钩排列成单序环，无臀刺。

蛹：体长6～8mm，淡黄色渐变黄褐色，接近羽化时变为灰黑色。体壁光滑无刺。蛹茧有两种：一种为扁圆形的越冬茧（也称冬茧），丝质紧密，直径6mm；另一种为纺锤形的蛹化茧（也称夏茧），质地松软，长8～13mm，一端留有成虫羽化孔。

生活史和习性

桃小食心虫每年发生世代因地区不同而异，每年可发生1～3代，在山西北部、宁夏、甘肃等寒冷地区每年发生1代，在辽宁、河北、山东、陕西等大部地区每年发生1～2代。各地均以老熟幼虫在树下3～10cm的表土中结扁圆形的冬茧越冬。

越冬幼虫出土期因地区、年份和寄主不同而差异较大。黄河故道地区越冬幼虫5月上旬陆续出土，盛期在5月下旬至6月上旬，一直延续到6月下旬，出土期长达60d，致使后期世代重叠。辽宁兴城地区越冬幼虫在5月下旬开始出土，6月中旬以后进入出土盛期，出土期延续达60多d，使得以后各虫期发生不整齐，世代重叠。越冬幼虫出土后寻找隐蔽处，贴附着土块或其他物体结夏茧化蛹。出土至羽化所需时间为11～20d。

越冬代成虫一般在6月中旬陆续发生，至7月下旬或8月初结束。成虫昼伏夜出，无趋光性和趋化性。成虫羽化当夜即交配，雄蛾一生交配3次，雌蛾交配1次。黄可训等报道越冬代雌虫平均产卵量44.3粒，第一代平均产卵60.1粒。雌虫产卵大多在果实的萼洼处，其他部位极少。田间6月中旬始见卵，通常第一代卵盛期在7月，7月上中旬被害果数量增多。第二代卵盛期在8月中下旬。卵期7～10d。

幼虫孵化后在果面爬行数十分钟至数小时，寻找适当部位开始啃咬果皮，咬下的果皮并不吞食，绝大部分幼虫从果实胴部蛀入果内。幼虫在果内发育25d左右，老熟幼虫咬一圆形脱果孔，爬出果实落地，脱果早的幼虫在土表结茧化蛹，脱果晚的幼虫直接入土做冬茧越冬。一般7月下旬以前脱果的幼虫均结夏茧发生下一代，7月末以后开始有幼虫入土结冬茧，以后越冬数量逐渐增多，8月中旬可达80%左右，8月末以后全部入土越冬。

老熟幼虫脱果后的越冬场所根据果园的地形、土壤管理情况等不同而有差异。一般平地果园树盘土壤平整、无杂草及间作物，脱果幼虫多集中于距树干1m的范围内越冬。山地梯田果园除树下外，梯田壁缝隙内也有较多的越冬茧。此外，堆果场、果窖内均有老熟幼虫脱果越冬。

发生规律

（1）温、湿度。环境温度和相对湿度会显著影响桃小食心虫成虫寿命及交尾和产卵活动。适宜成虫交尾和产卵的温度为23～26℃，温度超过30℃，对卵孵化不利。适宜相对湿度为80%～100%，相对湿度达到85%～99%时，田间卵孵化率高。故干旱炎热的夏季对其发生有抑制作用，而气温正常的潮湿年份则有利于大发生。

Kim等研究表明，桃小食心虫幼虫发育起点温度为9.4℃。在实验室条件下，桃小食心虫各个虫态发育历期与温度呈负相关，在17℃和29℃之间使用金冠品种饲养，卵的发育历期为5～12d，幼虫历期为12～32d，蛹期为9～22d，全世代的有效积温为543℃。

越冬幼虫出土始期与土壤温、湿度关系较大，出土前一旬的平均气温在17℃、地温20℃时即可出土，此期间土壤含水量成为制约越冬幼虫出土的关键因子，如果土壤含水量低于10%会影响幼虫出土。当土壤含水量降至5%时，出土率下降至13.6%；土壤含水量下降至3%时，出土率仅为1%。因此，越冬幼虫的出土盛期与降雨或浇水关系很大，在降雨或浇水后会大量出土，如长期干旱缺雨则出土时期延迟。一般年份在麦收前25d左右开始出土，麦收时进入出土初盛期。

（2）光照。桃小食心虫的滞育受光照影响明显，在25℃条件下，光照时数小于12h，全部进入滞育，光照延长到14h，仍有80%左右的个体滞育，光照延长到15h，仅有3.7%～10%的个体滞育，但当光照继续延长时，滞育率又会逐渐提高。幼虫的光照反应敏感期在蛀果后取食的前10d左右。此外，温度对桃小食心虫的临界光周期有明显影响，在温度20℃条件下，临界光周期为14.7h，25℃时，临界光周期为14.3h，当温度提高到30℃时，临界光周期为13.5h。

（3）寄主植物。桃小食心虫的生长发育明显受到食物种类的影响，取食不同寄主其蛀入率、发育历期、存活率、繁殖力等差别很大，如取食金冠苹果比取食国光苹果的幼虫发育要快；取食金冠苹果的幼虫成活率为32.1%～73.6%，取食国光苹果的幼虫成活率仅为19.3%～25.8%，而取食鸭梨的幼虫存活率高达60.7%～92.0%。成虫产卵对苹果品种有选择性，中熟品种金冠、红星等为嗜好品种，中熟品种采收后晚熟品种国光、富士等卵量才增多。在适宜温、湿度下，苹果园桃小食心虫越冬幼虫出土期和高峰期分别比枣和酸枣上的桃小食心虫早8d和20d左右。

（4）天敌。桃小食心虫的天敌较少，已发现的幼虫天敌有中华齿腿姬蜂（*Pristomerus chinensis* Ashmead）、网皱革腹茧蜂（*Ascogaster reticuluta* Watanabe）、甲腹茧蜂（*Chelonus* sp.），山西和陕西调查表明，均以中华齿腿姬蜂为优势种。山东、河北、辽宁等地均有甲腹茧蜂分布，研究表明，甲腹茧蜂将卵产于桃小食心虫卵内，桃小食心虫幼虫孵化长大后，甲腹茧蜂幼虫在其体内取食，然后羽化出蜂，在使用杀虫剂少的地方寄生率可达20%～30%。李素春等在山东泰安苹果园中，从桃小食心虫越冬茧内分离出一种昆虫病原线虫（*Heterorhabditis* sp.），田间施用对越冬幼虫的致死率可达92.3%。

预测预报方法

（1）扣瓦片法。在桃小食心虫上年为害严重的树下，5月上旬清除杂草，整平地面，沿树干周围0.5m处摆放一圈瓦片，每天傍晚观察记录瓦片下刚出土聚集的幼虫数量，当连续数日越冬幼虫出土数量每日剧增时为地面防治适期。

（2）性诱剂诱捕器监测法。从5月底开始，挂桃小食心虫性诱剂诱捕器，监测成虫发生动态，当诱到成虫后立即地面施药。每个果园挂3～5个水盆式诱捕器或黏着式诱捕器，相互间隔50m，挂在距地面1.5m的枝干上。水盆式诱捕器取一塑料盆，盛水至距盆沿1～2cm，水中放少许洗衣粉，距水面上2cm处系一桃小性诱剂诱芯。每日记录诱集成虫数，并及时补充水分。商用黏着式诱捕器注意及时更换粘虫板，性诱剂诱芯1个月更换1次。当诱捕器连续2～3d平均诱蛾3头以上时开始查卵。

性诱剂诱捕器主要用来确定卵孵化期和适当的喷药时间。使用性诱剂诱捕器时，许多因素都会影响诱集效果，例如果树大小、诱捕器密度、诱捕器类型、诱捕器位置、性诱剂品牌以及气候条件，因此还不能以性诱捕数量作为防治指标。

（3）卵果率调查。用棋盘式调查方法，在果园不同方位选10株有代表性的苹果树，每棵树随机从树冠不同部位取20个果，共抽取检测200个果，检查果实萼洼处，统计其卵果率，当卵果率达1%以上时，及时喷药防治。

防治技术

（1）果实套袋。套袋时间不能过晚，要在桃小食心虫产卵前进行，一般在6月25日前套完。

（2）地面药剂防治。当上年虫口密度高时，可在翌年性诱到第一头成虫时（越冬幼虫出土期）开始地面施药防治。可用40%毒死蜱乳油或50%辛硫磷乳油500～800倍液喷雾，主要喷在树冠下，喷药前先把地面杂草清除，将表层土壤喷湿，然后耙松土表。第一次施药后间隔20d左右再喷1次。

（3）树上药剂防治。不套袋的果园，从5月底开始在树上悬挂桃小食心虫性诱剂诱捕器，当平均每天每个诱捕器诱到5头以上雄蛾时，开始在树上调查卵果率，当卵果率达到1%的防治指标后，开始树上喷药。有效药剂有200g/L氯虫苯甲酰胺悬浮剂3 000～4 000倍液、1.8%阿维菌素乳油2 500～3 000倍液、1%

甲氨基阿维菌素苯甲酸盐水乳剂2 000 ~ 2 500倍液、4.5%高效氯氰菊酯乳油1 500 ~ 2 000倍液。发生严重的果园，间隔10d左右再喷1次。

（4）人工防治。秋末冬初翻树盘，利用寒冬冻死部分越冬幼虫。在未套袋果园，从7月开始，每半个月摘除虫果1次，并拣拾落果加以处理。

（5）生物防治。在桃小食心虫越冬幼虫出土始期，地面喷施白僵菌，每亩使用2kg，加水200kg喷于树盘下。或者在桃小食心虫越冬幼虫出土始期或脱果入土期，地面喷施昆虫病原线虫——芜菁夜蛾线虫或异小杆线虫，每亩施入约1亿头线虫，喷施线虫之前或之后应马上灌水。

彩图81-1　桃小食心虫成虫

彩图81-2　桃小食心虫卵

彩图81-3　桃小食心虫幼虫及为害状

彩图81-4　桃小食心虫冬茧

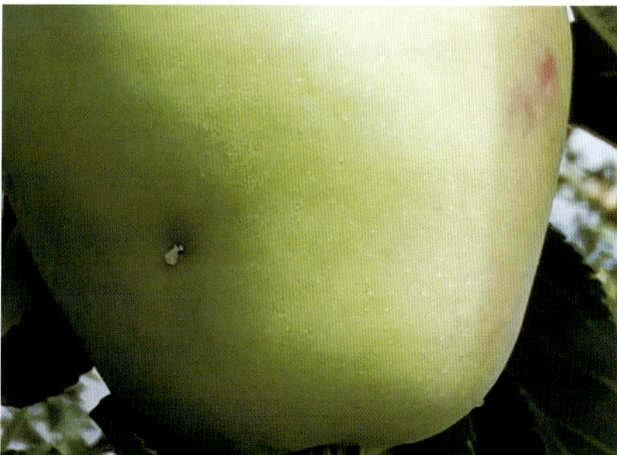

彩图81-5　桃小食心虫蛀果孔

彩图81-6　桃小食心虫脱果孔

彩图81-7　树下盖瓦片监测出土越冬幼虫

彩图81-8　利用水桶式性诱剂诱捕器监测成虫发生动态

彩图81-9　桃小食心虫性诱剂诱捕器（三角形黏着式）

彩图81-10　性诱剂诱集的桃小食心虫雄蛾

82. 梨小食心虫

分布与危害

　　梨小食心虫 [*Grapholitha molesta*（Busck）] 属鳞翅目卷蛾科，又称东方蛀果蛾、梨小蛀果蛾、折梢虫，俗称"梨小"，是世界性果树重要害虫。目前在国内除西藏无报道以外，其他地区都有分布。寄主有苹果、梨、桃、海棠、李、杏、扁桃、樱桃、梅、山楂、榅桲、木瓜、欧李、枇杷等。梨小食心虫以幼虫为害果树新梢或果实，新梢被害后，端部叶片萎蔫，髓部被蛀空，随后干枯，蛀孔处有虫粪。果实被害后，蛀孔不明显，周围稍有凹陷。幼虫蛀果后，先在果肉浅层取食，逐渐向果心蛀食，并排粪于其中，形成"豆沙馅"，有时果面有虫粪排出。稍大的被害果后期有脱果孔，其周围变黑、腐烂，果实易脱落，不耐贮藏。目前大多数果园实行果实套袋栽培，减轻了梨小食心虫的为害，因此误认为梨小食心虫得到了控制。其实这种危害程度的减轻只是暂时的，根据笔者调查，在套袋果园梨小食心虫仍能维持较高的种群数量，一旦采取不套袋栽培，梨小食心虫仍然会构成严重威胁。

形态特征

　　成虫：体长6～7mm，翅展13～14mm，体灰褐色。触角丝状。前翅翅面上有许多白色鳞片，翅中央偏外缘处有1个明显的小白点，近外缘处有10个小黑点，前缘有8～10条白色斜纹。后翅暗褐色，基部颜色稍浅。

卵：长约2.8mm，扁椭圆形，中央稍隆起，初产时乳白色，半透明，后渐变成淡黄色，近孵化时可见幼虫的褐色头壳。

幼虫：低龄幼虫头和前胸背板黑色，体白色。老熟幼虫体长10～14mm，头褐色，前胸背板黄白色，半透明，体淡黄白色或粉红色，背线桃红色，臀板上有深褐色斑点。足趾钩细长，单序，环状，腹足趾钩30～40个，臀足趾钩20～30个。腹部末端的臀栉4～7根。

蛹：体长约6mm，长纺锤形，黄褐色，腹部第三至七节背面各有2行短刺。蛹外包有白色丝质薄茧。

生活史和习性

梨小食心虫在辽宁西部和南部、内蒙古、新疆库尔勒地区、华北北部、山东大部地区1年发生3～4代；在冀中南部和黄河故道地区以及陕西关中等地1年发生4～5代，各地均以老熟幼虫结白色薄茧越冬。受果园立地条件和寄主的影响，幼虫的越冬部位比较复杂，主要在树干粗皮缝、主枝分权处、吊拉树枝的草绳、根颈部、落叶或草根处、砖石缝以及土中，也有在果筐、贮果库等处越冬者。幼虫越冬部位在不同地区或寄主上差异较大。在幼树园，树干光滑无粗皮，大部分幼虫很少在树干上越冬，在老果园，因树干粗皮较多，为幼虫越冬提供了较多场所。各地越冬幼虫化蛹时期因地域不同而异，一般在果树萌芽期，当连续7d日平均温度达到5℃时，幼虫开始化蛹，连续10d日平均温度达到7～8℃时，开始羽化成虫，连续5d日平均温度达到11～12℃时，成虫羽化进入高峰，雄虫羽化比雌虫稍早。成虫多在傍晚活动，具有一定的扩散能力，最长扩散距离达3km。雌虫羽化后1～3d开始交尾、产卵，越冬代成虫对糖醋液的趋性比较明显，其他世代成虫因为受果树自身散发的引诱物质的影响，对糖醋液趋性要低很多。雄虫一生交尾1～3次。在苹果树上，卵多产于叶片正面。成虫在自然界产卵量数十粒至百余粒。各世代成虫产卵量差异较大，越冬代产卵量最少，夏、秋季产卵量明显增加。

在苹果园，第一代幼虫和第二代幼虫主要蛀食嫩梢，第三代幼虫和第四代幼虫主要为害果实。但是，在套袋苹果园，幼虫虽然不能蛀食果实，但是通过蛀食嫩梢、芽等仍能维持较高的种群数量。果实生长后期的受害程度明显高于前期。产于幼果上的卵，因果肉较硬，幼虫孵化后难于蛀入。所以，在果实膨大以前很少有大量果实被害。在果实进入膨大期以后，果肉相对疏松，幼虫容易蛀入，因此虫果率较高。为害果实的幼虫孵化后在果面上爬行很短一段时间即蛀入果内，幼虫蛀果后，在果肉浅层取食一段时间便蛀入果心，有时从蛀孔处排出少量虫粪。幼虫一生均在果实内生活，老熟后从果中脱出，吐丝下垂，寻找适当场所化蛹。最后一代老熟幼虫脱果后，寻找隐蔽场所结一丝质薄茧直接越冬，有一部分幼虫在果实采收时尚未脱果，在果实采收后或贮藏期脱果。

无论一年发生几代，各世代之间都有不同程度的重叠。一般情况下，越冬代发生期比较整齐，其次是第一代，第二代以后世代重叠现象严重。在室内对梨小食心虫各虫态发育历期的研究表明，卵、幼虫、蛹及全世代的发育起点温度和有效积温分别是10.39℃和59.84℃、9.95℃和200.43℃、10.97℃和140.82℃、9.80℃和448.08℃。梨小食心虫属于典型的短日照滞育型，在20℃条件下，诱导滞育的临界光周期为13.75h光照：10.25h黑暗；在24℃条件下，诱导滞育的临界光周期为13.68h光照：10.32h黑暗。以5～8日龄幼虫接受滞育诱导光周期反应更为敏感。

发生规律

（1）气候的影响。各虫态历期也因气候条件不同差异较大，春季气温较低，各虫态发育历期较长，如第一代卵期7～10d，幼虫期15～20d，蛹期10～15d。夏季气温较高，各世代发育历期明显缩短，如第二代或第三代卵期为3～4d，幼虫期10d左右，蛹期约7d，成虫寿命短的5～6d，长的15d左右。完成1个世代需要20～40d。

梨小食心虫的发生程度与气候条件关系密切。秋冬季干旱的年份，越冬幼虫死亡率较低，多雨年份死亡率较高，有时可达80%。在土中越冬的幼虫死亡率高于在树上越冬者，死亡的主要原因是白僵菌的寄生。春季气温回升快，有利于越冬幼虫化蛹和成虫羽化，如遇低温天气，成虫产卵时间向后推移，导致发生时期后延。在气候湿润地区或雨水较多的年份，梨小食心虫在春季可提早发育。空气相对湿度高，成虫寿命延长，并且有利于成虫交尾和产卵。因此，在多雨年份和气候较湿润的地区，成虫繁殖力强，为害严重。

成虫寿命受空气相对湿度的影响较大，相对湿度在90％时，雌成虫寿命为6.24d，70％时为5.6d，50％时则缩短为4.37d。空气相对湿度对成虫产卵也有一定影响，相对湿度在90％时，平均产卵量为24.9粒，70％时为9.24粒，50％时仅为4.5粒。

（2）寄主植物的影响。在苹果园，幼虫既为害新梢，也为害果实，但是其危害性不及对梨和桃严重。梨小食心虫的寄主虽然较多，但其最佳寄主仍为桃树，尤其是在初夏季节，第一代幼虫如果不能寄生在桃树上，其后代的繁殖力就下降。所以，桃树就成了梨小食心虫的前期嗜好寄主，而梨果实是梨小食心虫的后期适生寄主。在不同寄主上发生的梨小食心虫，各虫态发育历期有一定差异，这可能与寄主的营养水平有关。

在单植苹果园，梨小食心虫前期发生很轻，后期发生严重。在桃、苹果或梨混栽或毗邻的果园，为梨小食心虫提供了连续不断的适生寄主，食料丰富，相对于单植果园而言，就有利于积累更多的虫源，是造成梨小食心虫大发生的主要原因。

梨小食心虫成虫产卵对品种有一定的选择性。在苹果上，以倭锦和红玉等品种上产卵量大，其次是国光、金冠和元帅系品种。

（3）天敌的影响。我国记载的梨小食心虫主要寄生性天敌包括中国齿腿姬蜂（*Pristomerus chinensis* Ashmead）、黄眶离缘姬蜂 [*Trathala flavor-orbitalis* (Cameron)]、舞毒蛾黑瘤姬蜂 [*Coccygominus disparis* (Viereck)]、日本黑瘤姬蜂 [*C.nipponicus* (Uchida)]、松毛虫赤眼蜂（*Trichogramma dendrolimi* Matsumura）、广赤眼蜂（*T.evanescens* West-wood）、螟黄赤眼蜂（*T. chilonis*）、澳洲赤眼蜂（*T. confusum* Vigg.）等。这些寄生蜂在不同地区发生的种类和对梨小食心虫幼虫和卵的寄生率各不相同，其中赤眼蜂在无农药干扰的情况下对卵的寄生率可达42％～56％。据记载，美国新泽西州和加拿大安大略地区利用梨小赤茧蜂（*Mcrocentrus ancylivorus* Rohwer）和棕盾姬蜂（*Glypta rufiscutellaris* Cresson）的相互配合，有效控制了当地梨小食心虫的危害。

预测预报方法

（1）利用性诱剂监测成虫发生动态。将梨小食心虫性诱剂诱芯制成三角形黏着诱捕器或水盆式诱捕器，每个果园挂3～5个诱捕器。诱捕器距地面高度约1.5m。一般在4月初挂诱捕器。当诱蛾量连续增加时，要做好喷药准备，诱蛾量出现高峰后（每1代诱集到雄蛾后10d左右）立即喷药防治，发生严重的果园需要间隔7～10d再喷1～2次药剂。

（2）卵发生期监测。在成虫发生期，在果园内采取5点取样法选择10株树，随机调查200个果实，检查记录其上的卵数。每隔1d调查1次。当卵果率达到1％时开始喷药。

防治技术

（1）诱集脱果幼虫，清除越冬虫源　在果实采收前，在树干上绑瓦楞纸诱虫带或缠草绳，诱集脱果幼虫在此越冬，到冬季解下销毁。结合果树冬剪，刮除树干和主枝上的翘皮，消灭在翘皮下越冬的幼虫，同时，清扫果园中的枯枝落叶，集中销毁或深埋于树下，可消灭越冬幼虫。另外，早春翻树盘，尤其是树干周围的土壤，可以消灭在土中越冬的幼虫。

（2）及时剪除被害枝梢和虫果。在果树生长前期，及时剪除被害虫梢，剪梢时间不宜太晚，只要发现嫩梢端部的叶片萎蔫，就要及时剪掉，如果被害梢叶片已变褐、干枯，说明其中的幼虫已经转移。果实膨大成熟期，定期摘除虫果，并及时拾取落地虫果。

（3）果树种类的合理布局。因梨小食心虫的寄主主要有桃、李、樱桃、杏等核果类果树和梨、苹果等树种，在这些果树混栽或毗邻时，梨小食心虫发生尤其严重。因此，在进行果树种植规划时，应充分考虑到避免桃等核果类果树与苹果、梨等果树毗邻栽植，将会从根本上减轻梨小食心虫的为害。

（4）释放赤眼蜂。在梨小食心虫第一代和第二代卵发生期，可以在果园内释放松毛虫赤眼蜂或螟黄赤眼蜂。在成虫始盛期开始释放赤眼蜂卵卡，每隔5d释放1次，连续释放3～4次，每亩每次释放2万头，

不仅能够有效控制梨小食心虫的为害，还可兼治其他鳞翅目害虫。

（5）利用性信息素迷向丝干扰交尾。将迷向丝悬挂在树冠中上部，这样就可在田间散发出大量的性信息素，使雄成虫不能找到雌成虫交尾，雌成虫不能产生有效卵，从而达到防治的目的。性信息素迷向丝（有效成分含量为500μg/个）的使用密度一般在每公顷750个以上。大量试验表明，用性诱法防治梨小食心虫，无论是大量诱捕法，还是迷向法，都是在虫口密度较小的情况下效果才明显，虫口密度大的情况下，一般不能获得理想的效果。

（6）药剂防治。喷药防治的关键期是各代产卵盛期至幼虫孵化期。在没有实施果实套袋的梨园，重点是防治第三代和第四代幼虫。在苹果、桃混栽或毗邻的果园，还要在第一代和第二代发生期重点防治为害桃梢的初孵幼虫。

利用梨小食心虫性诱剂诱捕器进行虫情调查。因为发生后期世代重叠严重，因此发生严重年份，在成虫发生期需要喷药3～4次。效果较好的药剂有200g/L氯虫苯甲酰胺悬浮剂3 000～4 000倍液、1.8%阿维菌素乳油2 500～3 000倍液、1%甲氨基阿维菌素苯甲酸盐水乳剂2 000～2 500倍液、4.5%高效氯氰菊酯乳油1 500～2 000倍液、20%氰戊菊酯乳油1 500～2 000倍液、20%甲氰菊酯乳油1 500～2 000倍液、25g/L高效氯氟氰菊酯乳油1 500～2 000倍液、48%毒死蜱乳油1 500～2 000倍液等。注意轮换用药。

彩图82-1　梨小食心虫成虫

彩图82-2　桃梢上的梨小食心虫卵

彩图82-3　嫩梢内的梨小食心虫幼虫

彩图82-4　梨小食心虫为害嫩梢

彩图82-5　梨小食心虫在果实上的为害状

彩图82-6　果实内的梨小食心虫幼虫

彩图82-7　梨小食心虫蛹

彩图82-8　梨小食心虫越冬幼虫

彩图82-9　梨小食心虫性诱剂诱捕器

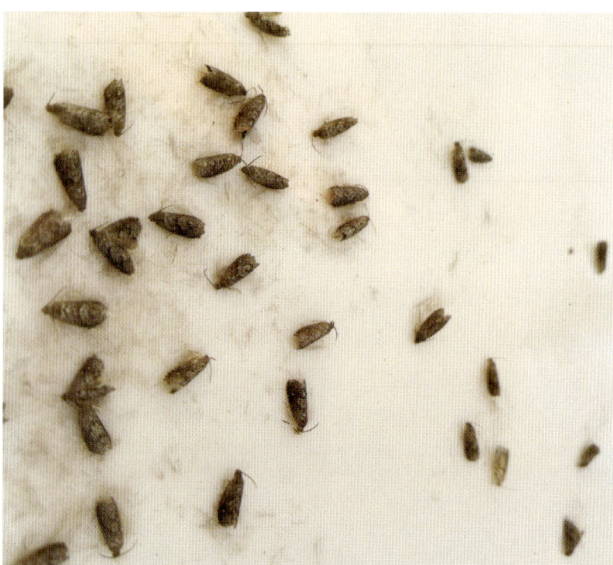

彩图82-10　性诱的梨小食心虫雄蛾

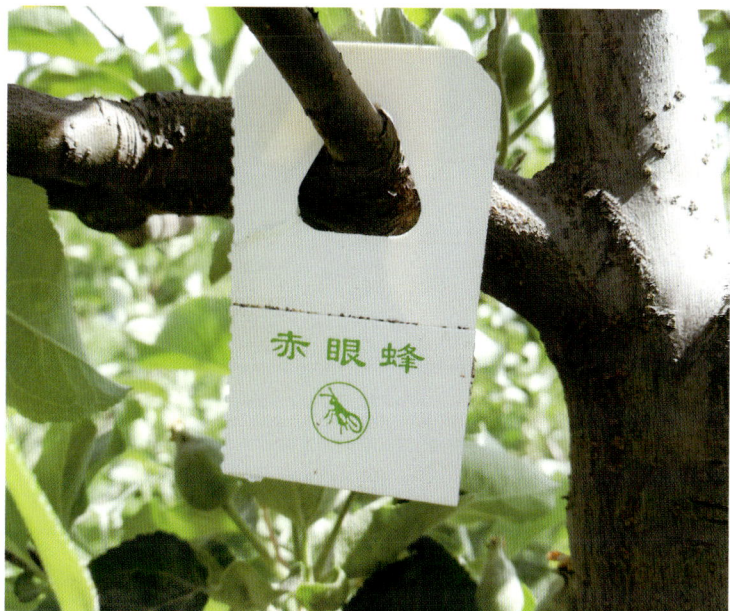

彩图82-11　释放螟黄赤眼蜂防治梨小食心虫

83. 苹小食心虫

分布与危害

苹小食心虫（*Grapholitha inopinata* Heinrich）属鳞翅目卷叶蛾科，又名苹果小蛀蛾、苹果小食心虫。主要分布于我国东北、华北地区，寄主主要有苹果、梨、山楂、沙果、海棠等果树，近年发生数量较少。幼虫蛀食果实，初孵幼虫多从果实胴部蛀入，在果皮下蛀食，蛀果孔周围呈现红色小圈，随着幼虫长大，被害处逐渐扩大干枯凹陷，形成褐色虫疤，俗称"干疤"，虫疤上有数个小虫孔，并有少许虫粪堆积在虫疤上。幼虫一般只在果皮下取食果肉，不深入果心。

形态特征

成虫：体长4.5～4.8mm，翅展10～11mm，全体暗褐色，带紫色光泽。前翅前缘具有7～9组大小不等的白色斜纹。翅上散生许多白色斑点，近外缘处白点排列整齐。后翅灰褐色。

卵：扁椭圆形，淡黄白色，半透明，有光泽。

幼虫：老熟幼虫体长6.5～9mm，淡黄色或粉红色，头部黄褐色，前胸盾片淡黄色，臀板浅褐色，腹部末端具深褐色臀栉，臀栉4～6刺，腹足趾勾列单序环。

蛹：体长4.5～5.6mm，黄褐色，第一腹节背面无刺，第二至七节前后缘均有小刺，第八腹节背面只有1列较大的刺，腹部末端有8根钩状毛。

生活史和发生规律

苹小食心虫1年发生2代，以老熟幼虫在树枝、树干粗皮下越冬。在辽宁和河北产区，越冬幼虫于5月中旬开始化蛹，蛹期10多d，越冬成虫发生期在5月下旬至7月上旬，6月中旬为高峰期。成虫白天静伏于叶或枝上，傍晚时交尾和产卵。田间第一代卵高峰期在6月中下旬，卵散产于果实胴部，萼洼和梗洼较少。成虫在气温25～29℃、相对湿度95%时产卵最多，成虫对糖醋液有一定趋性。第一代卵期6d左右，幼虫孵化后在果面爬行不久即蛀入果内，在果实表皮下蛀食，一般不深入果心，形成的虫疤变褐，疤上出现几个排粪孔。幼虫期20d左右。老熟幼虫脱果后沿枝干爬行到粗皮缝处结茧化蛹。第一代蛹期10d左右，第一代成虫发生在7月下旬至8月中旬。第二代卵盛期在8月上旬，卵期5d左右，幼虫孵化后继续蛀果为害，第二代幼虫为害果实20d左右，脱果爬行到越冬部位结茧越冬。由于高温干旱对苹小食心虫繁殖不利，因此在我国中部果区很少发生。

预测预报方法

从成虫发生始盛期开始，每隔1d调查1次卵果率，利用棋盘式调查方法，在果园四周和中部调查10株树，每株调查20个果，共检查200个果。当卵果率达到1%以上时，开始喷药防治。

防治技术

（1）人工防治。对枝干光滑的果树，秋季幼虫脱果之前，在树干上绑草绳或瓦楞纸等诱集带诱集越冬幼虫。早春刮除枝干粗裂翘皮，集中销毁。及时摘除树上虫果，拾净树下落果，阻止继续繁殖为害。

（2）药剂防治。防治适期、性诱剂测报方法及药剂均参照梨小食心虫。

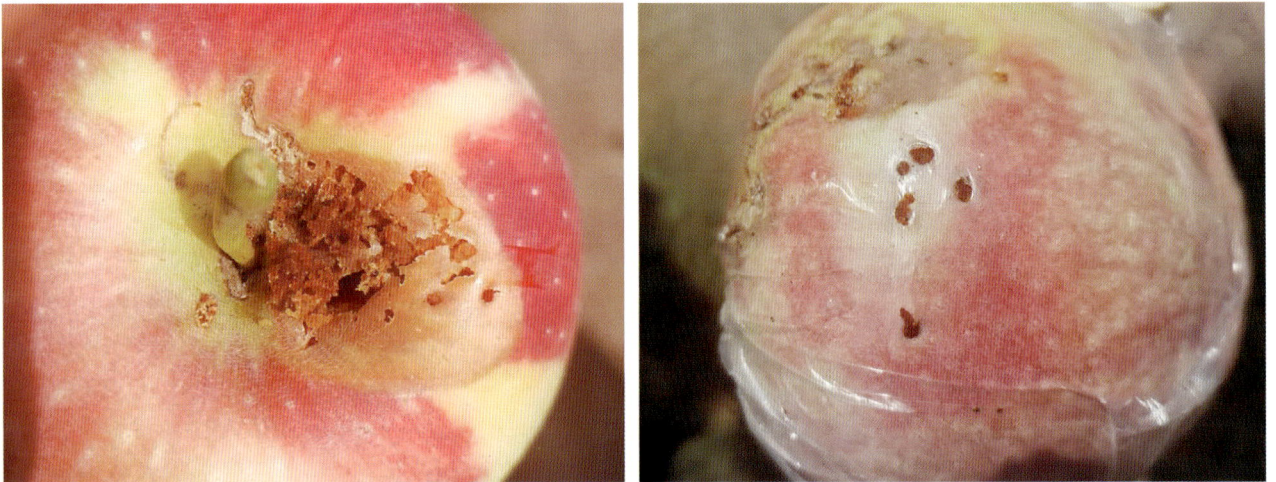

彩图83-1　苹小食心虫为害状

彩图83-2　苹小食心虫幼虫及为害状

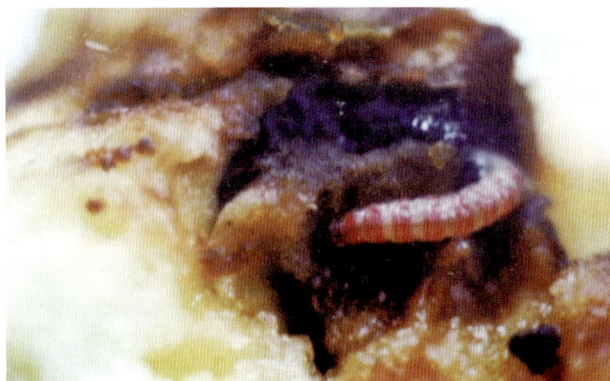

彩图83-4　苹小食心虫幼虫

（尹新明提供）

彩图83-3　被苹小食心虫为害的果实

84. 苹果蠹蛾

分布与危害

苹果蠹蛾 [*Cidia pomonella* L.，异名 *Laspeyresia pomonella*（L.）] 属鳞翅目小卷叶蛾科。1953年在我国新疆发现苹果蠹蛾，1957年首次报道，1989年苹果蠹蛾扩散到甘肃敦煌地区，到2010年已经扩散到甘肃兰州以西，宁夏西部中卫市，内蒙古西部阿拉善左旗，黑龙江北部的东宁、宁安果区，到2021年已扩散到辽宁葫芦岛地区以及河北承德地区。除东亚地区（包括中国大部、日本、朝鲜半岛）外，世界各苹果产区苹果蠹蛾是最主要的蛀果害虫之一，苹果蠹蛾还可为害梨、杏、桃、樱桃、山楂、板栗等果树。1992年苹果蠹蛾被列入《中华人民共和国进境植物检疫危险性病、虫、杂草名录》一类名单，1995年被农业部列入《全国植物检疫对象和应施检疫的植物、植物产品名单》，1996年被国家林业局列入《全国森林植物检疫对象名单》。苹果蠹蛾幼虫蛀食果实，不仅降低果品质量，而且引起大量落果。1头幼虫可以蛀食多个果实，在新疆防治差的果园，蛀果率常达50%以上。

形态特征

成虫：体长8mm，翅展19～20mm，全体灰褐色并带紫色光泽，雄虫色深，雌虫色浅。复眼深棕褐色，单眼周围黑色，中间发黄色亮光。前翅臀角处有1个深褐色、椭圆形纹，有3条青铜色条纹，其间显出4～5条褐色横纹，翅基部颜色为浅灰色，中部颜色最浅，夹杂有波状纹。后翅黄褐色，前缘呈弧形突出。触角为简单丝状，不到前翅前缘之半。雄蛾前翅反面中区有1个大黑斑，后翅正面中部有1根深褐色的长毛刺，仅有1根翅缰。雌蛾前翅反面无黑斑，后翅正面无长毛刺，有4根翅缰。

卵：扁平椭圆形，长1.1～1.2mm，宽0.9～1.0mm，中部略隆起，表面无明显花纹。初产时为半透明，随后发育成黄色和红色。

幼虫：初龄幼虫黄白色，老熟幼虫体长14～18mm，头黄褐色，体多为淡红色，前胸气门瘤上有3根毛，前胸气门最大，椭圆形，其次为第八节气门，其余大致相等，近乎圆形。腹足4对，趾钩为单序缺环。臀板色浅，无臀栉。

蛹：黄褐色，体长7～10mm，复眼黑色，后足及翅均超过第三腹节而达第四腹节前端，第二至七腹节背面均有两排刺，前排粗大，后排细小，第八至十腹节背面仅有1排刺，气门缘片突起。

生活史和习性

苹果蠹蛾在新疆地区1年发生2～3代，以老熟幼虫在树干粗皮裂缝内、翘皮下、树洞中及主枝分杈处缝隙内结茧越冬。当春季日均气温高于10℃时越冬幼虫开始化蛹，日均气温为16～17℃时进入越冬代成虫羽化高峰期。在新疆3个世代的成虫发生高峰分别出现在5月上旬、7月中下旬和8月中下旬，有世代重叠现象。成虫有趋光性，雌蛾羽化后2～3d即可交尾产卵。卵散产于叶片背面和果实上，每雌产卵40粒左右，最多可达140粒。产卵具有明显的选择性，从树种上看，苹果、沙果上产卵多于梨，果树品种不同其产卵量也不同。初孵幼虫先在果面上爬行，寻找适当处蛀入果内，蛀入时不吞食咬下的果皮碎屑，而将其排出蛀孔外。幼虫有转果为害习性，从三龄开始脱果转果为害，一个果实内也有几头幼虫同时为害的现象。苹果蠹蛾幼虫属兼性滞育昆虫，即使在最有利的温度、光周期条件下，也有部分幼虫进入滞育，这部分幼虫各地1年仅完成1代。前期果实较硬时，初孵幼虫多从萼洼或梗洼蛀入，后期果实肉质松软时，从果面蛀入，幼虫蛀果后有偏食种子的习性，并向外排出虫粪。老熟幼虫脱果后爬到树干缝隙处或地上隐蔽物下及土中结茧化蛹，也有的在果内、包装物内及贮藏室内化蛹。

发生规律

苹果蠹蛾是一种喜干厌湿的昆虫，该虫生长发育的最适相对湿度为70%～80%，但田间相对湿度对成虫的交配和产卵影响较大，在田间，大气湿度降至35%～49%时对成虫产卵仍无影响，成虫只有在相对湿度低于74%的条件下才产卵。

降雨能明显降低田间卵量、幼虫存活率和蛀果率。降雨强度越高，降雨次数越多，浸水时间越长，老熟幼虫和蛹的死亡率越高，而越冬代老熟幼虫的化蛹率和蛹的羽化率越低。

苹果蠹蛾是短日照昆虫，光周期是直接引起老熟幼虫滞育的主要因素。长日照或长日照加高温可以阻止滞育的发生，但打破滞育必须经过低温处理。

专家综合分析认为，苹果蠹蛾在新疆、甘肃、内蒙古、宁夏、陕西、山西、河北、北京、天津、山东、辽宁具有广泛的适生分布区，其中西北的甘肃陇东苹果主产区，陕西关中地区及黄土高原苹果主产区，宁夏全部，山西中部，河南西部与陕西、山西交界地区，河北北部，山东丘陵晚熟苹果优势产区，辽宁西部及内蒙古中部为最佳适生区。

预测预报方法

参照梨小食心虫。

防治技术

（1）加强检疫。苹果蠹蛾是重要的检疫性害虫，主要通过果品及果品包装物随运输工具远距离传播，为防止其随被害果运出疫区传播蔓延，应加强产地检疫，杜绝被害果实外运。

（2）人工防治。在成虫产卵前进行果实套袋；树干上绑缚草绳或瓦楞纸等诱虫带诱杀老熟幼虫；果实生长期及时摘除树上虫果并捡拾落地虫果，集中销毁；果树发芽前刮除枝干粗翘皮，破坏害虫越冬场所。

（3）性诱剂诱杀或迷向。利用苹果蠹蛾性诱剂诱杀雄蛾和迷向干扰交配。果园内种群密度较低时，使用每根含有苹果蠹蛾性诱剂120mg的胶条迷向丝，于苹果初花期挂在树冠上部，每亩悬挂60～70根，能有效控制苹果蠹蛾在整个生长季的为害。利用性诱剂诱杀雄成虫时，一般每亩设置诱捕器2～4个。当越冬代虫口密度达到每亩70头以上时，单一迷向法很难达到较好的防治效果，必须与其他防治措施相结合。

（4）灯光诱杀。利用成虫的趋光性，在果园内使用诱虫灯诱杀苹果蠹蛾成虫。灯光诱杀适合于大面积联合使用，每2～3hm² 安装1台诱虫灯。

（5）生物防治。有条件的果园，从成虫产卵初期开始释放松毛虫赤眼蜂或螟黄赤眼蜂，每亩次释放2万～3万头，隔5d释放1次，连续释放3～4次。

（6）化学防治。关键是在每代卵孵化至初龄幼虫蛀果前及时喷药。利用性诱剂诱捕器进行虫情测报，当观察到成虫羽化连续增多时及时指导喷药。效果较好的药剂有200g/L氯虫苯甲酰胺悬浮剂3 000～4 000倍液、3%阿维菌素微乳剂4 000～5 000倍液、1%甲氨基阿维菌素苯甲酸盐2 000～2 500倍液、2.5%溴氰菊酯乳油2 000～2 500倍液、4.5%高效氯氰菊酯乳油1 500～2 000倍液。害虫发生严重的果园，每代喷药2～3次，间隔期10d左右。

彩图84-1　苹果蠹蛾成虫

（右图为曹克强摄）

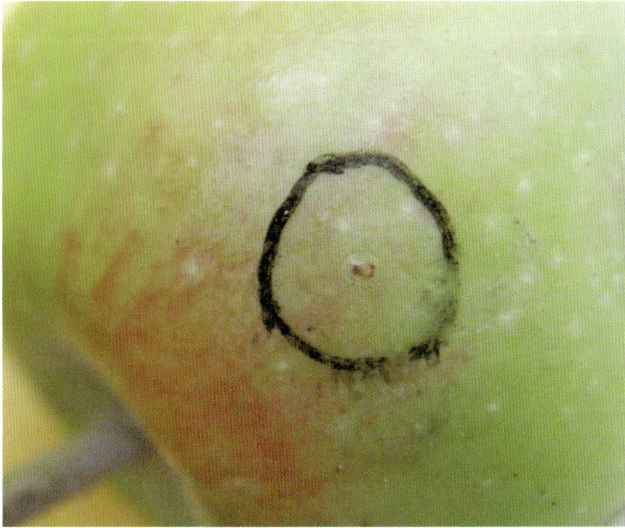

彩图84-2　果面上的苹果蠹蛾卵（左）及脱果孔

（右图为曹克强摄）

彩图84-3　苹果蠹蛾低龄幼虫

（曹克强摄）

彩图84-4　苹果蠹蛾老熟幼虫

彩图84-5　正在脱果的苹果蠹蛾幼虫

彩图84-6　树皮下的苹果蠹蛾老熟幼虫

彩图84-7   树皮下的苹果蠹蛾蛹

彩图84-8   苹果蠹蛾为害状

彩图84-9   水盆式性诱剂诱捕器

彩图84-10   性诱的苹果蠹蛾雄蛾

彩图84-11   树干上绑黑色诱虫带

彩图84-12   树枝上挂迷向丝

（曹克强摄）

彩图84-13   捡拾落果减少越冬虫量

85.棉铃虫

分布与危害

棉铃虫（*Helicoverpa armigera* Hübner）属鳞翅目夜蛾科。在我国分布很广，但是以黄淮海流域、新疆、云南、辽宁等地为常发区，长江流域发生较轻。棉铃虫幼虫寄主范围很广，包括大多数大田作物、多种蔬菜、果树以及多种杂草，以前主要为害棉花、蔬菜等植物，在果树上属偶发性次要害虫，但是，随着各地棉花面积的减少，种植结构的改变，在苹果上的危害呈上升趋势，逐渐成为苹果园常发性害虫。棉铃虫三龄之前的幼虫主要啃食新梢顶部的嫩叶，大龄幼虫转移到果实和叶片上取食，被害嫩梢和叶片呈孔洞、缺刻，幼虫蛀食果实，幼果蛀孔深达果心，造成幼果脱落，每头幼虫可蛀食为害1～3个幼果。

形态特征

成虫：体长15～20mm，翅展31～40mm，复眼球形，绿色。雌蛾赤褐色至灰褐色，雄蛾灰绿色，前翅内横线、中横线、外横线波浪形，外横线外侧有深灰色宽带，肾形纹和环形纹暗褐色，中横线由肾形纹的下方斜伸到后缘，其末端到达环形纹的正下方，后翅灰白色，沿外缘有黑褐色宽带，在宽带中央有2个相连的白斑。

卵：呈馒头形，中部通常有26～29条直达卵底部的纵隆纹，初产时乳白色，即将孵化时有紫色斑。

幼虫：老熟幼虫体长40～50mm，头黄褐色，背线明显，各腹节背面具毛突，幼虫体色变异很大，可分为4种类型：①体色淡红，背线、亚背线褐色，气门线白色，毛突黑色；②体色黄白，背线、亚背线淡绿色，气门线白色，毛突黄白色；③体色淡绿，背线、亚背线不明显，气门线白色，毛突淡绿色；④体色深褐，背线、亚背线不太明显，气门线淡黄色，上方有1条褐色纵带。

蛹：被蛹，体长17～20mm，纺锤形，赤褐至黑褐色，腹末有1对臀刺，刺的基部分开。

生活史和发生规律

棉铃虫1年发生4代，以蛹在地下土中越冬，在苹果园主要是第一代幼虫蛀食为害幼果。翌年4月中下旬气温达15℃时，成虫开始羽化，5月上中旬为羽化盛期，5月中下旬第一代幼虫开始为害幼果。6月中旬是第一代成虫发生盛期，转移至周边棉花、蔬菜、花生、玉米等其他植物上产卵为害；7月上中旬为第二代幼虫为害盛期，7月下旬为第二代成虫羽化产卵盛期；第三代成虫于8月下旬至9月上旬产卵；10月中旬第四代幼虫老熟后入土化蛹越冬。成虫昼伏夜出，有很强的趋光性。卵散产在嫩叶或果实上，每头雌蛾产卵200～800粒，卵期3～4d。

预测预报方法

从4月中旬开始在果园内悬挂3～5个棉铃虫性诱剂诱捕器（桶式），悬挂高度约1.5m，相互间隔至少50m，每周检查2次诱捕器内棉铃虫的数量，在棉铃虫成虫盛发期推迟3～4d喷药防治。

防治技术

（1）诱杀成虫。利用成虫的趋光性，在越冬代成虫发生期用诱虫灯诱杀成虫，每2～3hm^{2}安装1台诱虫灯，该措施适合规模化果园或大面积统一实施。

（2）生物防治。在低龄幼虫期喷施50亿PIB/mL棉铃虫核型多角体病毒悬浮剂750倍液或16 000 IU/mg苏云金杆菌可湿性粉剂800～1 000倍液。棉铃虫卵期释放螟黄赤眼蜂或松毛虫赤眼蜂。

（3）化学防治。发生严重的果园，在第一代卵孵化盛期至三龄幼虫蛀果前及时喷药防治，喷药1次即可。效果较好的药剂有20%氯虫苯甲酰胺悬浮剂2 000～3 000倍液、20%氟苯虫酰胺水分散粒剂2 500～3 000倍液、25%灭幼脲悬浮剂1 500～2 000倍液、20%杀铃脲悬浮剂2 500～3 000倍液、5%虱螨脲乳油1 200～1 500倍液、4.5%高效氯氰菊酯乳油1 500～2 000倍液、5%高效氯氟氰菊酯乳油3 000～4 000倍液、48%毒死蜱乳油1 200～1 500倍液、20%甲氰菊酯乳油1 500～2 000倍液等。

彩图85-1 棉铃虫雌虫

彩图85-2 叶片上的棉铃虫低龄幼虫

彩图85-3 取食叶片的棉铃虫高龄幼虫

彩图85-4 取食果实的棉铃虫低龄幼虫

彩图85-5 蛀食果实的棉铃虫高龄幼虫

彩图85-6 被棉铃虫为害的幼果

86.橘小实蝇

分布与危害

橘小实蝇（*Bactrocera dorsalis* Hendel）属双翅目实蝇科，又称东方果实蝇，俗称柑蛆、果蛆、黄苍蝇，是世界检疫性害虫。橘小实蝇繁殖速度快，暴发性强，危险性大，被称为水果的头号杀手。寄主范围广，可为害柑橘、桃、梨、李、石榴、苹果、枣、辣椒、茄子、丝瓜、苦瓜等46科250多种果树、蔬菜。一直以来，该虫在我国福建、广东、广西、海南、云南、贵州、湖南、四川等南部地区为害严重，而北方地区鲜见报道。2019年以来在北方很多靠近村庄和市区的苹果园发现该虫为害，初步研究表明该虫在北方果园不能越冬，其虫源主要来自南方虫果。果品物流行业的快速发展，使得该虫每年随南方水果进入北方果区。虽然在2009年农业部公布的新的《全国农业植物检疫性有害生物名单》中撤销了柑橘小实蝇，鉴于该虫对果实为害的严重性，有关研究、管理部门和广大果农应该关注并重视橘小实蝇在北方果园的发生为害情况。橘小实蝇雌蝇产卵于果皮下，其幼虫潜居于果实内取食果肉，导致烂果并造成落果。

形态特征

成虫：雌成虫体长7～8mm，翅展约16mm；雄成虫体长6mm，翅展约14mm。胸背面黑褐色，具有2条黄色纵纹，上生黑色短毛，小盾片黄色，与上述两条黄色纵带连成V形。腹部赤黄色，有T形黑纹。翅透明，长约为宽的2.5倍。脉纹黑褐色。

卵：梭形，长约1mm，乳白色。

幼虫：老熟幼虫蛆形，体长约10mm，黄白色，前端细小，后端圆大，由大小不等的11节组成，口钩黑色。

蛹：椭圆形，长约5mm，初化蛹时淡黄色，后逐步变至红褐色。

生活史和发生规律

橘小实蝇在我国每年发生3～6代，世代重叠现象严重，发生极不整齐。在南方橘小实蝇可周年繁殖为害或以老熟幼虫、蛹在潮湿疏松表土层或以成虫栖于杂草丛中越冬，一般在5～11月发生，发生高峰期时间和次数各不相同。橘小实蝇在北方发生规律还不清楚，初步研究表明该虫在北方不能越冬，一般在7月开始诱集到成虫，高峰期在9～10月。成虫寿命一般长达60～70d，成虫羽化后经过7～12d的产卵前期后开始产卵，每雌产卵量400～1 800余粒，繁殖潜能非常大，因此在适宜条件下经过一个世代的繁殖就有可能暴发成灾。成虫产卵于寄主果实内，幼虫潜居果内取食，使果实腐烂或未熟先黄而落果，待到果实腐烂，老熟幼虫从果实内钻出，以弹跳方式在地面移动寻找适宜地点入土化蛹，有些未脱离果实的老熟幼虫也可在果实内部化蛹。幼虫潜居果实为害的特性使其难以被察觉，而随被害瓜果或以蛹随包装物、运输工具传播。当传入非疫区的环境条件适宜时，就迅速蔓延和流行，对当地果品构成严重威胁，造成经济损失。橘小实蝇发生受环境因子如温度、湿度、寄主植物种类和成熟期等条件影响，低温或食物不充足时，幼虫、蛹发育历期较长；干旱或35℃以上时则幼虫、蛹滞育。

预测预报方法

在田间使用橘小实蝇引诱剂（甲基丁香酚）来监测其发生动态，引诱剂是一种液体状的物质，滴到缓释片或棉花团上，结合配套的橘小实蝇诱捕器或粘虫板捕获雄成虫。诱捕器悬挂在果树的枝条上，离地面的高度一般在1.5m左右，每个果园悬挂3套诱捕器。

防治技术

（1）引诱剂诱杀。在橘小实蝇发生初期，可以使用引诱剂（甲基丁香酚）诱杀橘小实蝇雄虫，每亩地使用3～5套诱捕器可起到较好的诱杀作用。

（2）食诱剂诱杀。雌成虫在产卵前需要补充大量营养以供应卵的发育，对食物的需求更为迫切，因而含蛋白质和糖的食物，对实蝇具有较强的吸引力。但在防治的实际操作中，应用食物诱饵捕杀成虫的措施一般较难推广，究其原因主要是饵料成本高、在自然环境下保质期短。可将果园内的烂果放入桶内发酵后作为食诱剂。

（3）杀虫剂或毒饵防治。当果园内虫量较大时，在果实膨大转色期或套袋果脱袋着色期，树冠上喷施50%灭蝇胺可湿性粉剂1 500倍液、2.5 %溴氰菊酯或4.5%高效氯氰菊酯乳油2 000倍液，发生严重的果园7d左右喷施1次，直至摘果。因为正值果实成熟着色期，为了保证果品安全，可在60g/L乙基多杀菌素、90%敌百虫晶体、45%马拉硫磷乳油等1 000倍药液中加30%红糖或0.6%水解蛋白配成毒饵，点涂在枝杈处，每亩点涂40处，或用手持式压力喷雾器粗雾滴隔株点喷，每点喷中下部树冠叶背，约碗口大小（50cm^2），每隔5 ～ 7d点喷或点涂1次，从果实转色期开始，直到成熟采收为止，可诱杀大量未产卵的成虫，减少农药对果实的污染。

（4）土壤施药防治脱果入土的老熟幼虫和蛹。在老熟幼虫脱果入土阶段，采用48%毒死蜱乳油或50%辛硫磷乳油800 ～ 1 000倍液喷施果园地面，防止脱果入土的幼虫。

（5）定期摘除虫果并捡拾地面落果。橘小实蝇幼虫成熟后从被害果中爬出，弹跳到土壤中化蛹，因此，要及时摘除被害果和捡拾落果，挖坑深埋或投入粪池沤浸来杀死幼虫，或者放到密封的塑料袋内，使羽化出的成虫不能飞出密封袋，这些措施都能有效降低虫口数量。

（6）果实套袋。果实套袋也能有效阻隔实蝇产卵，但是，橘小实蝇雌虫可以刺破10μm厚的塑料膜袋成功产卵到果实内，应用15μm厚度的塑料薄膜作套袋材料，不仅可以成功防虫，而且对果实品质也不造成影响。

（7）果园养鸡除虫。1亩果园放养当地土鸡不超过20只，鸡可啄食落地或虫果内的幼虫，亦可用爪扒开表土层觅食幼虫和蛹。同时鸡还能除草。

彩图86-1　果实上的橘小实蝇成虫

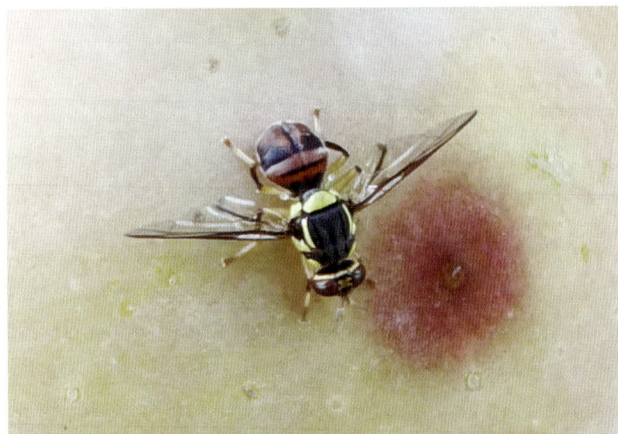
彩图86-2　橘小实蝇成虫及产卵痕

彩图86-3　橘小实蝇幼虫及为害状

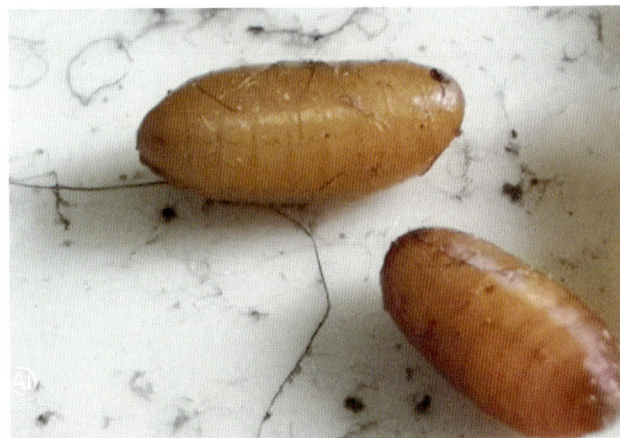
彩图86-4　橘小实蝇蛹

彩图86-5　树上的被害果实

彩图86-6　落果内的幼虫

彩图86-7　白板+引诱剂诱杀橘小实蝇雄虫

彩图86-8　黄板+引诱剂诱杀橘小实蝇雄虫

彩图86-9　网状诱捕器+引诱剂诱捕橘小实蝇

彩图86-10　瓶状诱捕器+引诱剂

87. 梨象甲

分布与危害

梨象甲（*Rhynchites foveipennis* Fairmaire）属鞘翅目卷象科，别名朝鲜梨象甲、梨实象虫、梨果象甲、梨象鼻虫、梨虎。分布于我国河北、山东、山西、辽宁、吉林、黑龙江、内蒙古、浙江、江西、广东、福建、陕西、四川、贵州、云南等地，多发生在山地果园。主要寄主有苹果、梨、花红、桃、山楂、杏、枇杷等。成虫食害嫩枝、叶、花和果皮、果肉，幼果受害重者常干枯脱落，不脱落者被害部愈伤呈疮痂状，俗称"麻脸梨"。成虫产卵前后咬伤产卵果的果柄，致产卵果大多脱落。幼虫孵化后于果内蛀食脱落的皱缩幼果，不脱落果多呈凹凸不平的畸形果。

形态特征

成虫：体长12～14mm，暗紫铜色，有金属闪光。头管长度与鞘翅纵长相似，雄虫头管先端向下弯曲，触角着生在前1/3处；雌虫头管较直，触角着生在中部。头背面密生刻点，复眼后密布细小横皱，腹面尤显。触角棒状，11节，端部3节宽扁。前胸略呈球形，密布刻点和短毛，背面中部有"小"字形凹纹。鞘翅上刻点较粗大，略呈9纵行。

卵：椭圆形，长1.5mm，初乳白渐变乳黄色。

幼虫：老熟幼虫体长12mm，乳白色，体表多横皱，略弯曲。头小，大部缩入前胸内，前半部和口器暗褐色，后半部黄褐色。各节中部有1条横沟，沟后部生有1横列黄褐色刚毛，胸足退化。

蛹：长9mm，初乳白渐变黄褐至暗褐色，被细毛。

生活史和发生规律

梨象甲1年发生1代，少数两年发生1代，以成虫于6cm左右深的土层中越冬。越冬成虫在苹果开花时开始出土，苹果拇指大时出土最多，出土期为4月下旬至7月上旬。落花后降透雨便大量出土，如春旱则出土少并推迟出土期。出土后飞到树上取食为害，白天活动，晴朗无风高温时最活跃，有假死性，早晚低温时遇惊扰假死落地。为害1～2周开始交尾产卵，产卵时先把果柄基部咬伤，然后到果上咬1个小孔产1～2粒卵于内，以黏液封口，呈黑褐色斑点，一般每果产1～2粒卵。6月中旬至7月上中旬为产卵盛期。成虫寿命很长，产卵期达2个月左右。每雌可产卵20～150粒，卵期1周左右。产卵果于产卵后4～20d陆续脱落，10d左右落果最多；脱落迟早与咬伤程度、风雨大小有关。多数幼虫需在落果中继续取食20～30d至老熟，脱果后入土中做土室化蛹。蛹期1～2个月，羽化后于蛹室内越冬。老熟后脱果入土，入土深度一般为5～7cm，土壤疏松时可达11cm，土壤板结时在3～4cm。幼虫化蛹与土壤含水量有关，土壤含水量在20%时，幼虫可以正常化蛹，小于12%不能化蛹，小于7%幼虫即死亡。

防治技术

（1）人工防治。利用成虫的假死性捕捉成虫。成虫出土期清晨振树，下接布单捕杀成虫，每5～7d进行1次。及时捡拾落果，集中处理其中的幼虫。

（2）成虫出土盛期地面喷洒药剂毒杀出土成虫。具体药剂和方法可参考桃小食心虫。

彩图87-1 梨象甲成虫

彩图87-2 梨象甲卵

彩图87-3 落果内的梨象甲幼虫及被害果

彩图87-4 梨象甲成虫为害状

彩图87-5 梨象甲为害造成落果

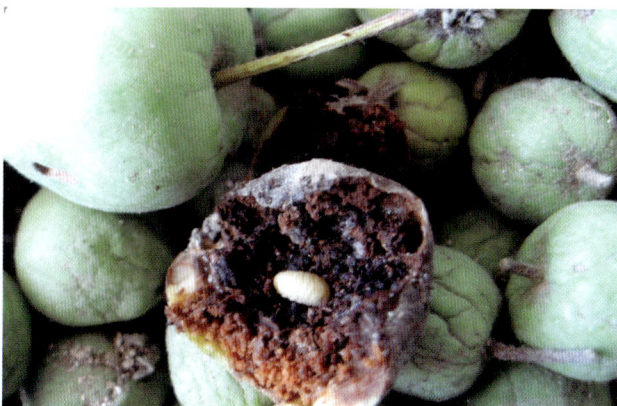

彩图87-6 在落果内发育长大的幼虫

88.绿盲蝽

分布与危害

绿盲蝽 [*Apolygus lucorum*（Meyer-Dür）] 属半翅目盲蝽科，除海南、西藏以外，绿盲蝽在我国其他省份均有分布，主要在长江流域和黄河流域地区发生为害。绿盲蝽的寄主植物种类繁多，不仅为害苹果、梨、枣、葡萄、樱桃、桃、核桃、板栗等多种果树，还取食棉花、绿豆、蚕豆、向日葵、玉米、蓖麻、苜蓿、苕子、胡萝卜、茼蒿、甜叶菊等作物。绿盲蝽在苹果园主要以成虫和若虫刺吸为害幼嫩组织如新梢、幼果等。在苹果新梢生长时，绿盲蝽刺吸新梢顶端的嫩叶，造成坏死斑点，随着叶片的生长，出现不规则黑色斑点和孔洞，严重时叶片扭曲皱缩，畸形。幼果期刺吸果皮造成坏死点，随着果实生长，形成木栓化。苹果果实被害处以为害点为中心形成直径0.5～2.0mm的凹陷，被害斑点多时果实严重畸形，品质明显下降。

形态特征

成虫：体长5～5.5mm，体宽2.5mm，全体绿色，头宽短，复眼黑褐色，突出。前胸背板深绿色，密布刻点，小盾片三角形，微突，黄绿色，具浅横皱，前翅革片为绿色，革片端部与楔片相接处略呈灰褐色，楔片绿色，膜区暗褐色。

卵：黄绿色，长口袋形，长约1mm，卵盖黄白色，中央凹陷，两端稍微突起。

若虫：共5龄，体形与成虫相似，全体鲜绿色，三龄开始出现明显的翅芽。

生活史和发生规律

绿盲蝽1年发生4～5代，以卵在果树枝条上的芽鳞内、剪锯口处或地面枯草断茬内越冬。翌年4月中旬果树花序分离期开始孵化，4月下旬是越冬卵孵化盛期，初孵若虫集中在嫩梢上为害，5月上中旬是集中为害幼果的时期，尤以展叶期至小幼果期为害最重，当嫩梢停止生长、叶片老化后则转移到周围其他寄主植物上为害。成虫寿命长，产卵期可持续1个月左右。第一代发生较整齐，后面世代重叠严重。成虫、若虫均比较活泼，爬行迅速。白天多潜伏在树下草丛中等隐蔽处，清晨和傍晚上树为害芽、嫩梢或幼果。秋季，部分末代成虫又陆续迁回果园，多在顶芽上产卵、越冬。

防治技术

（1）做好果园清洁。苹果树萌芽前，彻底清除果园内及其周边的枯枝落叶、杂草等，集中深埋或销毁，消灭绿盲蝽越冬虫卵。

（2）树干上涂抹粘虫胶环。苹果树萌芽前，在树干中下部涂抹粘虫胶环，阻止并粘杀上树的绿盲蝽若虫。

（3）果实套袋。在5月下旬至6月初套袋，可防止绿盲蝽刺吸为害果实。

（4）及时喷药防治。苹果树落花后10～15d是树上喷药防治的关键，常用有效药剂有22%氟啶虫胺腈悬浮剂4 500～7 500倍液、4.5%高效氯氰菊酯乳油1 500～2 000倍液、5%高效氯氟氰菊酯乳油

彩图88-1　绿盲蝽成虫

3 000 ～ 4 000倍液、20%甲氰菊酯乳油1 500 ～ 2 000倍液、70%吡虫啉水分散粒剂8 000 ～ 10 000倍液、20%啶虫脒可溶性粉剂8 000 ～ 10 000倍液等。由于绿盲蝽白天常在树下杂草及行间作物上潜伏，早、晚上树为害，因此喷药时，需连同地面杂草、行间作物一起喷洒，并尽量在早晨或傍晚喷药，效果较好。

彩图88-2　刚孵化的绿盲蝽若虫及为害状

彩图88-3　绿盲蝽高龄若虫及为害状

彩图88-4　嫩梢上的绿盲蝽高龄若虫

彩图88-5　绿盲蝽对幼果的为害状

89.茶翅蝽

分布与危害

茶翅蝽［*Halyomorpha halys*（Stål）］属半翅目蝽科，别名臭木椿象、臭大姐、臭木蝽、茶色蝽。在我国东北、华北、华东和西北地区均有分布，主要为害梨、苹果、桃、杏、李等果树及部分林木和农作物。成、若虫吸食叶、嫩梢及果实汁液，叶和梢被害后症状不明显，果实被害后受害处木栓化，变硬，发育停止而下陷。果肉变褐呈一硬核，受害处果肉微苦，严重时形成畸形果，失去经济价值。成虫和若虫受惊时能分泌出臭液防敌，所以又称为臭大姐。

形态特征

成虫：体长12～16mm，体宽6.5～9.0mm，扁椭圆形，淡黄褐至茶褐色，略带紫红色，前胸背板、小盾片和前翅革质部有黑褐色刻点，前胸背板前缘横列4个黄褐色小点，小盾片基部横列5个小黄点，两侧斑点明显。腹部侧接缘为黑黄相间。

卵：短圆筒形，直径0.7mm左右，初灰白色，孵化前黑褐色。卵排列较整齐，呈不规则三角形卵块，多数卵块为28粒。

若虫：初孵若虫体长1.5mm左右，近圆形。腹部淡橙黄色，各腹节两侧节间各有1个长方形黑斑，共8对。腹部第三、五、七节背面中部各有1个较大的长方形黑斑。老熟若虫与成虫相似，无翅。

生活史和发生规律

茶翅蝽在我国1年发生1～2代，以成虫在果园及其周围房屋的墙缝、石缝、草堆、树洞、枯枝落叶等场所越冬，在地势较高、背风向阳的地方较多。越冬成虫出蛰后多在阳光充足的门窗、墙壁上爬行，晚间躲在背风温暖的地方避寒，有群集习性。成虫取食、爬行与飞行等行为受气温影响较大，气温在20℃时可以取食，25℃以上时行动敏捷，低于23℃出现假死行为，随温度渐降，假死行为更加明显，低于9℃完全静止。因此，在早晨气温较低时成虫不善活动，振树即可落地。成虫经常在枝梢或果实上静伏并刺吸汁液，遇到干扰可作短距离飞行，其活动范围可达2km。在苹果、梨、桃、杏树混栽或毗邻的果园，成虫出蛰后先在杏或桃树上为害果实，逐渐转向苹果和梨树上为害。成虫在中午前后比较活跃，尤其是晴天活动频繁，交尾和产卵。每头雌虫可产卵140～300粒。大部分卵产在叶背面，多为28粒左右排列成不规则的三角形。6月中下旬越冬成虫开始产卵，在日均气温25℃条件下，卵期5～6d。若虫孵化较为集中，一般1个卵块在1～2h内孵化完毕。初孵若虫静伏在卵壳周围刺吸叶片汁液，二龄若虫在叶背取食，受到惊扰会很快分散，一旦散开则不再聚集。三龄后的若虫开始大量取食，爬行迅速，多在同一株树上转移为害，有时在1个果实上聚集几头。若虫寿命与营养条件关系密切，最短42d，最长97d，平均58d。当年羽化的成虫继续为害果实。在同一果园内，边行果树果实较果园中部的受害重，树冠上部果实受害较重。8月中旬出现当年成虫，9月下旬以后，成虫开始寻找越冬场所越冬。10月，大量越冬成虫常停息在向阳面的墙壁上，或出现在室内。靠近村庄或周边植被复杂的果园茶翅蝽数量多。

在北京地区已发现茶翅蝽天敌9种，其中寄生性天敌6种，捕食性天敌3种。主要寄生性天敌有茶翅蝽沟卵蜂（*Trissolcus halyomorphae* Yang）、平腹小蜂（*Anastatus* sp.）和蝽卵金小蜂（*Acroclisoides* sp.）。这3种寄生蜂均寄生于茶翅蝽卵内，以前2种为主，其中茶翅蝽沟卵蜂在自然界对茶翅蝽卵的寄生率为20%～70%，平均50%。在捕食性天敌中，小花蝽（*Orius* sp.）主要捕食茶翅蝽卵；蠋蝽［（*Arma chinensis*（Fallou）］和三突花蛛［（*Misumenopus tricusidata*（Fabricius）］主要捕食茶翅蝽若虫和成虫。

防治技术

（1）人工防治。在春季越冬成虫出蛰时和9～10月成虫转移到越冬场所时，在果园及其周围房屋的门窗缝、屋檐下、向阳背风处收集成虫，集中消灭。在成虫发生期，于早晨或晚上振树捕杀。在成虫产卵期，收集卵块和初孵若虫，予以消灭。

（2）果实套袋。茶翅蝽能刺破膜袋，选择果袋以双层纸袋为好，使果与袋之间留有一定空隙，防止成虫隔袋刺吸果实。

（3）生物防治。在卵期释放平腹小蜂或茶翅蝽沟卵蜂，间隔5～7d连续释放3～4次，每次每亩释放2 000～4 000头。

（4）药剂防治。树上喷药应抓住2个关键时期，一是成虫向果园迁飞时，往果园边行及其周围的防护林上喷药，以阻隔成虫向果园迁移。二是在5月下旬至6月上旬成虫为害和若虫发生期，结合防治其他害虫喷药。常用药剂有80%敌敌畏乳油1 000倍液、50%杀螟硫磷乳油1 000倍液、48%毒死蜱乳油2 000～3 000倍液、20%氰戊菊酯乳油2 000倍液、4.5%高效氯氰菊酯乳油1 500～2 000倍液、5%高效氯氟氰菊酯乳油3 000～4 000倍液、20%甲氰菊酯乳油1 500～2 000倍液。

彩图89-1　茶翅蝽成虫

彩图89-2　茶翅蝽卵块及初孵若虫

彩图89-3　刚孵化的茶翅蝽若虫

彩图89-4　叶片上的茶翅蝽若虫

彩图89-5 果实上的茶翅蝽若虫

彩图89-6 果实上的茶翅蝽若虫及为害状

彩图89-7 卵期释放平腹小蜂防治茶翅蝽

彩图89-8 卵卡上已经羽化出的平腹小蜂

90. 麻皮蝽

分布与危害

麻皮蝽 [*Erthesina fullo* (Thunberg)] 属半翅目蝽科，又称黄斑椿象，俗称臭大姐。在我国大部分省份均有分布。食性很杂，主要寄主有苹果、梨、桃、柿、杏、樱桃、枣等果树和泡桐、杨、桑、丁香等多种树木。以成虫、若虫刺食果实、嫩梢及叶片，受害果实果面呈现硬青疔，幼果受害严重时常脱落，对产量与品质影响很大。成虫和若虫受惊时能分泌出臭液防敌，所以也称为臭大姐。

形态特征

成虫：体长18～24.5mm，体宽8～11mm，体棕黑色，身体背面及前翅上密布有不规则黄白色小斑点，头部前端至小盾片有1条黄色细中纵线。前胸背板前缘及前侧缘具黄色窄边。胸部腹板黄白色，密布黑色刻点。

卵：灰白色，鼓形，顶部有盖，周缘有刺，卵块通常12粒排列成不规则块状。

若虫：共5龄，初孵若虫近圆形，有红、白、黑三色相间花纹，腹部背面有3条较粗黑纹，老熟若虫红褐色或黑褐色，头端至小盾片具1条黄色或黄红色纵线，前胸背板中部具4个横排的淡红色斑点，内侧2个较大，腹部背面中央具纵列暗色大斑3个，每个斑上有横排的淡红色臭腺孔2个。

生活史和发生规律

麻皮蝽在北方果区1年发生1代，在安徽、江西等地1年发生2代，以成虫在屋檐下、墙缝、石壁缝、草丛和落叶等处越冬。在北方果区，翌年4月下旬越冬成虫开始出蛰活动，出蛰期长达2个多月。成虫飞翔力强，受惊扰时均分泌臭液，早晚低温时常假死坠地，但正午高温时则逃飞。成虫在山西太谷5月中下旬开始交尾产卵，6月上旬为产卵盛期，卵多成块产于叶背，每块约12粒。初孵若虫常群集叶背，二、三龄才分散活动。7—8月羽化为成虫。9月下旬以后，成虫陆续飞向越冬场所。离村庄较近的果园受害重。

防治技术

（1）人工防治。在成虫越冬前和出蛰期在墙面上爬行停留时，进行人工捕杀。在成虫产卵期，收集卵块和初孵若虫，予以消灭。

（2）果实套袋。为防止成虫隔袋刺吸果实，以使用双层袋为好，并且套袋时使果与袋之间留有一定空隙。

（3）释放卵寄生蜂。在麻皮蝽卵期释放平腹小蜂或茶翅蝽沟卵蜂。

（4）药剂防治。树上喷药应在5月下旬至6月上旬成虫为害和若虫发生期进行，具体药剂参见茶翅蝽。

彩图90-1　麻皮蝽成虫

彩图90-2　麻皮蝽卵块

彩图90-3　刚孵化的麻皮蝽若虫

彩图90-4　叶片上的麻皮蝽若虫

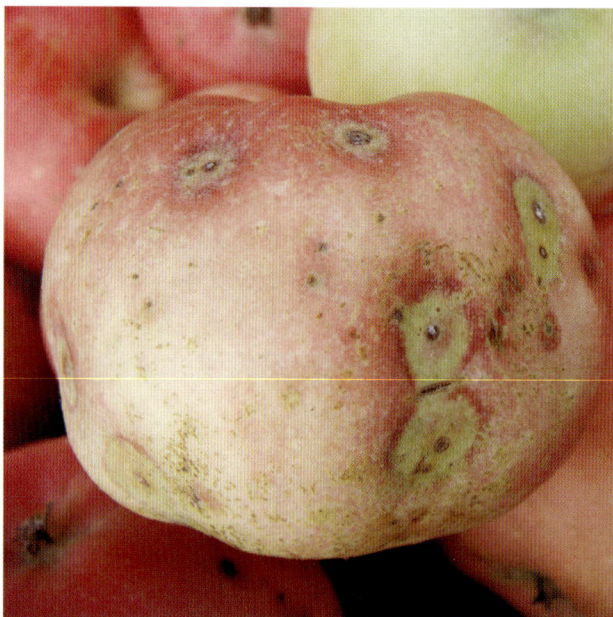

彩图90-5　果实被麻皮蝽叮咬后形成青疗

91. 苹毛丽金龟

分布与危害

苹毛丽金龟（*Proagopertha lucidula* Faldermann）属鞘翅目丽金龟科，又称苹毛金龟子、长毛金龟子。在我国许多省份均有发生，特别在山地果园发生较重。食性很杂，果树中可为害苹果、梨、桃、杏、樱桃、葡萄、核桃、海棠、板栗等，还可取食小麦叶片、柳和榆等。主要以成虫在果树花期食害花蕾、花朵和嫩叶，严重时将花蕾及花器组织吃光，对产量影响很大。幼虫以植物细根和腐殖质为食，为害不明显。

形态特征

成虫：卵圆形，体长9～10mm，体宽5～6mm，虫体除鞘翅和小盾片光滑无毛外，皆密被黄白色细绒毛，雄虫绒毛长而密；头、胸背面紫铜色，鞘翅茶褐色，有光泽，半透明，从鞘翅上可以透视出后翅折叠成V形，腹部末端露在鞘翅外。

卵：乳白色，长约1mm，椭圆形，表面光滑。

幼虫：老熟幼虫体长15～20mm，体乳白色，头部黄褐色，前顶有刚毛7～8根，后顶有刚毛10～11根，各排成1纵列；唇基片梯形，中部有1横隆起线。

蛹：体长10mm左右，裸蛹，淡褐色，羽化前变为深红褐色。

生活史和发生规律

苹毛丽金龟1年发生1代，以成虫在土壤中越冬。翌年4月上旬开始出土，4月中下旬至5月中旬为出土盛期，5月下旬基本结束。出土早的成虫先在小麦等其他寄主植物上为害，待苹果树开花时再转移过来。成虫喜欢取食花器、嫩叶，常群集为害，有时一个花丛上有10余头成虫，将花蕾、花器及嫩叶吃光。成虫的出土、取食受温度影响较大，平均气温在10℃左右时，成虫白天上树为害，夜间下树入土潜伏；气温达15～18℃时，成虫白天和夜间都停留在树上。早晚气温较低，成虫不活动；中午温度升高，成虫活动频繁，并大量取食。成虫4月中下旬开始在土中产卵，每雌平均产卵20余粒，卵期20～30d。幼虫为害植物根部，经60～70d陆续老熟，7月下旬开始做蛹室化蛹，8月中下旬为化蛹盛期，蛹期15～20d，

成虫羽化后在蛹室内越冬。成虫有假死习性，无趋光性。

防治技术

（1）人工捕杀成虫。在成虫发生期内，利用其假死性，在清晨或傍晚振动树枝，集中捕杀。

（2）药剂防治。利用低温下成虫夜晚入土的习性，在成虫发生初期地面用药防治。可选用48%毒死蜱乳油或50%辛硫磷乳油300～500倍液喷洒地面，将表层土壤喷湿，然后耙松土表；也可使用15%毒死蜱颗粒剂每亩0.5～1kg，或5%辛硫磷颗粒剂每亩4～5kg，按1：1的比例与干细土或河沙拌匀后地面均匀撒施，然后耙松土表。

因为果树花量较大，一般果园都需疏花疏果，少量苹毛丽金龟存在不会对产量造成影响，而且花期喷施杀虫剂对授粉昆虫影响很大，因此一般年份不需喷药防治苹毛丽金龟。大发生的果园可在初花期树上喷药。有效药剂有48%毒死蜱乳油1 200～1 500倍液、50%马拉硫磷乳油1 000～1 200倍液、5%高效氯氟氰菊酯乳油3 000～4 000倍液、4.5%高效氯氰菊酯乳油1 500～2 000倍液、52.25%氯氰·毒死蜱乳油1 500～2 000倍液等。

彩图91-1　取食花骨朵的苹毛丽金龟成虫

彩图91-2　苹毛丽金龟为害花

彩图91-3　苹毛丽金龟为害嫩叶

92. 小青花金龟

分布与危害

小青花金龟（*Oxycetonia jucunda* Faldermann）属鞘翅目花金龟科，又称小青花潜。在我国北方果区均有发生。小青花金龟食性很杂，不仅为害苹果、梨、桃、杏、山楂、板栗、葡萄、柑橘等果树的花，还可以取食多种植物的花。山区植被丰富，该虫在不同植物的花上转移取食，因此山区苹果园受害更严重。以成虫咬食嫩芽、花蕾、花瓣及嫩叶，严重时将花器吃光，影响产量。初孵幼虫以腐殖质为食，大龄后取食根部，但为害不明显。

形态特征

成虫：长椭圆形，稍扁，体长11～16mm，体宽6～9mm，体色变化大，有绿色型和红色型，背面暗绿色或绿色至古铜色微红甚至黑褐色，多为绿色或暗绿色，有光泽，腹面黑褐色，体表密布淡黄色毛和点刻。头较小，黑褐色或黑色，唇基前缘中部深陷，前胸和翅面上生有白色或黄白色绒斑。臀板宽短，近半圆形，中部偏上具白绒斑4个，横列或微弧形排列。

卵：椭圆形，长1.7～1.8mm，初乳白色，渐变淡黄色。

幼虫：共3龄。老熟幼虫体长32～36mm，体乳白色，头部棕褐色或暗褐色，前顶刚毛、额中刚毛、额前侧刚毛各具1根。

蛹：长14mm，初淡黄白色，后变橙黄色。

生活史和发生规律

小青花金龟1年发生1代，以成虫在土中越冬。翌年4月上旬成虫出土活动，成虫出现时间比苹毛丽金龟晚，苹果、梨、山楂开花时也是成虫发生高峰期。成虫飞行力强，具假死性，白天活动，10～16时较活泼，下午太阳落山后活动能力减弱，受惊动假死落地，夜间入土潜伏或在树上过夜。成虫集中食害花瓣、花蕊及柱头，常随寄主开花早迟而转移为害。5月中下旬大葱开花时，成虫喜欢在葱花上群聚取食。6月上旬以后成虫逐渐减少。成虫经取食后交尾、产卵，散产在土中、杂草或落叶下，尤喜产于腐殖质多的场所。幼虫孵化后以腐殖质为食，长大后为害根部，老熟后在浅土层中化蛹。

防治技术

（1）人工捕杀成虫。在太阳落山后，振树捕捉成虫。

（2）诱杀成虫。用糖醋液或果汁诱集成虫，但是盛花期花香对小青花金龟的吸引力远远大于糖醋液或果汁的吸引力，因此糖醋液仅在落花后才能诱集到小青花金龟。尽管对当年防治效果不明显，但是可以减少来年的虫源基数。

（3）种植诱集植物。种植大葱诱集成虫，集中杀灭。

（4）药剂防治。具体措施及有效药剂参照黑绒金龟。

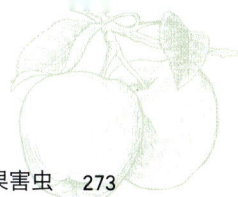

彩图92-1　绿色型小青花金龟为害花

彩图92-2　红色型小青花金龟为害花

彩图92-3　小青花金龟的假死性

彩图92-4　取食树干伤口浸出液的小青花金龟

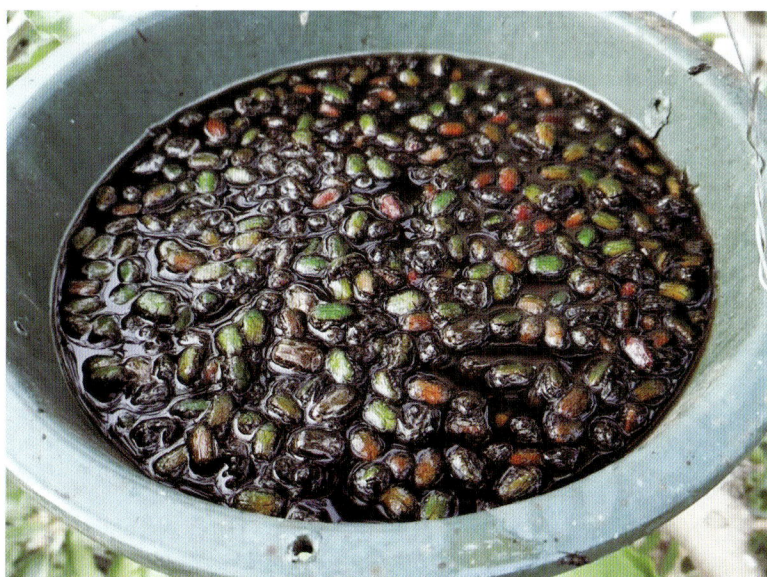

彩图92-5　糖醋液诱集的小青花金龟

93. 康氏粉蚧

分布与危害

康氏粉蚧 [*Pseudococcus comstocki*（Kuwana）] 属半翅目粉蚧科，别名桑粉蚧、梨粉蚧、李粉蚧。分布于我国山西、河北、山东、黑龙江、吉林、辽宁、内蒙古、宁夏、甘肃、青海、新疆等地。寄主有苹果、梨、桃、李、杏、山楂、葡萄、柿、石榴、核桃、栗、金橘、刺槐、樟树、佛手瓜、君子兰等多种植物。以雌成虫和若虫刺吸寄主植物的芽、叶、果实、枝干及根部的汁液，嫩枝和根部受害常肿胀且易纵裂而枯死。多在果实萼洼、梗洼处刺吸果实汁液，受害果实果面常出现黄、白、红、绿不同颜色的花斑，刺吸口清晰可见，孔周围多出现红褐色或黄褐色晕圈，影响果实着色，前期果实被害多呈畸形果，在多雨情况下常伴发煤污病，影响植株光合作用。

形态特征

成虫：雌成虫椭圆形，较扁平，体长3～5mm，体粉红色，表面被白色蜡粉，体缘具17对白色蜡丝，体前端的蜡丝较短，后端最末1对蜡丝较长，几乎与体长相等，蜡丝基部粗，尖端略细。触角多为8节，末节最长，柄节上有几个透明小孔。胸足发达，后足基节上也有较多的透明小孔。腹裂1个，较大，椭圆形。肛环具6根肛环刺。臀瓣发达，其顶端生有1根臀瓣刺和几根长毛。雄成虫体紫褐色，体长约1mm，翅展约2mm，翅1对，透明，后翅退化成平衡棒。具尾毛。

卵：椭圆形，长约0.3mm，浅橙黄色。数十粒集中成块，外覆薄白色蜡粉层，形成白絮状卵囊。

若虫：初孵若虫体扁平，椭圆形，淡黄色，外形似雌成虫。

蛹：仅雄虫有蛹期，浅紫色，触角、翅和足等均外露。

生活史和发生规律

康氏粉蚧在河北和河南等地1年发生3～4代，以卵囊和少数成虫在枝干皮缝或石缝土块下等隐蔽场所越冬。翌年果树发芽时，越冬卵孵化为若虫，食害寄主幼嫩部位。第一代若虫发生盛期在5月中下旬，第二代为7月中下旬，第三代在8月下旬，世代重叠严重。若虫蜕3次皮即发育为雌成虫，雌虫历期为35～50d，雄虫历期为25～37d。雄若虫化蛹于白色长形的茧中。雌雄交尾后，雌成虫即爬到枝干粗皮裂缝内或果实萼洼、梗洼等处产卵，有的将卵产在土壤内。产卵时，雌成虫分泌大量棉絮状蜡质物结成卵囊，卵产在囊内，每头雌成虫可产卵200～400粒。

康氏粉蚧属活动性蚧类，除产卵期的成虫外，若虫、雌成虫皆能随时变换为害场所。该虫具有趋阴性，在阴暗的场所居留量大，为害较重。苹果套袋后，其成虫、若虫能通过袋口孔隙钻入果袋，而果袋内的小气候环境更有利于该虫的发生，因此套袋果实受害更严重。康氏粉蚧一代若虫多寄生在树皮裂缝及幼嫩组织处为害，在套袋苹果上约占30%左右，第二、三代以为害套袋果实为主。

防治技术

（1）人工防治。从9月开始，在树干上束草把诱集成虫产卵或用瓦楞纸诱虫带诱虫，入冬后至苹果树发芽前取下草把消灭虫卵。早春刮除老树皮、翘皮、树皮裂缝，用硬毛刷刷杀越冬卵或成虫。

（2）化学防治。在套袋果园，由于康氏粉蚧成虫、若虫均可通过袋口进入果袋为害果实，果袋成了其天然保护屏障，农药无法与虫体接触，致使康氏粉蚧发生加重，因此，必须在套袋前喷药防治。不论是套袋苹果还是未套袋苹果，均要重点做好5月中下旬的基础防治和二代若虫期的重点防治，发生重的果园，要做好三代若虫的扫残工作。不套袋果园，第一代若虫喷药1次，第二代若虫喷药1～2次，第三代若虫喷药1～2次。效果较好的药剂有48%毒死蜱乳油或微乳剂1 200～1 500倍液、22%氟啶虫胺腈悬浮剂4 500～7 500倍液、25%噻虫嗪水分散粒剂2 000～3 000倍液、25%噻嗪酮可湿性粉剂1 000～1 500倍液、52.25%氯氰·毒死蜱乳油1 500～2 000倍液、22.4%螺虫乙酯悬浮剂2 500～3 000

倍液、5%啶虫脒乳油2 000 ～ 2 500倍液、70%吡虫啉水分散粒剂6 000 ～ 8 000倍液、20%甲氰菊酯乳油1 500 ～ 2 000倍液等。

彩图93-1　康氏粉蚧雌成虫

彩图93-2　果实上的康氏粉蚧

彩图93-3　被康氏粉蚧为害的果实

彩图93-4　康氏粉蚧在主干环割部位为害

（曹克强摄）

彩图93-5　康氏粉蚧为害造成被害果外纸袋上的煤污菌

彩图93-6　老翘皮下的康氏粉蚧越冬卵

第三节　枝干害虫

94．桑天牛

分布与危害

桑天牛（*Apriona germari* Hope）属鞘翅目天牛科，又称褐天牛、粒肩天牛，俗称"铁炮虫"。在我国大部分地区都有发生，是一种杂食性害虫，在果树上可为害苹果、海棠、沙果、樱桃、梨、桃、枇杷、柑橘等，特别在管理粗放、周边有桑树或构树的果园发生严重。成虫啃食嫩枝皮层和叶片。幼虫蛀食果树枝干的木质部及髓部，钻蛀成纵横隧道，主要向下蛀食，隔一定距离向外蛀1个通气排粪孔，排出大量粪屑。为害轻时，树势衰弱，生长不良，影响产量，严重时导致整树枯死。

形态特征

成虫：雌虫体长约46mm，雄虫体长约36mm，身体黑褐色，密生暗黄色细绒毛，头部和前胸背板中央有纵沟，前胸背板有横隆起纹；鞘翅基部密生黑瘤突，肩角有1个黑刺。

老龄幼虫：体长70mm，乳白色，头部黄褐色，前胸节特别大，背板密生黄褐色短毛和赤褐色刻点，隐约可见"小"字形凹纹。

蛹：长约50mm，初为淡黄色，后变黄褐色。卵长椭圆形，稍扁平、弯曲，长约6.5mm，乳白或黄白色。

生活史和发生规律

桑天牛2～3年完成1代，以幼虫在枝干蛀道内越冬。翌年春天果树开始萌动和生长，越冬幼虫也开

始为害取食。幼虫经过两个冬天，在第3年6～7月老熟，而后在枝干最下1～3个排粪孔的上方外侧咬1个羽化孔，使树皮略肿或破裂，随后在羽化孔下7～12厘米处做蛹室，以蛀屑填塞蛀道两端，然后在其中化蛹。成虫羽化后自羽化孔钻出，啃食枝干皮层、叶片及嫩芽补充营养，雌虫需要取食桑树或构树的叶片或树皮才能正常产卵，仅取食苹果树叶片不能满足生殖发育营养需求。成虫寿命约40d，产卵前期10～15d。成虫喜欢在2～4年生、直径1～1.5cm的枝上产卵，产卵前先将树皮咬成U形伤口，然后将卵产在中间的伤口内，并用黏液将伤口封闭，每处产卵1～5粒，每头雌虫可产卵100粒。初孵幼虫先向枝条上方蛀食约10mm，然后调头向下蛀食，并逐渐深入木质部，每蛀食6～10cm长时向外蛀1个排粪孔，随着幼虫长大，排粪孔的距离也越来越远。幼龄幼虫的粪便为红褐色细绳状，大龄幼虫排出的粪便为粗大的锯末状。凡见有新鲜虫粪的排粪孔，其下方就有幼虫。越冬幼虫因蛀道底部有积水，多向上移至排粪孔上方。

防治技术

（1）人工防治。成虫发生期及时捕杀，消灭在产卵之前。产卵后根据产卵特性，在新鲜产卵痕处挖杀卵粒和初龄幼虫。冬季落叶后，更容易查找产卵痕和天牛排粪孔，可用小刀或天牛钩杀器钩出产卵痕下或虫道内的幼虫或用带钩的铁丝钩出树干内的幼虫。在6月成虫羽化之前，清除果园内和周边的桑树和构树，使成虫因缺乏营养而不能正常产卵。

（2）生物防治。保护利用自然天敌，如啄木鸟、马尾姬蜂等。人工释放肿腿蜂或花绒寄甲。

（3）虫道内注射药液杀死幼虫。找到新鲜排粪孔后，使用注射器从该排粪孔处向内注入45%毒死蜱乳油或80%敌敌畏乳油60～100倍液，熏杀幼虫，也可用拟除虫菊酯类药剂，但一定要稀释60～100倍后使用，以免产生药害。目前已有厂家研发出杀灭天牛的罐装气雾剂，生长季发现天牛排粪孔后，可对最下面的孔喷注药剂，一段时间后，如没有新鲜虫粪排出，说明内部的天牛幼虫已被杀死。

彩图94-1　桑天牛成虫

彩图94-2　桑天牛产卵痕

彩图94-3　桑天牛卵

（陈汉杰摄）

彩图94-4　桑天牛初孵幼虫

彩图94-5　蛀道内的桑天牛幼虫

（右图为曹克强摄）

彩图94-6　挑出的桑天牛老熟幼虫

彩图94-7　桑天牛虫道孔口处的结构

（曹克强摄）

彩图94-8　桑天牛的新鲜排粪孔及排出的粪便

彩图94-9　天牛钩杀器钩杀桑天牛幼虫

彩图94-10　桑天牛成虫喜欢取食构树

彩图94-11　注射药剂防治树干内的桑天牛幼虫

95.苹果枝天牛

分布与危害

苹果枝天牛（*Linda fraterna* Chevr）属鞘翅目天牛科，又称苹果筒天牛、苹果顶斑筒天牛、苹果瘤筒天牛等。在我国分布较广，主要为害苹果，还可为害梨、李、梅、杏、樱桃等果树。苹果枝天牛以幼虫蛀食嫩枝，钻入髓部向下蛀食，导致被害枝梢枯死，影响新梢生长，幼树受害较重。成虫还可取食树皮、嫩叶，但为害不明显。

形态特征

成虫：雌成虫体长约18mm，雄成虫体长约15mm，体长筒形，橙黄色，鞘翅、触角、复眼、足均为黑色。

老熟幼虫：体长28～30mm，橙黄色，前胸背板有倒"八"字形凹纹。

蛹：长约28mm，淡黄色，头顶有1对突起。

生活史和发生规律

苹果枝天牛1年发生1代，以老熟幼虫在被害枝条的蛀道内越冬。翌年4月开始化蛹，5月上中旬为化蛹盛期，蛹期15～20d。5月上旬开始出现成虫，5月下旬至6月上旬为成虫发生盛期。成虫白天活动取食，5月底至6月初开始产卵，6月中旬为产卵盛期。成虫多在当年生枝条上产卵，产卵前先将枝梢咬一环沟，再由环沟向枝梢上方咬一纵沟，卵产在纵沟一侧的皮层内。初孵幼虫先在沟内蛀食，然后沿髓部向下蛀食，隔一定距离咬一圆形排粪孔，排出黄褐色颗粒状粪便。7～8月被害枝条大部分已被蛀空，枝条上部叶片枯黄，枝端逐渐枯死。10月间幼虫陆续老熟，在隧道端部越冬。

防治技术

7～8月结合苹果等果树的夏季修剪，人工剪除因被害萎蔫的新梢，以压低当年的越冬虫源基数。早春结合苹果等果树的修剪，剪除果园内和果园周边林木的被害枝条，集中销毁，以铲除越冬虫源，可有效控制苹果枝天牛为害。

彩图95-1　苹果枝天牛幼虫

彩图95-2　苹果枝天牛所蛀的孔道和排出的粪便

（曹克强摄）

96. 苹小吉丁虫

分布与危害

苹小吉丁虫（*Agrilus mali* Matsumura）属鞘翅目吉丁虫科，又称苹果吉丁虫、苹果金蛀甲，俗称串皮干。分布在我国东北、华北、西北各地区。曾在天山野生苹果林中大发生，由于其造成的伤口极易感染苹果树腐烂病，导致大片野生苹果树死亡，威胁到我国经济果树资源的天然基因库——天山野果林的存在。该虫主要为害苹果、沙果、海棠、花红等果树。以幼虫在树干皮层内蛀食，使木质部和韧皮部内外分离，造成皮层变黑褐色凹陷，后期干裂枯死。另外，虫疤上常有红褐色黏液渗出，俗称"冒红油"。受害严重的树遍体鳞伤，甚至枝枯树死。

形态特征

成虫：体长6～9mm，全体紫铜色，有金属光泽，体似楔状。头部扁平，复眼大，呈肾形。前胸发达，呈长方形，略宽于头部。鞘翅窄，翅端尖削。

卵：长约1mm，椭圆形，初产时乳白色，后渐变为黄褐色，产在枝条向阳面粗糙的缝隙处。

幼虫：体扁平，老熟幼虫体长15～22mm，头部和尾部为褐色，胸、腹部乳白色，头小，多缩入前胸，前胸特别膨大，中、后胸较小，腹部第七节最宽，胸足、腹足均退化。

蛹：体长6～8mm，初化蛹时乳白色，渐变为黄白色，羽化前2d呈黑褐色。

生活史和发生规律

苹小吉丁虫1年发生1代，以低龄幼虫在蛀道内越冬。4月上旬幼虫开始为害，5月中旬达严重为害期，5月下旬幼虫老熟后在蛀道内化蛹，蛹期12d。6月中旬出现成虫，7月中旬至8月初为成虫发生高峰期，持续20d左右。8月下旬达到产卵高峰，卵多产在枝干的向阳面。9月上旬为幼虫孵化高峰，幼虫孵化后立即蛀入枝干表皮下取食为害，隧道不规则，表面多破裂，有2排小孔，随龄期增大逐渐向皮层深处蛀食，至老龄时则在形成层处皮层蛀食，受害皮层被切断，逐渐失水凹陷干裂，形成坏死伤疤。幼虫在皮层活动时，常由通气孔溢出红棕色胶液，俗称"冒红油"，干涸后呈黄白色胶滴，红油是识别幼虫在皮层活动的一个显著标志。幼虫老熟后蛀入木质部3～5mm深处，做船形蛹室化蛹，10月中下旬幼虫开始越冬。成虫在早晨、傍晚或阴雨天多在枝干上静伏不动，中午温度不高时活动，遇惊扰有假死性，飞翔力不强，多绕树冠飞迁1～10m，取食叶片造成不规则缺刻。白天在树冠向阳面活动，在向阳的枝干粗皮缝里和芽的两侧产卵，卵散产，每处产1～3粒。

防治方法

（1）加强苗木检疫。苹小吉丁虫是检疫性害虫，可随苗木传到新区，应加强苗木出圃时的检疫工作，防止传播蔓延。

（2）保护天敌。苹小吉丁虫的常见天敌有寄生蜂和寄生蝇，在幼虫和蛹体内寄生，可利用其进行防治。啄木鸟能啄食幼虫和蛹，是幼虫和蛹的重要天敌，冬季可招引啄木鸟啄食树干内的幼虫。

（3）人工防治。利用成虫的假死性，人工捕捉落地成虫。结合修剪及农事活动，及时清除枯枝死树，剪除虫梢，在成虫羽化前集中销毁；不能清除的树体枝干，及时人工挖虫，即将虫伤处的老皮刮去，用刀将皮下的幼虫挖出杀死，然后伤口处涂抹5波美度石硫合剂，保护伤口及促进伤口愈合。

（4）药剂防治。早春树液未流动前，在幼虫为害部涂抹配比20∶1的煤油、敌敌畏液（即500g煤油中加入25g 80%敌敌畏乳油），杀死皮层下的幼虫。也可用注射器将药液注入蛀孔内，有效药剂有48%毒死蜱乳油、80%敌敌畏乳油30～50倍液等。害虫发生面积大且严重时，在成虫发生期内使用触杀性强的速效性药剂对树干及树冠进行喷药，有效药剂有48%毒死蜱乳油1 200～1 500倍液、5%高效氯氟氰菊酯乳油2 500～3 000倍液等。

彩图96-1　苹小吉丁虫成虫
（杨永刚摄）

彩图96-2　苹小吉丁虫幼虫
（曹克强摄）

彩图96-3　苹小吉丁虫为害状
（曹克强摄）

彩图96-4 被苹小吉丁虫为害的枝干皮层出现枯死斑，剖开后可见虫道

（曹克强摄）

彩图96-5 苹小吉丁虫幼虫及所蛀的虫道

（曹克强摄）

彩图96-6 被苹小吉丁虫为害后枝干皮层渗出暗红色汁液

（曹克强摄）

97. 苹果透翅蛾

分布与危害

苹果透翅蛾（*Conopia hector* Butler）属鳞翅目透翅蛾科，又称苹果小翅蛾、苹果旋皮虫，俗称串皮干、串皮虫、旋皮虫。在我国中北部苹果产区均有发生，可为害苹果、梨、沙果、桃、李、杏、樱桃等果树枝干。以幼虫在树干枝杈等处蛀入皮层下食害韧皮部，形成不规则虫道，深达木质部，被害处常有似烟油状的红褐色树脂黏液及粪屑流出，有时伤口处遭受腐烂病菌侵染形成溃烂。一般管理粗放的果园，此虫为害较为严重。

形态特征

成虫：体长约12mm，全体蓝黑色，有光泽。头后缘环生黄色短毛，触角丝状、黑色。前翅大部分透明，翅脉、前缘及外缘黑色，后翅透明。前足基节外侧、后足胫节中部和端部、各足跗节均为黄色。腹部第四节、第五节背面后缘各有1条黄色横带，腹部末端具毛丛，雄蛾毛丛呈扇状，边缘黄色。

卵：长0.5mm，扁椭圆形，黄白色，产在树干粗皮缝及伤疤处。

幼虫：老熟幼虫体长22～25mm，头黄褐色，胸、腹部乳白色，背中线淡红色，腹足趾勾单序二横带。

蛹：长约15mm，黄褐色至黑褐色，头部稍尖，腹部末端有6个小刺突。

生活史和发生规律

苹果透翅蛾1年发生1代，以幼虫在树皮下的虫道内结茧越冬。春季果树萌动时，越冬幼虫继续蛀食为害，开花前达为害盛期。5月中旬开始羽化出成虫，6～7月为羽化盛期，成虫羽化时将一半蛹壳带出羽化孔。成虫白天活动，取食花蜜，喜在长势衰弱的枝干裂皮及伤疤边缘处产卵。卵散产，每处1～2粒，卵期10余d。幼虫孵化后即蛀入皮层为害。一般在侧主枝上的幼虫生长发育快，虫体较肥大，化蛹羽化较早，在主干上的幼虫生长发育慢，虫体瘦小，化蛹羽化较晚，故出现两个成虫羽化高峰的现象。幼虫喜在粗糙树皮、裂缝及病疤翘皮较多的树上为害，喜欢半腐朽物质，多沿被害处的边缘蛀食已变红褐色的皮层。幼虫经常吐出红褐色的液体，造成湿润的环境，促使皮层腐朽，以便取食。

防治技术

（1）刮除粗皮，挖杀幼虫　晚秋和早春，结合刮树皮，仔细检查主枝、侧枝和大枝杈处、树干伤疤处、多年生枝橛处及老翘皮附近，发现虫粪和黏液时，用刀挖杀幼虫。

（2）药剂防治。9月幼虫蛀入不深，龄期小，可在被害处涂药杀死皮层下的幼虫。常用80%敌敌畏乳油10倍液，或80%敌敌畏乳油1份与19份煤油配制的混合液，或48%毒死蜱乳油30～50倍液，使用毛刷在被害处涂刷施药。

彩图97-1　苹果透翅蛾为害状

彩图97-2　苹果透翅蛾幼虫

98. 芳香木蠹蛾

分布与危害

芳香木蠹蛾（*Cossus cossus* L.）属鳞翅目木蠹蛾科，又称木蠹蛾、杨木蠹蛾、蒙古木蠹蛾等。主要分布在我国东北、华北、西北等地。可为害苹果、梨、核桃、桃、李、杏、杨、柳、榆、槐、白蜡、香椿等果树及林木。该虫以幼虫群集为害树干基部或在根部蛀食皮层，为害处可有十几条幼虫，蛀孔处堆有虫粪，幼虫受惊后能分泌一种特异香味。被害根颈部皮层开裂，从中排出深褐色的虫粪和木屑，并有褐色液体流出，切断树液通路，破坏树干基部及根系的输导组织，致使树势衰弱，产量下降，甚至整枝、整树枯死。

形态特征

成虫：体长24～42mm，雄蛾翅展60～67mm，雌蛾翅展66～82mm，体灰褐色。翼片及头顶毛丛鲜黄色，翅基片、胸背部土褐色，后胸具1条黑横带。前翅灰褐色，基半部银灰色，前缘生8条短黑纹，中室内3/4处及稍向外具2条短横线，翅端半部褐色，横条纹多变化，亚外缘线一般较明显。

卵：近卵圆形，长1.5mm，宽1mm，表面有纵行隆脊，初产时白色，孵化前暗褐色。

幼虫：老熟幼虫体长80～100mm，扁圆筒形，背面紫红色有光泽，体侧红黄色，腹面淡红色或黄色，头紫黑色，前胸背板淡黄色，有2块黑褐色大斑横列，胸足3对，黄褐色，臀板黄褐色。

蛹：暗褐色，体长30～50mm，第二至六腹节背面各具2横列刺，前列长，超过气门，刺较粗，后列短，不达气门，刺较细。茧长椭圆形，体长50～70mm，由丝黏结土粒构成，较致密。

生活史和发生规律

芳香木蠹蛾2～3年发生1代，以幼虫在被害树的蛀道内和树干基部附近深约10厘米的土内做茧越冬。翌年4～5月越冬幼虫化蛹，6～7月羽化为成虫。成虫昼伏夜出，趋光性弱，平均寿命5d左右。卵多成块状产于树干基部1.5厘米以下或根颈部的裂缝及伤口处，每卵块几粒至百粒左右，每雌平均产卵245粒。初孵幼虫群集为害，多从根颈部、伤口、树皮裂缝或旧蛀孔等处蛀入皮层，入孔处有黑褐色粪便及褐色树液。小幼虫在皮层中为害，逐渐食入木质部，此时常有几十条幼虫聚集在皮下为害，蛀孔处排出细碎均匀的褐色木屑。随虫龄增大，分散在树干的同一段内蛀食，并逐渐蛀入髓部，形成粗大而不规则的蛀道。幼虫老熟后从树干内爬出，在树干附近根际处或距树干几米处的土埂、土坡等向阳干燥的土壤中结薄茧越冬。老熟幼虫爬行速度较快，虫体受触及时，能分泌出具有麝香气味的液体，故称芳香木蠹蛾。

防治技术

（1）人工防治。在成虫产卵前树干涂白，防止成虫产卵。及时伐除并销毁严重被害树，消灭虫源。幼虫为害初期，可撬起皮层挖除皮下群集幼虫，集中杀灭。老熟幼虫脱离树干入土化蛹时（9月中旬以后），也可进行人工捕杀。

（2）生物防治。利用塑料洗瓶将浓度为每毫升5 000条线虫的小卷蛾斯氏线虫或芜菁夜蛾线虫注入木蠹蛾幼虫蛀道内，可以杀死蛀道内的幼虫，经10d左右会从被感染的幼虫中爬出大量的侵染期线虫，再侵染其他木蠹蛾幼虫。

（3）产卵期药剂防治。成虫产卵期，及时在树干2m以下的主干上及根颈部喷药，毒杀虫卵和初孵幼虫。效果较好的药剂有25%辛硫磷微胶囊剂200～300倍液、48%毒死蜱乳油400～500倍液等。

（4）幼虫为害期药剂防治。在幼虫蛀入木质部为害时，先刨开根颈部土壤，清除蛀孔周围的虫粪，然后用注射器向虫孔内注射80%敌敌畏乳油10～20倍液、50%辛硫磷乳油10～20倍液或48%毒死蜱乳油30～50倍液，注至药液外流为止。8～9月，当年孵化幼虫多集中在主干基部为害，虫口处有较细的

暗褐色虫粪，这时用塑料薄膜把主干被害部位包住，从上端投入磷化铝片剂0.5～1片，可熏杀在木质部浅层及以外的幼虫，12h后杀虫效果即可显现。

彩图98-1　芳香木蠹蛾成虫

彩图98-2　芳香木蠹蛾老熟幼虫

彩图98-3　芳香木蠹蛾幼虫及根颈部为害状

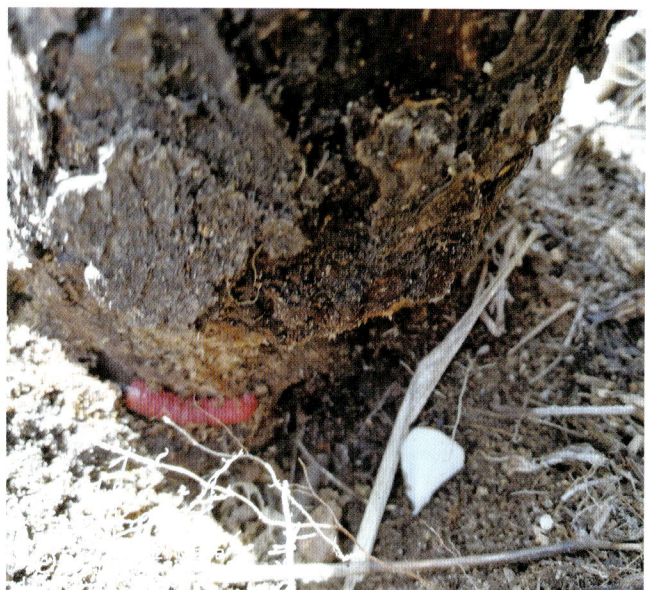

彩图98-4　芳香木蠹蛾为害状

99. 豹纹木蠹蛾

分布与危害

豹纹木蠹蛾（*Zeuzera coffeae* Niether）属鳞翅目木蠹蛾科，又称六星黑点蠹蛾、咖啡木蠹蛾、咖啡黑点木蠹蛾、咖啡豹纹木蠹蛾等。分布于我国河北、河南、山东、山西、东北等地，可为害苹果、枣、桃、柿、山楂、核桃等果树及杨、柳等林木。以幼虫蛀食枝条为害，被害枝基部木质部与韧皮部之间有1个蛀食环，幼虫沿髓部向下蛀食，枝上有数个排粪孔，有长椭圆形粪便从孔内排出，受害枝上部变黄枯萎，遇风易折断。

形态特征

成虫：体灰白色，雌蛾体长20～38mm，雄蛾体长17～30mm，前胸背面有6个蓝黑色斑，前翅散生大小不等的青蓝色斑点，腹部各节背面有3条蓝黑色纵带，两侧各有1个圆斑。

卵：圆形，淡黄色。

幼虫：老龄幼虫体长30mm，头部黑褐色，体紫红色或深红色，尾部淡黄色，各节有很多粒状小突起，上生1根白毛。

蛹：长椭圆形，红褐色，体长14～27mm，背面有锯齿状横带，尾端具短刺12根。

生活史和发生规律

豹纹木蠹蛾1年发生1～2代，以幼虫在被害枝内越冬。翌年春季转蛀新枝条，被害枝梢枯萎后，可再次转移甚至多次转移为害。5月上旬开始化蛹，蛹期16～30d。5月下旬逐渐羽化，成虫寿命3～6d，羽化后1～2d内交尾产卵。成虫昼伏夜出，有趋光性。在嫩梢上部叶片或芽腋处产卵，散产或数粒产在一起。7月幼虫孵化，多从新梢上部芽腋蛀入，并在不远处开一排粪孔，被害新梢3～5d内枯萎，此时幼虫从枯梢中爬出，向下移到不远处重新蛀入为害。1头幼虫可为害枝梢2～3个。为害至10月下旬后幼虫在枝内越冬。

防治技术

（1）加强果园管理。结合冬季及夏季修剪，及时剪除被害虫枝，集中销毁。在成虫发生期内（多从5月中旬开始），于果园内设置黑光灯或频振式诱虫灯，诱杀成虫。

（2）化学防治。害虫发生严重的果园，在7月幼虫孵化期结合其他害虫防治及时喷药，以触杀性药剂效果较好。有效药剂有48%毒死蜱乳油1 200～1 500倍液、20%氰戊菊酯乳油1 500～2 000倍液、20%甲氰菊酯乳油1 500～2 000倍液、5%高效氯氟氰菊酯乳油3 000～4 000倍液、50%马拉硫磷乳油1 200～1 500倍液、52.25%氯氰·毒死蜱乳油1 500～2 000倍液等。

彩图99-1　豹纹木蠹蛾成虫
（陈汉杰提供）

彩图99-2　豹纹木蠹蛾幼虫

100. 草履蚧

分布与危害

草履蚧 [*Drosicha corpulenta* (Kuwana)] 属半翅目绵蚧科，又称草鞋蚧、桑蚧。在我国许多省份均有发生，可为害苹果、桃、梨、柿、枣、无花果、柑橘、荔枝、栗、槐、柳、泡桐、悬铃木等多种果树及林木。以雌成虫和若虫刺吸树体汁液，群集或分散为害，树体根部、枝干、芽腋、嫩梢、叶片及果实均可受害，后期虫体表面覆盖有白色絮状物。受害树体树势衰弱，生长不良，严重时导致早期落叶，甚至死枝死树。

形态特征

成虫：雌成虫体长约10mm，扁平椭圆形，似草鞋底状，体褐色或红褐色，被覆霜状蜡粉；触角8节，节上多粗刚毛；足黑色，粗大。雄成虫体紫色，体长5～6mm，翅展约10mm，翅淡紫黑色，半透明，翅脉2条；触角10节，念珠状，有缢缩并环生细长毛。

卵：椭圆形，初产时黄白色渐变橘红色，产于卵囊内，卵囊为白色绵状物，内含近百卵粒。

若虫：体似雌成虫，但虫体较小。

蛹：圆筒状，棕红色，体长约5mm，外被白色绵状物。

生活史和发生规律

草履蚧1年发生1代，以卵在土壤中越夏和越冬。翌年1月下旬至2月上旬越冬卵开始孵化，初孵若虫抵御低温能力强，但要在地下停留数日，随温度上升逐渐开始出土。孵化期持续1个多月。若虫出土后沿枝干向上爬至梢部、芽腋或初展新叶的叶腋处刺吸为害，初期白天上树为害夜间下树潜藏，随温度升高逐渐昼夜停留在树上。雄性若虫4月下旬化蛹，5月上旬羽化，羽化期较整齐，前后2周左右。雄成虫羽化后即觅偶交配，寿命2～3d。雌性若虫3次蜕皮后变为成虫，经交配后再为害一段时间即潜入土壤中产卵。卵外包有白色蜡丝裹成的卵囊，每囊有卵100多粒。

防治技术

（1）阻止若虫上树。2月上中旬在若虫上树前，将树干基部树表皮刮光滑，然后在近地面处绑扎宽10cm的塑料薄膜阻隔带，或在树干中下部捆绑开口向下的塑料裙，阻止若虫上树。或者在树干中下部涂抹宽约10cm的粘虫胶带，阻止若虫上树并粘杀若虫。

（2）适当喷药防治。草履蚧发生为害严重的果园，在若虫上树为害初期（发芽前），选择晴朗无风的午后全树喷药，杀灭树上若虫。效果较好的药剂有48%毒死蜱乳油800～1 000倍液、52.25%氯氰·毒死蜱乳油1 000～1 200倍液、22.4%螺虫乙酯悬浮剂1 500～2 000倍液、20%甲氰菊酯乳油1 000～1 200倍液等。

（3）保护和利用天敌。草履蚧的天敌有红环瓢虫、大红瓢虫等，对草履蚧的发生为害有一定的控制作用，应注意保护。由于天敌幼虫形态与草履蚧相似，特别在草履蚧发生后期（5月），应注意鉴别，避免把天敌幼虫当作草履蚧喷杀。

彩图100-1　草履蚧雌虫正面、腹面和喙的放大

（曹克强摄）

彩图100-2　草履蚧雌虫和有翅雄虫

彩图100-3　树干上的草履蚧

彩图100-4　树干绑塑料布阻止草履蚧上树

彩图100-5　在树下土中产卵的草履蚧

（尹新明提供）

101. 朝鲜球坚蚧

分布与危害

朝鲜球坚蚧 [*Didesmococcus koreanus* Borchs] 属半翅目蜡蚧科，又称杏球坚蚧、桃球坚蚧。分布于我国河北、河南、山东、山西、辽宁、黑龙江、浙江、江苏、湖北、江西、陕西、宁夏、四川、云南等地。寄主有苹果、梨、桃、李、杏、梅等果树。以若虫和雌成虫刺吸为害1～2年生枝条，初孵若虫还可爬到小枝、叶片和果实上为害，二龄以后的若虫群集固定在枝条上为害，并逐渐膨大，分泌介壳，使枝条上密密麻麻一片，枝叶生长不良，树势衰弱。

形态特征

成虫：雌成虫无翅，介壳半球形，横径约4.5mm，高约3.5mm。初期介壳质软，黄褐色，后期硬化，红褐色至紫褐色，表面无明显皱纹，体背面有纵列凹陷的小刻点3～4行或不成行列。身体腹面与枝条结合处有白色蜡粉，体腹面淡红色，体节隐约可见。雄成虫体长2mm，赤褐色，有翅1对，后翅退化成平衡棒。翅透明，翅脉简单。头、胸部赤褐色，3对胸足淡棕色。腹部淡褐色，末端有1对白色蜡质尾毛和1根性刺。雄虫介壳长扁圆形，长1.8mm，宽1mm，白色，隐约可见分节，两侧有两条纵条纹。介壳末端为钳状，钳形背上方各有黑褐色斑点1个，介壳前端也有两个黑褐色小斑点，但不及末端明显。近化蛹时，介壳与虫体分开。

卵：椭圆形，长约0.3mm，橙黄色，近孵化时显出红色眼点。

若虫：初孵若虫长扁圆形，全体淡粉红色，眼红色，极明显。触角5节，黄白色。足黄褐色，发达。体表被有白色蜡粉，腹部末端有1对白色尾毛。固着后的若虫体色较深，从身体两侧分泌白色丝状蜡质物覆盖于体背，因此，虫体不易见。口器丝状。越冬后的若虫雌雄两性逐渐分化，体形大不相同。雌虫长椭圆形，体表有黑褐色相间的条纹；雄虫体瘦小，身体背面臀板前缘有两个大型黄白色斑纹，左右互相连接，是与雌虫的主要区别。

蛹：仅雄虫有蛹，裸蛹，体长1.8mm，赤褐色，腹部末端有黄褐色刺突。蛹外被长椭圆形茧。

生活史和发生规律

朝鲜球坚蚧在辽宁、河北、山东及山西等地1年发生1代，以二龄若虫在小枝干上越冬，并群聚在一起，固着在芽腋间及其附近或枝条表面等处，分泌白色蜡质覆盖身体，直径在13mm以上的枝条很少发生。翌春3月上中旬树液流动后，越冬若虫从蜡壳下爬出，固着在1年生枝条上吸食为害，3月下旬至4月上旬蜕皮后若虫雌雄两性逐渐分化，此后雌虫再蜕一次皮，体背逐渐膨大成球形介壳。雄虫体外覆盖一层白色蜡壳，在蜡壳内化蛹，成虫羽化盛期在4月下旬，羽化后即行交尾。交尾后雄虫很快死亡，雌虫继续取食，身体也迅速膨大。雌成虫于5月下旬产卵于体后介壳内，每雌产卵1 000～2 000粒，并随产卵结束而干缩成空壳死亡。卵期7d左右，5月下旬至6月上旬为孵化盛期。初孵若虫爬行活泼，在枝条上爬行1～2d，寻找适当地点，以枝条裂缝处和枝条基部叶痕处为多。固定后，以口丝插入韧皮部吸取汁液，身体逐渐长大，两侧分泌白色丝状蜡质物，覆盖体背，6月中旬后蜡丝逐渐融化为白色蜡层，包在虫体四周，此时虫体发育极慢，雌雄难辨，越冬前蜕皮1次，至10月以二龄若虫在蜕皮下越冬。每年4月下旬至5月上旬是为害盛期，大量的若虫和雌成虫吸食树体汁液，排泄蜜露，受害枝条长势衰弱甚至枯死。

朝鲜球坚蚧的卵孵化为若虫，经过短时间爬行，很快就形成介壳，营固定生活。一旦形成介壳，其抗药能力开始增强，一般药剂难以进入体内。加之常规的杀虫剂只对初孵若虫有效，而虫体形成蜡壳后，药剂无法发挥作用，防治难度加大。另外，大多数介壳虫在树冠外围的1～2年生枝条上为害，生产中常因喷药不周到而难以达到理想的防治效果。因此，果园一旦发生，就很难清除干净。

防治技术

（1）人工防治。4月中旬虫体介壳膨大期，用手或木棒挤压抹杀枝条上的介壳虫。结合冬春修剪及时剪除有虫枝条，带出田外集中销毁。

（2）化学防治。朝鲜球坚蚧的卵孵化为若虫，经过短时间爬行，很快就形成介壳，营固定生活。低龄幼虫对药剂敏感，而且介壳层薄，药剂容易渗透，这个时期喷药效果最好。一旦进入高龄虫期，开始分泌蜡质层，介壳层变厚，药剂不易渗透，防治效果不好。根据多年经验，朝鲜球坚蚧的防治应抓住两个关键时期：一是苹果树萌芽前，即惊蛰过后至芽萌动时；二是卵孵化盛期，即5月下旬至6月（当地麦收前后）。这两个时期朝鲜球坚蚧的介壳和蜡质层均未形成，虫体对药剂极为敏感，此时进行药剂防治，效果最佳。

果树发芽前喷5波美度石硫合剂或5%矿物油乳剂防治越冬若虫。若虫孵化盛期，即可看到刚孵化的若虫从介壳的缝隙中爬出，可喷施48%毒死蜱乳油或微乳剂1 200～1 500倍液、25%噻虫嗪水分散粒剂2 000～3 000倍液、25%噻嗪酮可湿性粉剂1 000～1 500倍液、52.25%氯氰·毒死蜱乳油1 500～2 000倍液、22.4%螺虫乙酯悬浮剂2 500～3 000倍液、5%啶虫脒乳油2 000～2 500倍液、70%吡虫啉水分散粒剂6 000～8 000倍液、20%甲氰菊酯乳油1 500～2 000倍液等药剂。

在为害前期，结合防治蚜虫、螨类等刺吸式口器害虫，采用吡虫啉、噻虫嗪等内吸性杀虫剂涂茎或用输液法防治。

（3）保护利用天敌。朝鲜球坚蚧的重要天敌是黑缘红瓢虫（*Chilocorus rubidus* Hope）、日本方头甲（*Cybocephalus nipponicus* Endrody-Younga）等，应尽量不喷或少喷广谱性杀虫剂。

彩图101-1　朝鲜球坚蚧雌虫介壳和雄虫介壳

彩图101-2　朝鲜球坚蚧卵

彩图101-3　朝鲜球坚蚧初孵若虫

彩图101-4　朝鲜球坚蚧成虫和若虫

彩图101-5　朝鲜球坚蚧一龄若虫

（曹克强摄）

彩图101-6　朝鲜球坚蚧排泄蜜露

彩图101-7　枝干涂白抑制了朝鲜球坚蚧的取食

102. 梨圆蚧

分布与危害

梨圆蚧 ［*Diaspidiotus perniciosus*（Comstok）］ 属半翅目盾蚧科，别名梨圆盾蚧、梨笠圆盾蚧、梨枝圆盾蚧、梨园介壳虫。20世纪50～60年代，该虫在我国北部苹果产区普遍发生，尤其在东北和华北地区部分梨园为害严重，80年代以后，随着我国果树面积的增加和果树苗木的远距离运输，该虫的分布范围不断扩大，为害严重。如山东临沂地区，在90年代初期，苹果有虫株率达15%～20%；1998～1999年，山东潍坊苹果园受害面积1 400hm²，有虫株率达60%。目前梨圆蚧在全国各落叶果树栽培区几乎都有分布。该虫寄主广泛，有苹果、山楂、梨、核桃、葡萄、樱桃、李、杏、桃、梅、柿等果树及许多林木和观赏植物共230余种。该虫以若虫和雌成虫在枝干和果面上刺吸汁液。枝干受害后常引起皮层木栓化以及韧皮部、导管组织衰弱，皮层爆裂，抑制生长，引起落叶，严重时枝梢干枯或全株死亡。苹果果实受害后，虫体介壳周围形成一圈红晕，降低果品质量。

形态特征

成虫：雌成虫体长0.91～1.48mm，扁椭圆形，橙黄色，虫体腹部有刺吸式丝状口器，眼及足均退化；体背覆盖近圆形灰色介壳，表面有同心轮纹，介壳中央稍隆起，壳顶黄色或褐色。雄成虫体长0.6mm，翅展1.2mm；头、胸部橘黄色，腹部橙黄色，触角鞭状；前翅乳白色，半透明，后翅退化，尾部交尾器剑状；介壳长椭圆形，壳顶位于介壳的一端。

卵：长约0.23mm，长卵形，初乳白色，渐变黄至橘黄色，孵化前橘红色。

若虫：初龄若虫没有介壳，身体卵圆形，橙黄色，长约0.2mm，有3对胸足，行动迅速，触角及口器发达，尾端具2根毛。蜕皮变为二龄后，触角、足及眼均消失，外形似雌成虫。二龄以后雌雄两性开始在形态上分化。雌虫介壳圆形，雄虫介壳长椭圆形。

蛹：仅雄虫在介壳下化蛹，体圆锥形，淡黄色。

生活史和发生规律

梨圆蚧在苹果上1年发生3代，以二龄若虫和少数受精雌成虫于枝干上越冬。翌春树液流动后开始为害，而后蜕皮分化，5月中下旬至6月上旬羽化为成虫，羽化后即行交尾。交尾后雄虫死亡，雌虫继续取食至6月中旬开始产卵，至7月上中旬结束。世代重叠严重，5月中旬至10月均可在田间见到成、若虫发生为害，至秋末以二龄若虫及少数受精雌成虫越冬。此虫行两性卵胎生，雌虫生殖力各代不同，根据室内观察结果，以第二代生殖力最强，每雌平均产仔110头，越冬代及第一代产仔均不及80头。初产下的若虫很快从母体介壳下爬出扩散到枝干、叶片及果实。

梨圆蚧为害程度与果树种类、品种和树龄有关，树龄小，树皮光滑，受害重。害虫在树干上的分布为阳面多于阴面。高温、高湿不利于梨圆蚧的发生。

梨圆蚧远距离传播、扩散主要靠苗木、接穗和果品传带。初孵若虫也可借助风力和鸟类、大型昆虫的活动进行传播。

梨圆蚧天敌种类很多，主要天敌有红点唇瓢虫（*Chilocorus kuwanae* Silvestri）、肾斑唇瓢虫（*Chilocorus renipustulatus*）、红圆蚧金黄蚜小蜂 [（*Prospaltena aurantii*（Howard）]、桑盾蚧金黄蚜小蜂 [*Prospaltena berlesai*（Howard）]、日本方头甲（*Cybocephalus niponicus* Endroby-Yonge）、中华通草蛉（*Chrysopa sinica* Tjeder）等。红点唇瓢虫食量很大，一头红点唇瓢虫一年可捕食梨圆蚧1 500头以上。

防治技术

（1）加强植物检疫。对苗木、砧木、接穗的调运进行严格检疫，防止人为扩展蔓延。

（2）注意保护利用天敌。在天敌发生时期，尽量减少使用广谱性化学农药，以充分发挥天敌的控制作用。

（3）人工防治。结合冬季和早春修剪管理，剪除虫口密度大的枝条，并将剪下的枝条集中销毁，用硬刷或钢丝刷等擦除有虫枝上的介壳虫。

（4）化学防治。在果树发芽前，全树喷5波美度石硫合剂或95%矿物油乳油100倍液。在果树生长期，防治的关键时期是第一代若虫发生高峰期。这一代若虫发生期比较整齐，且此时树叶较少，药液易于接触虫体。以后防治适期在各代若虫出壳后至固定前，有效药剂参照朝鲜球坚蚧。

彩图102-1　梨圆蚧为害枝干

（张金勇摄）

彩图102-2　梨圆蚧为害枝条

（陈汉杰提供）

彩图102-3　梨圆蚧为害果实

（陈汉杰提供）

彩图102-4　果实上的梨圆蚧和为害状

（尹新明提供）

彩图102-5　梨圆蚧为害状

（尹新明提供）

103. 苹果绵蚜

分布与危害

苹果绵蚜（*Eriosoma lanigerum* Hausmann）属半翅目绵蚜科，又叫血色蚜虫、赤蚜、绵蚜等，在我国属于重要的入侵生物，也是国内外重要植物检疫对象。苹果绵蚜原产北美洲东部，随苗木传播至世界各地，目前分布于世界70多个国家和地区。在我国，1914年该虫首先传入山东威海，1936年吴逊三《果树害虫之初步调查》报道，此虫在青岛农林事务所发生颇重，1951年前后，在烟台苹果产区发生普遍。整个胶东半岛以龙口为界，往东各苹果主要产区均有此虫为害。进入20世纪90年代，随着全国苹果种植面积的迅速扩增，该虫在全国苹果产区迅速蔓延，到目前为止，苹果绵蚜已经分布于山东、天津、河北、陕西、河南、辽宁、江苏、云南及西藏等地。

苹果绵蚜在我国的主要寄主为苹果，此外也在海棠、山荆子、花红、沙果等寄主上为害，在原产地还为害西洋梨、山楂、美国榆等。苹果绵蚜以成虫和若虫集中于苹果树剪锯口、病虫伤疤周围、主干主枝裂皮缝里、枝条叶柄基部和根部为害。被害部位大都形成肿瘤，肿瘤易破裂，各虫态均表面覆盖白色绵毛状物，因此树体有虫之处犹如覆盖一层白色棉絮，剥开后，内为红褐色虫体，易于识别。为害根部还可造成吸水吸肥障碍，影响树体生长发育及花芽分化，使果实的品质变劣，产量降低，严重的可导致果树死亡。

形态特征

成蚜：无翅胎生雌蚜卵圆形，体长约2mm，身体红褐色。头部无额瘤，复眼暗红色。触角6节，第三节最长，为第二节的3倍，稍短或等于末3节之和，第六节基部有1个小圆初生感觉孔。腹背有4条纵列的泌蜡孔，分泌白色的蜡质和丝质物，群聚在苹果树枝干上，如挂棉絮。腹管退化为黑色环状孔。尾片呈圆锥形，黑色。有翅胎生雌蚜体长较无翅胎生雌蚜稍短。头、胸部黑色，触角6节，第三节最长，有环形感觉器24～28个，第四节有环形感觉器3～4个，第五节有环形感觉器1～5个，第六节基部有环形感觉器2个。翅透明，翅脉和翅痣黑色。前翅中脉一分枝。腹部白色绵状物较无翅雌虫少。腹部暗褐色，覆盖绵毛物少些。

卵：长径约0.5mm，椭圆形，中间稍细，由橙黄色渐变褐色。

若蚜：分有翅与无翅两型。幼龄若蚜略呈圆筒状，绵毛很少，触角5节，喙长超过腹部。四龄若蚜体形似成虫。

性蚜：有性雌蚜体长0.6～1mm，淡黄褐色。触角5节，口器退化。头部、触角及足为淡黄绿色，腹部赤褐色。有性雄蚜体长0.7mm左右，体淡绿色。触角5节，末端透明，无喙。腹部各节中央隆起，有明显沟痕。

生活史和习性

苹果绵蚜的生活周期复杂，不同地区生活周期型存在差异。在北美洲，该种蚜虫营异寄主全周期生活，原生寄主为美国榆（*Ulmus americana* L.），次生寄主以苹果属（*Malus* Mill.）植物为主，以卵在榆树的粗皮裂缝中越冬，翌年早春越冬卵孵化为干母，在榆树上繁殖2～3代以后，产生有翅蚜，迁移至苹果树上为害，行孤雌胎生繁殖，至秋末再产生有翅蚜，迁回榆树，产生有性雌蚜和雄蚜，交尾后产卵越冬。在亚洲和欧洲等地区，因缺乏美国榆，苹果绵蚜营不全周期生活，全年生活在苹果树上，以一至二龄若蚜在苹果树上越冬。

苹果绵蚜在我国1年发生13～21代。在山东青岛地区调查结果显示，苹果绵蚜一般以一至二龄若虫越冬为主，占越冬虫态的80%以上，其他虫态很少见。因为一至二龄若虫身体小，易于隐蔽在树皮裂缝或其他苹果绵蚜尸体下，故可躲避冬季寒风的袭击，死亡率较低。越冬部位多在枝干的粗皮裂缝内、瘤状虫瘿下面，特别是腐烂病刮口边缘以及透翅蛾和天牛等为害的伤口处较多，其次在剪锯口及根部的不定芽上。翌年4月气温达9℃左右时，越冬若虫开始活动，5月上旬气温达11℃以上时开始扩散至1～2年生枝条的叶腋、嫩芽基部为害，以孤雌胎生的方式大量繁殖无翅雌蚜。5月下旬至7月上旬为全年繁殖高峰期。此时枝干的伤疤边缘和新梢叶腋等处都有蚜群，被害部肿胀成瘤。7～8月气温较高，不利于苹果绵蚜繁殖，同时寄生性天敌日光蜂的数量剧增，苹果绵蚜种群数量下降。9月下旬以后气温降至适宜温度，日光蜂［*Aphelinus mali* (Haldeman)］和其他天敌数量减少，苹果绵蚜数量又回升，出现第二次为害高峰。在全年生长季节内，还出现两次有翅胎生雌蚜，第一次在5月下旬至6月下旬，数量不多，第二次在8月底至10月底，数量较多，这些有翅雌蚜起到近距离传播的作用。秋季有翅蚜只产生雌、雄性蚜，但是在田间并未发现过越冬卵，仅在室内饲养的情况下得到过有性蚜的卵。究竟秋季有翅蚜是否向其他地方转移产越冬卵，至今尚未明确。进入11月气温降至7℃以下，若蚜陆续越冬。

苹果绵蚜还为害根部，浅层根上蚜量大，深层根数量较少。根部受害形成根瘤，使根坏死，影响根的吸收功能。一般沙土地果园，根部的苹果绵蚜为害严重。

苹果绵蚜田间近距离传播靠自身爬行、有翅蚜迁飞，或借风力传播，或附着在农事工具上，或靠剪枝、疏花疏果等农事操作而人为扩散。远距离传播主要通过苗木、接穗、果实及其包装物、果箱、果筐等的异地运输，这是苹果绵蚜传播的主要方式，特别是带虫的苗木和接穗，因苹果绵蚜虫体小而又无明显的绵毛，不易被发现，若缺乏严密的检查和处理，极易成为远距离传播的主要途径。

发生规律

（1）气象因素对苹果绵蚜的影响。苹果绵蚜的发生与温度及湿度关系最为密切。据调查，多雨年份要比少雨年份发生严重。在同一个时期，多雨年份苹果绵蚜的发生量为少雨年份的29.5倍。温度对苹果绵蚜发育的影响主要表现为：在15～28℃条件下，苹果绵蚜发育历期随着温度的上升逐渐缩短，发育速度加快。在15℃下，完成1代需29.03d，而在28℃下，完成1代仅需10.72d。在25℃条件下，苹果绵蚜的产仔量最高，1头无翅孤雌蚜平均可产仔30.23头（5～95头），之后随温度上升，产仔量反而下降。

（2）天敌因素对苹果绵蚜的影响。天敌也是影响苹果绵蚜发生的一个重要因素。7～8月，苹果绵蚜数量减少，除与气温的因素相关外，其天敌日光蜂对它的控制也是主要原因，此时寄生率达50%～90%，而4～5月是日光蜂对苹果绵蚜的控制空缺时期。广谱性杀虫剂对日光蜂的影响较大，在某些地区日光蜂的控制作用较低，与田间广谱性化学农药的使用有关。研究表明，毒死蜱对日光蜂的毒性最高，拟除虫菊酯次之，啶虫脒较低，印楝素对蛹羽化的有害程度中等，但对成虫的毒性较轻微。

另外，瓢虫、草蛉等也是苹果绵蚜的天敌，同样对苹果绵蚜的发生具有一定的控制作用。

（3）发生与果树品种的关系。苹果绵蚜已知寄主有苹果、沙果、海棠、山定子、山楂、梨、李和花红等，其中以苹果受害最为严重。苹果品种间受害程度的差异因栽培管理不同及其他病虫害的影响而有所不同。据日本早年报道，苹果品种中，美夏、红玉等抗虫性较弱，红魁、柳玉等抗虫性较强。我国青岛观察的结果与此大致相同，以红富士、祝光、花皮、黄魁、红玉、大国光和红香蕉等品种受害较重，虫株率高，而金帅、小国光、乔纳金、新红星和青香蕉等品种受害较轻，虫株率较低。调查中发现，寄主植物树龄越大，苹果绵蚜发生为害越重，树龄在21年以上的虫株率达到87.36%。

防治技术

由于苹果绵蚜繁殖力强，且潜伏在粗皮裂缝等处，药剂不易接触虫体。因此，应加强果园田间管理，抓住关键防治时期，采取剪除虫枝，枝干为害处涂抹药泥，集中处涂药，铲除越冬场所的老翘皮，生长期喷药防治，根部灌药控制配套技术。重点抓好冬季、花前和花后的防治，彻底压低虫源基数。

（1）加强检疫。建立苹果苗木、接穗繁育基地，提供健康的苗木和接穗；对苗木、接穗和果实实施产地检疫和调运检疫，严禁从苹果绵蚜疫区调运苗木、接穗。发现苗木和接穗有虫时，用80%敌敌畏乳油1 500倍液浸泡苗木、接穗2～3min，或用熏蒸剂处理苗木、接穗及包装材料。

（2）加强果园管理。经常检查树干剪锯口等疤痕处，发现有苹果绵蚜的树及时采取防治措施。在果树休眠期刮除粗翘皮和伤疤处的翘皮，并用药泥涂抹。生长季节，经常检查苹果树枝干疤痕和剪锯口等处，发现有白色虫团及时抹掉。剪掉1年生受害严重的枝条，集中销毁。

（3）化学防治。树干和主侧枝上的伤疤涂药泥：春季群聚蚜扩散以前（4月中旬以前），使用40%毒死蜱乳油200倍液的药泥涂抹苹果绵蚜群集越冬处。

树上喷药：可在越冬若虫出蛰盛期（4月中旬）和第一、二代苹果绵蚜迁移期（5月下旬、6月初）各防治1次。果园内少量发生时最好挑治，当蚜株率30%以上时需全园防治。可选用40%毒死蜱乳油1 200～1 500倍液、22.4%螺虫乙酯悬浮剂2 000倍液、5%啶虫脒可湿性粉剂2 000～2 500倍液等药剂。在施药中喷雾必须均匀周到，尤其要喷透枝干的伤疤、缝隙处。

根部施药：苹果绵蚜发生较重的果园，于4～5月若虫变为成蚜时，将树干周围1m以内的土壤扒开，露出根部，每株树撒施5%辛硫磷颗粒剂2～2.5kg，撒药后再覆盖原土或用钉耙搂一遍，杀灭根部的苹果绵蚜。也可结合雨后或灌溉后，选用40%毒死蜱乳油300～400倍液地表细致喷雾，再中耕浅锄1次，药效可达1个多月。在5～6月和9～10月苹果绵蚜发生高峰期用10%吡虫啉可湿性粉剂800～1 000倍液灌根也有一定的效果。

（4）注意保护利用自然天敌。苹果绵蚜的天敌有日光蜂、龟纹瓢虫、异色瓢虫、草蛉和食蚜蝇等，为保护利用天敌，在夏季日光蜂寄生高峰期尽量避免喷施广谱性杀虫剂。还可以通过在苹果园生草或种植黑麦草、三叶草或紫花苜蓿，使果园植被多样化，改善生态环境，增加天敌的数量。田间调查表明果园生草是控制苹果绵蚜发生为害的一项关键技术措施。

彩图 103-1 剪锯口处的苹果绵蚜

彩图 103-2 枝干疤痕处的苹果绵蚜

彩图 103-3 小枝条上的苹果绵蚜

彩图 103-4 根部的苹果绵蚜

彩图 103-5 去掉白色蜡丝的苹果绵蚜

彩图 103-6 苹果绵蚜被日光蜂寄生

104. 大青叶蝉

分布与危害

大青叶蝉 [*Tettigella viridis*（Linnaeus）]属半翅目叶蝉科，又名大绿浮尘子、青叶跳蝉。全国各地都有分布。寄主有苹果、梨、桃、李、杏等多种果树和林木，以及麦类、高粱、玉米、豆类、花生、薯类及蔬菜等，并取食多种杂草。成虫和若虫均可刺吸寄主植物的枝、梢、茎、叶。在果树上在秋末以成虫产卵为害，成虫用其锯状的产卵器刺破枝条表皮呈月牙状翘起，将6～12粒卵产在其中，卵粒排列整齐，呈肾形凸起。由于成虫在枝干上群集活动，产卵密度大，致使枝条遍体鳞伤，经冬季低温和春季早风，使枝条水分丧失严重，导致抽条，严重时可导致整棵树死亡。与菜地邻近的苗木和幼树尤其易于受害。

形态特征

成虫：体长7～10mm，体黄绿色，头黄褐色，复眼黑褐色。头部背面有2个黑点，触角刚毛状。前胸背板前缘黄绿色，其余部分深绿色。前翅绿色，革质，尖端透明，后翅黑色，折叠于前翅下面。身体腹面和足黄色。

卵：长卵形，长约1.6mm，稍弯曲，一端稍尖，乳白色，10粒左右排列成卵块。

若虫：共5龄，幼龄若虫体灰白色，三龄以后黄绿色，胸、腹部背面具褐色纵条纹，并出现翅芽，老熟若虫似成虫，仅翅未形成，体长约7mm。

生活史和发生规律

大青叶蝉1年发生3代，以卵在嫩树干和枝条的表皮下越冬。翌年4月孵化，初孵若虫常喜群聚取食，3d后转移到蔬菜、农作物或杂草上取食，午间至黄昏时非常活跃，受惊即跳跃逃避。各代发生期大体为：第一代4月上旬至7月上旬，第二代6月上旬至8月下旬，第三代7月中旬至11月中旬，此代成虫9月开始出现。各代发生不整齐，世代重叠。成虫有趋光性，夏季很强，晚秋不明显，可能是低温所致。成、若虫日夜均可活动取食，产卵于寄主植物的茎秆、叶柄、主脉、枝条等组织内，以锯状产卵器刺破表皮呈月牙形伤口，于其中产卵6～12粒，排列整齐，产卵处呈月牙形凸起。每雌产卵30～70粒。该虫前期主要取食为害农作物、蔬菜及杂草，至9～10月农作物收割、杂草枯萎后，则转移集中至秋菜、冬小麦等绿色植物上为害，10月中旬第三代成虫陆续转移到果树、林木的枝条上产卵，将卵产在林木、果树幼嫩光滑的枝条和主干上越冬，卵块多集中在1～3cm粗的主枝或侧枝上，10月下旬为产卵盛期，以卵越冬。

果园内或周围间作的作物收获期早晚与大青叶蝉为害幼树轻重有关。在幼树行间间作白菜、萝卜等蔬菜或晚熟的薯类，大青叶蝉虫口密度大大增加，大白菜畦中的幼树枯死率最高。而50m外的幼树产卵伤口很少，无枯死现象。这说明大青叶蝉有集中为害的特点。

防治技术

（1）农业防治。在苗圃和幼树园避免间作大白菜、萝卜、胡萝卜、甘薯等作物，如果间作这些作物，应在9月底以前收获。

（2）人工防治。及时清除果园杂草，最好是在杂草种子成熟前翻于树下作肥料。对越冬卵量较大的幼树，发动群众用小木棍将产于树干上的卵块压死，并于早春灌水。

（3）树干涂白。成虫产卵前在幼树主干上刷涂白剂，对阻止成虫产卵有一定作用。涂白剂的成分是生石灰25%、粗盐4%、石硫合剂1%～2%、水70%、少量植物油，还可加入少量杀虫剂。

（4）灯光诱杀成虫。在成虫期利用灯光诱杀成虫，可以大量消灭成虫。

（5）化学防治。在苹果苗圃和幼树园，当秋季大青叶蝉发生数量大时，10月上中旬于成虫产卵前或产卵初期连喷2次药剂进行防治。除在树上喷药外，还应在树行间的杂草上喷药。效果较好的药剂有48%毒死蜱乳油1 200～1 500倍液、52.25%氯氰·毒死蜱乳油1 500～2 000倍液、5%高效氯氟氰菊酯乳油

3 000 ～ 4 000倍液、4.5%高效氯氰菊酯乳油1 500 ～ 2 000倍液、20%氰戊菊酯乳油1 500 ～ 2 000倍液、50%马拉硫磷乳油1 000 ～ 1 500倍液等。

彩图104-1　正在产卵的大青叶蝉成虫
（尹新明提供）

彩图104-2　秋季大青叶蝉产卵在苹果幼树皮层造成弯月形刻痕
（曹克强摄）

彩图104-3　苹果树苗基部多个大青叶蝉产卵痕连接在一起导致树苗失水枯死
（曹克强摄）

彩图104-4　秋季杂草多的新植园大青叶蝉为害严重（右图为被毁的树苗）
（曹克强摄）

105. 蚱蝉

分布与危害

蚱蝉（*Cryptotympana atrata* Fabricius）属半翅目蝉科，俗名知了、鸣蝉、秋蝉、蜘蟟、蚱蟟、黑蝉等。全国各地都有分布。寄主有苹果、梨、桃、李、杏、樱桃等果树和榆、柳、杨等多种林木。蚱蝉成虫用锯状产卵器刺破1年生枝条的表皮和木质部，锯口处的表皮呈斜锯齿状翘起，剖开翘皮即可见卵，被害枝条干枯死亡。成虫发生量大时，被害枝条达90%，致使大部分枝条干枯死亡，尤其是幼树受害后，影响树冠形成。成虫还可吸食嫩枝汁液，使树势衰弱。若虫生活在土中，刺吸根部汁液。

形态特征

成虫：体长44～48mm，翅展约125mm。体黑色，有光泽，被黄褐色绒毛。头小，复眼大，头顶有3个黄褐色单眼，排列成三角形。触角刚毛状。中胸发达，背部隆起。

卵：梭形，稍弯，长约2.5mm，头端比尾端略尖，乳白色。

若虫：老熟时体长约35mm，黄褐色，体壁坚硬。前足发达，适于掘土，为开掘足。

生活史和发生规律

蚱蝉约4～5年发生1代，以卵在枝条内或以若虫于土中越冬。幼虫一生在土中生活，若虫老熟后在黄昏及夜间钻出土表，上树蜕皮羽化。成虫于6月末开始羽化，寿命长60～70d，7月中旬至8月中旬为羽化盛期，7月下旬开始产卵，8月上中旬为产卵盛期，产卵多在1～2年生的枝梢上，先用产卵器刺破树皮，插于枝条组织中，造成爪状卵孔，然后产卵于木质部内。卵孔纵斜排列，比较整齐，但少数弯曲或螺旋状排列，每卵孔有卵6～8粒，一枝上产卵多者达90粒。此虫严重发生地区，至秋末常见满树枯枝梢。越冬卵至翌年中下旬孵化落地入土为害根部，秋后转入深土层中越冬，在土中生活4～5年，蜕皮5次，每当春暖时向上移动，老熟若虫于6月出土爬到树干或树枝上蜕皮羽化为成虫，成虫刺吸树木汁液，将卵产于当年枝条上，造成被害枝条枯死。

防治技术

（1）人工捕捉。在老熟若虫出土始期，在果园及周围所有树干基部离地5～10cm处贴上1条宽5cm左右的塑料胶带，防止若虫上树，并于夜间或清晨前在树干下捕捉若虫或刚羽化的成虫。

（2）灯火诱杀。利用成虫较强的趋光性，夜晚在树旁点火或用强光灯照明，然后振动树枝，成虫会飞向火或强光处。

（3）剪除枯梢。秋季剪除产卵枯梢，冬季结合修剪彻底剪净产卵枝，并集中销毁。

彩图105-1 蚱蝉成虫

彩图105-2　蚱蝉产卵为害枝条

彩图105-3　被害枝条内的蚱蝉卵及卵的放大

（曹克强摄）

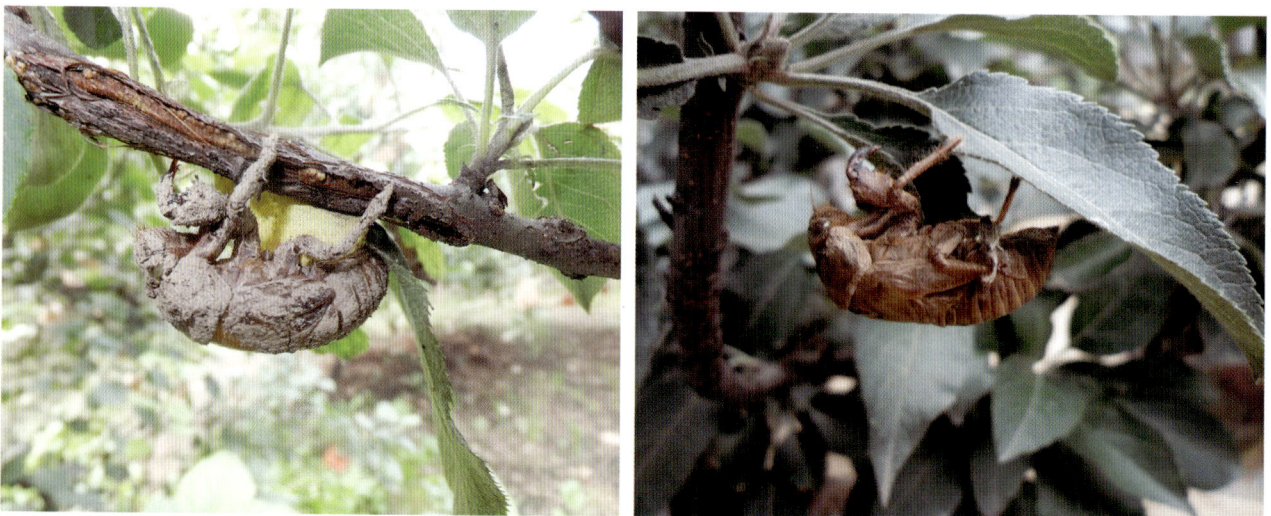

彩图105-4　蚱蝉老熟若虫的蝉蜕

第四章　苹果害虫天敌

苹果园生态环境比较稳定，苹果害虫的天敌资源极为丰富，包括捕食性天敌和寄生性天敌两大类。苹果园捕食性天敌主要有瓢虫、草蛉、小花蝽、蓟马、食蚜蝇、捕食螨、蜘蛛和鸟类，寄生性天敌包括各种寄生蜂、寄生蝇以及昆虫病原微生物等。苹果园内各种生物包括害虫和天敌在长期的进化过程中，形成了相互制约、相互依存的生态平衡关系。但有时由于气象条件和果园农事操作（如长期、广泛使用广谱性杀虫剂）的影响，导致大量天敌被杀伤，致使天敌的自然控制作用丧失，造成次要害虫上升为主要害虫或害虫再猖獗。苹果园中具有丰富的天敌资源，对害虫具有较强的控制作用，只要合理科学保护和利用害虫天敌，它们在绿色果品的生产过程中将充分发挥对害虫的控制作用。苹果害虫生物防治的途径可归纳如下：保护果园生态系统中的自然天敌，充分发挥自然天敌对害虫的控制作用。如秋季在果园内和周边营造瓢虫越冬场所，如设置草堆、砖垛以及树干上绑瓦楞纸等，吸引天敌越冬。在果园内或周围种植草木樨、油菜、种用胡萝卜、种用芫荽等蜜源植物，诱集瓢虫、食蚜蝇和寄生蜂，增加果园天敌数量。也可从周边麦田等处助迁瓢虫、草蛉等天敌。还可以通过果园生草增加生物多样性，提高果园生态系统的稳定性，也可喷施生物源杀虫剂。

第一节　捕食性天敌

106. 瓢虫类

　　瓢虫类是苹果园常见的捕食性天敌，属鞘翅目瓢虫科，俗称花大姐或看麦娘。瓢虫体中小型，半球形，体色鲜艳，头小，触角锤状，口器为咀嚼式。大多数种类为农作物害虫的天敌，这类捕食性瓢虫成虫鞘翅表面光滑无毛，触角着生于复眼前，其幼虫行动活泼，体前端宽，后方窄，体上有软肉刺及肉瘤。果园里的优势瓢虫种群有异色瓢虫、七星瓢虫、多异瓢虫和龟纹瓢虫，其成虫和幼虫均可捕食绣线菊蚜、苹果瘤蚜以及苹果绵蚜，对控制蚜虫种群数量起着重要的作用，如一头异色瓢虫幼虫期可捕食蚜虫1 920头，一头成虫一生可捕食蚜虫13 920头；一头七星瓢虫成虫一生能取食4 800～6 600头蚜虫。此外，这些瓢虫还能捕食介壳虫、螨类以及某些鳞翅目、鞘翅目害虫卵和低龄幼虫。在苹果园里还有专门捕食叶螨的深点食螨瓢虫、专门捕食草履蚧的红环瓢虫以及捕食朝鲜球坚蚧的黑缘红瓢虫。到目前为止，瓢虫的扩繁还主要依赖天然寄主，饲养成本高、规模小，因此，在大多数果园中还是以保护利用自然界的瓢虫为主，在不喷施化学杀虫剂的苹果园，依靠这些自然天敌完全可以控制蚜虫的为害。

彩图106-1　异色瓢虫成虫

彩图106-2　异色瓢虫幼虫

彩图 106-3　瓢虫的卵和幼虫

彩图 106-4　龟纹瓢虫取食绣线菊蚜

彩图 106-5　黑缘红瓢虫成虫和蛹

彩图 106-6　黑缘红瓢虫幼虫

彩图 106-7　红环瓢虫成虫和蛹

彩图106-8 红环瓢虫幼虫正面（左）、腹面（中）及口器（右）

（曹克强摄）

彩图106-9 红环瓢虫幼虫取食草履蚧

（曹克强摄）

107. 草蛉类

草蛉类也是苹果园中常见的捕食性天敌，属脉翅目草蛉科。体型中等，体细长、柔弱，一般虫体和翅脉多为绿色。咀嚼式口器，触角细长呈线状。复眼发达，有金属光泽。两对翅膜质透明，前、后翅的形状及脉纹相似，脉纹细而多呈网状，在边缘分叉。幼虫行动活泼，多呈纺锤形，体色通常为黄褐色、灰褐色或赤褐色。口器为1对强大前伸的弯管，胸部各节生有大小不同的毛瘤，有发达的胸足3对。卵椭圆形，长径1mm左右，一般多呈绿色或草绿色，卵的基部有一根富有弹性的丝柄，以丝柄附着于植物的枝条、叶片和树皮上。草蛉主要以幼虫捕食蚜虫、叶螨、介壳虫及鳞翅目卵和幼虫，大部分草蛉成虫以花粉、花蜜或昆虫分泌的蜜露为食，但部分草蛉属成虫为捕食性，如大草蛉、丽草蛉、黑腹草蛉和叶色草蛉。由于草蛉幼虫喜食蚜虫，且食量较大，捕食凶猛，可用上、下颚夹住并刺吸蚜虫，将其吸食干净，故有"蚜狮"之称，如大草蛉幼虫一天能吸食上百头蚜虫，整个幼虫期可捕食超过800头蚜虫。苹果园常见草蛉种类有大草蛉、丽草蛉、叶色草蛉和日本通草蛉等。受生境内植物生长变化及人类农业活动等影响，草蛉的物种多样性在各生境之间存在丰度差异。总体而言，草蛉趋于向杂草种类多、隐蔽性好、猎物种类及数量丰富的生境迁移。在陕西省黄土高原苹果优生区调查发现，草蛉多样性指数呈现为周边草地＞园内天然草地＞人工草地＞农田＞果园＞菜地；在有机种植管理模式下的果园中包括草蛉在内的自然天敌总数多于喷施农药的果园。日本通草蛉和大草蛉是国内最先应用于害虫防治也是目前应用较为普遍的天敌物种。此外，普通草蛉、丽草蛉和叶色草蛉相关研究及应用也相对较多。目前草蛉的饲养成

本仍然很高、饲养规模小，仅适合在有机苹果园和绿色苹果生产基地释放。田间释放草蛉，主要根据田间害虫消长量来确定，一般7.5万～9.0万头/hm²，释放的虫态以卵为主，二龄幼虫和成虫为辅，释放时，应于害虫盛发前7d在早晨或傍晚散放，分3次释放，分别为总释放量的40%、40%和20%，间隔期为5d左右。自然界的草蛉资源非常丰富，大多数苹果园可以通过果园生草、减少广谱性杀虫剂的使用以及保护越冬草蛉等措施，充分发挥其控害作用。

彩图107-1　大草蛉成虫

彩图107-2　丽草蛉成虫

彩图107-3　大草蛉卵

彩图107-4　日本通草蛉幼虫

彩图107-5　大草蛉蛹茧

108．食蚜蝇类

食蚜蝇类属双翅目食蚜蝇科。成虫体小型到中型，形似黄蜂或蜜蜂，但不蜇人。腹部常具黄、橙、灰白等鲜艳色彩的斑纹，仅1对发达透明的前翅，后翅退化为平衡棒，与其他蝇的区别在于翅上有与第4纵脉平行的1条伪脉。幼虫蛆形，无足，前端尖，后端平，体平滑或具皱褶突起，头部退化，口器仅剩口钩。食蚜蝇成虫常在花中悬飞，取食花粉和花蜜，并传播花粉，是重要的授粉昆虫。食蚜蝇幼虫食性分为肉食性、腐食性和植食性。在已知的食蚜蝇物种中约1/3幼虫为捕食性，可捕食蚜虫、粉虱、蓟马、介壳虫等害虫，尤其可抑制蚜虫数量的增长。食蚜蝇幼虫以口器叼住蚜虫，举在空中，吸尽体液后，扔掉蚜虫尸体，每头黑带食蚜蝇可捕食蚜虫700～1 500头。苹果园常见食蚜蝇种类有大灰优食蚜蝇、黑带食蚜蝇、斜斑鼓额食蚜蝇和印度细腹食蚜蝇等。在苹果园附近保留灌木林，可以为食蚜蝇提供更多的栖息地，方便食蚜蝇从灌木向果园季节性移动，从而更好地控制果园中半翅目害虫的数量。在苹果园周边种植丰富的花卉，或在行间生草，可以为食蚜蝇成虫提供栖息地，从而能吸引和保留更多数量的食蚜蝇，控制苹果树上蚜虫的数量。

彩图108-1 黑带食蚜蝇成虫

彩图108-2 正在交尾的印度细腹食蚜蝇成虫

彩图108-3 正在交尾的大灰优食蚜蝇成虫
（曹克强摄）

彩图108-4 大灰优食蚜蝇幼虫

彩图108-5 黑带食蚜蝇幼虫

彩图108-6 黑带食蚜蝇蛹

109. 捕食螨类

捕食螨是具有捕食作用的螨类，捕食对象包括害螨、蓟马、蚜虫等小型有害生物。捕食螨包括植绥螨科、赤螨科、绒螨科等种类，在生产中应用成功的是植绥螨科中的钝绥螨属、新小绥螨属、小植绥螨属、盲走螨属和静走螨属等，目前世界上已经商品化的植绥螨种类已知有30多种。巴氏新小绥螨（*Neoseiulus barkeri*）是我国生产量最大的本土植绥螨之一，因其具有产卵量高、捕食能力强等优点，在生物防治应用中受到广泛欢迎。东方钝绥螨（*Amblyseius orientalis*）和拟长毛钝绥螨（*Amblyseius pseudolongispinosus*）也是对叶螨控制力较强的本土捕食螨。近些年，我国引进的捕食螨主要有胡瓜新小绥螨（*N. cucumeris*）、伪新小绥螨（*N. fallacis*）、西方静走螨（*Galendromus occidentalis*）、智利小植绥螨（*Phytoseiulus persimilis*）等多个种类，对我国的叶螨、蓟马和粉虱等的防治起到了重要作用。捕食螨身体虽然比植食性叶螨小，但动作敏捷，食量也大。一头捕食螨一天能取食6头叶螨，一生可吃掉200～500头叶螨。此外，捕食螨的繁殖能力很强。例如智利小植绥螨一天能产卵2～3粒，可以连续产卵1个月。由于植绥螨具有捕食能力强、发育历期短等优点，近年来国内外开始对一些植绥螨进行规模化生产，实现了田间释放，明显减少了杀虫杀螨剂的使用量。目前，国内已经有多种商品化生产的捕食螨应用于生产中。

并不是所有的果园都适合使用捕食螨来防治叶螨，只有在叶螨为害程度不严重且使用化学农药少的情况下才适合使用，不适合在频繁使用杀虫杀螨剂的果园内应用。捕食螨释放前7～10d内以及释放后禁止使用杀螨剂。捕食螨不要在害螨发生高峰期释放，要在害螨低密度时（2头/叶以下）释放。田间释放采用悬挂法，先在纸袋上方1/3处撕开半寸小口，用按钉按在树冠内背阳光的主干上，袋靠紧枝桠。释放密度一般为1袋/树（每袋活动态捕食螨净含量2 000头以上），折合每亩释放110袋左右。

彩图109-1 捕食山楂叶螨的巴氏新小绥螨

（王勤英摄）

彩图109-2 拟长毛钝绥螨

（张金勇摄）

彩图109-3 胡瓜新小绥螨

（张金勇摄）

110. 其他捕食性天敌

在苹果园里常见的捕食性天敌还有小花蝽、塔六点蓟马、步甲和蜘蛛类。小花蝽（*Orius* spp.）属半翅目花蝽科，其成虫和若虫均可捕食蚜虫、叶螨、蓟马、粉虱以及多种鳞翅目害虫的卵和初孵幼虫。小花蝽具有适应性强、发生分布广、种群数量大、捕食范围广、控害能力强等特点，对田间多种害虫有良好的控制作用。东亚小花蝽的发生和扩散与苹果园和邻近农田植被的关系为5月上旬至6月上旬，东亚小花蝽主要在果园内夏至草和紫花苜蓿及苹果树冠之间互迁繁衍。6月中下旬，由于园内生境的改变，大量东亚小花蝽飞离果园，迁入邻近菜地和玉米田内建立种群，至9月下旬，进入滞育状态的东亚小花蝽成虫回迁至苹果园边夏至草上越冬。可见，果园植被多样化有利于东亚小花蝽的发生和增殖。

塔六点蓟马（*Scolothrips takahashii*）属缨翅目蓟马科，是一种在我国分布广泛的叶螨专食性天敌，有叶螨发生的农田或果园几乎都能发现它的踪迹。苹果园中塔六点蓟马不仅发生早而且种群数量较大（6~8月），在夏季高温季节其种群密度上升迅速，是抑制害螨种群上升的重要生防因子。目前，塔六点蓟马的人工饲养技术还不成熟，还没有商业化产品，主要还是利用保护果园中的自然资源。

此外苹果园中还有多种蜘蛛，也是果树害虫的重要天敌。三突花蛛（*Ebrechtella tricuspidata*）是最常见的优势种群，此外还有迷宫漏斗蛛（*Agelena labyrinthica*）、大腹园蛛（*Araneus ventricosus*）、横纹金蛛（*Argiope bruennichi*）、利氏舞蛛（*Alopecosa licenti*）等等，这些蜘蛛分布在苹果树的各个部位和地面上，布下了"天罗地网"，对控制果树害虫起着重要的作用。

彩图110-1 东亚小花蝽

彩图110-2 大腹园蛛

彩图110-3 塔六点蓟马成虫

（左图张金勇摄，右图陈汉杰提供）

彩图110-4 塔六点蓟马若虫捕食叶螨

（陈汉杰提供）

第二节 寄生性天敌

111. 寄生蜂类

寄生蜂是最常见的一类寄生性天敌昆虫，包括膜翅目中的姬蜂科、茧蜂科、金小蜂科、小蜂科、赤眼蜂科等。寄生蜂寄生在鳞翅目、鞘翅目和双翅目等昆虫的幼虫、蛹和卵中，能够消灭被寄生的昆虫。与捕食性昆虫不同的是，寄生性昆虫一般都是成虫积极地寻找寄主，当发现寄主后，将卵产于体内。幼虫孵化后取食寄主的营养，和寄主共生一段时间后才使寄主死亡。它们的寄生方式很多，被寄生昆虫从卵到成虫的每个阶段都可能被寄生。苹果园中有多种寄生蜂，对多种害虫有重要的控制作用，如金纹细蛾跳小蜂和金纹细蛾姬小蜂等对金纹细蛾各代总寄生率为27%～51%。不喷药的果园总寄生率可达90%以上。苹果绵蚜蚜小蜂的田间自然寄生率为40%～70%。

目前在苹果园应用比较多的寄生蜂是赤眼蜂，这是一类微小的卵寄生蜂，具有资源丰富、分布广泛和对害虫控制作用显著等特点，已成为世界性的重要天敌昆虫，并已经大量扩繁并商品化，被广泛用于多种农林害虫的生物防治中，取得了显著效果。通过释放人工繁育的松毛虫赤眼蜂或螟黄赤眼蜂等卵寄生蜂，可以有效控制梨小食心虫、苹小卷叶蛾等鳞翅目害虫。赤眼蜂喜欢找初产的新鲜卵寄生，因此防治前要做好害虫虫情的预测预报，使释放赤眼蜂时间与害虫产卵盛期相吻合。赤眼蜂生产公司都采用订单生产，要求用户至少要提前1个月订购赤眼蜂产品，这就需要做好靶标害虫的监测和发生期预测预报，一般都是利用有效积温法则预测下一代成虫发生时间，提前确定供货时间和释放时间。一般在靶标害虫成虫始盛期开始释放赤眼蜂，间隔4～5d再释放一次，根据害虫发生程度连续释放2～4次，使赤眼蜂和害虫卵期相遇概率达90%以上，否则防效较差。第一次放蜂量可适当少一些，在害虫产卵盛期要适当增加释放量，产卵末期可适当减少释放量。放蜂时还要注意田间环境，特别是注意气温、相对湿度、降雨和风力等因素。放蜂时选择无雨无大风的晴天，有利于赤眼蜂的活动和飞翔，以扩大寄生范围，提高寄生率。

彩图 111-1　松毛虫赤眼蜂成虫

彩图 111-2　金纹细蛾跳小蜂蛹

彩图 111-3　卷叶蛾小茧蜂成虫

彩图 111-4　金纹细蛾姬小蜂成虫
（曹克强摄）

彩图 111-5　金纹细蛾姬小蜂幼虫
（曹克强摄）

彩图 111-6　金纹细蛾姬小蜂蛹
（曹克强摄）

彩图 111-7　茶细蛾雕绒茧蜂茧
（曹克强摄）

第五章

苹果园有害生物的调查及预测

第一节 苹果园主要有害生物的调查方法

对有害生物进行调查或监测能够帮助人们了解果园病虫害的种类、发生程度，从而判断是否需要喷药、喷药的次数是否合适，以及喷药时间是否在有害生物最为敏感的阶段。调查包括在枝干、叶片、果实、花朵上查找病害的症状，记录病害的发生率和严重程度；监测目标害虫的卵、幼虫或成虫，可通过捕捉设备，如诱虫灯、性诱器来监测。

为了规范果园管理，需要养成建立果园档案的习惯，应记录下每周所调查的病虫害种类、数量、相应的管理措施，如施肥、浇水；天气状况，如降雨及降水量；尤其是使用农药的种类、浓度、喷施药液量和喷药时间等。根据果园的大小，固定几棵树专门进行病虫害系统调查，这样能够跟踪果园有害生物的变化情况，也便于分析不同的管理措施和天气状况与某种有害生物发生量之间的关系，有多年的档案资料后，还能帮助人们分析不同年份之间病虫害发生种类和发生程度的差别，以及造成这种差别的原因，这些信息将有助于提高果园的管理水平。

一、调查的分类

调查可以分为两类，一类是普查，一类是系统调查。

普查是在病虫害发生关键期进行的一次范围较大的调查，针对发生和流行速度较慢的病虫害，如苹果腐烂病、枝干轮纹病、花叶病毒病、苹果绵蚜、介壳虫等，在一年当中进行一次调查就能够反映出当年的发生状况。如腐烂病最好在3～4月调查，此时调查便于发现病斑；苹果绵蚜最好在6～7月调查；而枝干轮纹病则在周年任何时间都可以调查，冬春季调查则更便于观察。这类病虫害发生速度缓慢，一年之内发生数量和发展面积变化不大，但随着时间的延续，几年以后，往往会变得非常严重。如苹果枝干轮纹病已经成为我国富士品种上最重要的病害，而且已经从东部苹果产区逐渐蔓延到黄土高原苹果产区。

系统调查是定时、定点、定量的调查。对于发生和流行速度较快的病虫害，如苹果褐斑病、斑点落叶病、炭疽叶枯病、白粉病、黑星病、山楂叶螨、二斑叶螨、蚜虫等，有时一次调查不能反映出整个生长季节的为害情况，需要经过多次调查才能掌握其发生特点和为害程度。这种调查一般从生长季节早期（如4月）开始，以后每周或最多不超过半个月调查1次，在整个生长期要调查多次，每次都要将调查结果记录下来。需要对某种病虫害开展深入研究时，系统调查是重要的基础性工作。

二、调查内容

（一）普遍率

指病害发生的比例或百分数，是可数性状的度量标志，根据不同调查对象，可分为发病率、病株率、病果率、虫果率、虫叶率等。如4月调查某果园的100棵树，其中有20棵树不同程度地发生了腐烂病，则该果园腐烂病的普遍率（或发病率）为20%。又如对某果园采用5点调查方法，平均每100片叶上带有山楂红蜘蛛的叶片数为35片，则该果园山楂红蜘蛛的平均虫叶率为35%。对于一般性调查来说，普遍率足以反映病虫害的为害程度，但是对于研究人员来说，为了更细致地反映病虫害的为害程度，有时还会用到严重度和病情指数。

（二）严重度

指病害发生的实际严重程度，通常可用发病组织面积占整体组织面积的比例来表示。有时单独用普

遍率很难反映病虫害的发生程度。如一个果园的白粉病病叶率是10%，但每片叶上的白粉病都很轻，另一个果园发病率也是10%，但每片叶上的白粉病发生都很重，同是10%的发病率，但对产量造成的影响可能不同。此时就需要严重度这个参数来。例如，一个苹果果实因轮纹病造成10%的面积腐烂，则该果实的病害严重度为10%。在虫害调查中则需要调查如百叶虫量等。

（三）病情指数

病情指数是全面反映普遍率和严重率的一个综合性数值，通常可按下述公式来计算：

$$病情指数 = 普遍率 \times 严重度 \times 100$$

有时将病害的发生程度划分为几个级别，此时病情指数按下述公式来计算：

$$病情指数 = \frac{\sum（各级发病数 \times 各级代表值）}{调查总单元数 \times 最高发病级别} \times 100$$

例如，将苹果轮纹病的发病程度分为4个等级：1级、2级、3级、4级。按此标准调查一个果园，其中10株没有轮纹病，1级病株5株，2级病株24株，3级病株18株，4级病株10株，则该果园轮纹病的病情指数为＝［(10×0＋5×1＋24×2＋18×3＋10×4)／(67×4)］×100=54.8。病情指数最大为100，如果说白粉病的病情指数是100，则意味着所有叶片上都有白粉病，而且每片叶上的发病面积都达100%。一般情况下，很难出现病情指数是100的情况。

三、调查所用设备

以下是进行苹果病虫害调查常用的设备和工具：

手持放大镜（10倍或以上），用于观察小型昆虫和螨类；诱捕装置（光源诱捕、性信息素诱捕、食源诱捕等），用于捕捉成虫；记录本（或夹有记录表格的记录板）、笔、标签、彩绳等，用于记录和标记；小刀、医用小瓶、塑料袋，用于昆虫、病害标本的采集。

调查时穿着合适的衣服和鞋，做好记录，注意标本的准确鉴别。

四、调查方法

在调查前首先要确定调查田块，对于县、乡或村的病虫测报员或综合试验站的病虫害调查人员来讲，地块的选择要有代表性，果园管理水平要在中等或中等水平以下，调查地点要处于大面积生产园的中心或具有代表性的位置。对于一般果农来讲，自己的种植园就是调查园，不受地块大小、地形和管理水平的限制。对于种植企业的植保员来讲，一般可以200亩左右为一个调查面积单位，选择管理比较一致、病虫发生水平相近的果园。如果面积太大，会有病虫害发生程度上的差异，在这种情况下，可分成多个调查区域，填写多份调查表，这样才能反映果园的整体情况。

根据有害生物的种类及病虫害发生阶段，调查方法一般可以分为目测踏查式和诱捕式两种。

（一）目测踏查式调查

通过穿越果园以目测踏查方式来检查虫害或病害的迹象。对叶片、枝干顶部、树皮和果实都应该仔细检查，查看是否存在病虫害症状及病原害虫。大型昆虫可以直接观察到，但是对于某些比较小的目标害虫就需要用手持放大镜来观察，比如螨类或虫卵。对于病害来说，如果要观察病组织表面是否发生了分生孢子器、子囊壳等细微结构，也需要用放大镜来观测。

通过目测踏查式调查，能够从总体上判断出哪些是主要病虫害，哪些是次要病虫害，也能够及时发现新的病虫害。但是要想全面系统地反映果园重要病虫害的发生程度，还需要在目测踏查的过程中按照一定的方法进行系统调查。推荐采用"5点式"取样方法进行系统调查，考虑到目前矮砧密植苹果园很多都立有支架，跨行调查不好实现，所以这里设置的每个点都在两行树之间，以这个点为中心，分别对处于东南、西南、东北和西北的4株树进行调查，每株树调查一个方向上的枝、叶或果实即可，以4株树上的平均调查值代表1个点的数值，5个点的位置如图5-1所示。

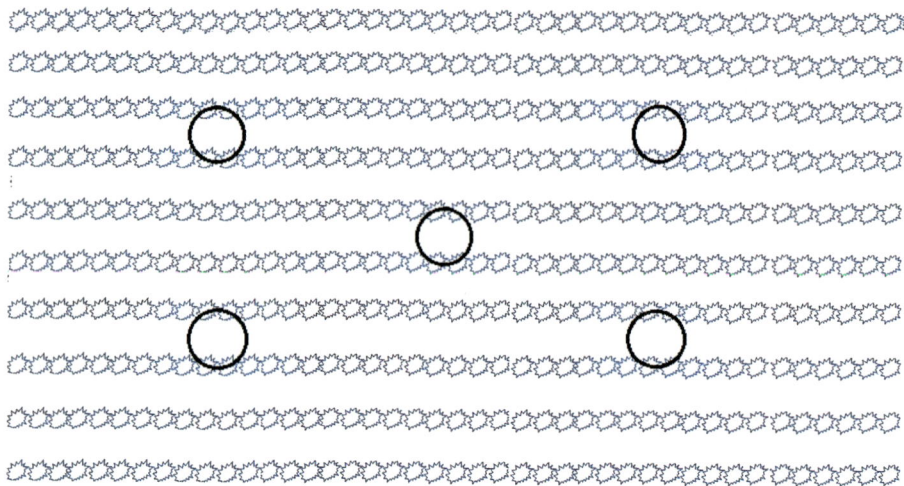

图5-1　苹果园5点取样法选点位置（圆圈内为调查取样部位）

为了减轻调查的工作量，建议对褐斑病、斑点落叶病、炭疽叶枯病、白粉病、黑星病等记载病叶率；对山楂红蜘蛛、二斑叶螨记载虫叶率；对黄蚜、瘤蚜记载虫梢率；苹果绵蚜记载虫枝率。该调查每1～2周进行1次，做好周年档案管理。

对于发生在枝干上的腐烂病、轮纹病等的调查，根据实践经验，笔者设计了如下调查方法：对于这两种病害，人们最关注的是发病株率，可以通过踏查的方式调查25株树，然后计算发病株率。因为这两种病害发生在不同的位置对树体造成的影响差异很大，为了能够快速评价果园病害的严重程度，将腐烂病和轮纹病的严重度进行了分级。在踏查过程中，对每一株树病害发生的位置和病斑大小进行目测评估，此方法既可以用于粗略估计果园两种病害的发生程度，也可以用于病情指数的计算。

腐烂病严重度分级标准为5级：

　　0级：树体无病斑；

　　1级：侧枝有腐烂病发生；

　　2级：主枝有腐烂病发生；

　　3级：主干或中心干有腐烂病发生，病斑宽度在树围一半以下；

　　4级：主干或中心干有腐烂病发生，病斑宽度达到树围的一半及以上。

轮纹病严重度分级标准为5级：

　　0级：树体无病瘤和粗皮；

　　1级：主干或中心干有少量病瘤；

　　2级：主干或中心干有病瘤，数量较多；

　　3级：主干或中心干有大量病瘤并导致粗皮；

　　4级：主干、中心干及侧枝有大量病瘤或粗皮。

在以上病虫害调查中，除了对腐烂病和轮纹病等1年调查1次外，其他要求每1～2周调查1次。

（二）诱捕式调查

通常利用引诱剂（如性信息素、果实挥发物、糖醋液等）诱捕器来捕捉飞行的成虫。以下以性信息素诱捕为例进行介绍。雄性昆虫会通过雌性昆虫释放的性信息素来确定雌性昆虫的位置从而与之交配，因此可通过人工合成性信息素进行引诱的方法来捕获蛾类，如苹果蠹蛾、卷叶蛾、金纹细蛾、桃小食心虫、梨小食心虫、绿盲蝽、橘小实蝇等也可以用性信息素诱捕。人工合成的性诱剂因散发装置不同持效期一般为4～12周，有些可长达半年。

性信息素引诱装置由一个防雨并耐高温的纸板箱、一个带黏胶的衬底和一个性信息素散发装置组成，比如常用的三角形诱捕器，里面放着一张可更换的粘板。散发装置由能够散发性信息素的胶塞、胶囊剂或线构成。对引诱装置需要进行1周1次或两次的检查，任何在粘板上发现的昆虫都应该进行鉴定、计数和记录，然后清理。通过引诱装置捕获昆虫能够使人们了解大多数蛾类的成虫发生盛期，从而预测卵开始孵化的时间，这样可以在幼虫孵化时用药剂杀灭。

下面是利用性信息素诱捕装置需要注意的事项：

（1）根据往年靶标害虫发生时间，在其发生期前1～2周将装置放到果园边缘方便操作处。

（2）每块区域放置的装置数量取决于装置的种类，对性诱剂诱捕装置来说，如果仅用于害虫的监测，每个苹果园一般放置3～5个诱捕器，同种诱捕器之间距离大于50m。

（3）悬挂式性诱剂诱捕器应放置在冠层以外与视线等高的位置。

（4）定期清理黏性装置的表面，周期性更换粘板（一般每4周更换1次，或视情况而定）。

（5）根据引诱剂在田间的使用期限及时更换诱芯。

（6）诱芯要冷藏保存，以保持其有效性。

（7）性信息素和其他诱集物都是化学合成物，拿取时需小心，应戴上手套或使用镊子。使用不当会造成污染，影响诱集效果。

（8）诱捕会受到温度、降水和其他环境因素的影响，分析捕获结果时要结合当时的天气状况进行。

第二节　苹果园重要病虫害的预测

预测对于有害生物治理来说是非常重要的，早在20世纪70年代，我国植保工作者就提出"预防为主，综合防治"的植保方针，尤其对于病害，预防远重于治疗，预防做得好可以达到事半功倍的效果。

根据预测的时段来划分，预测又分为短期预测、中期预测、长期预测和超长期预测。短期预测一般是对未来1周或半个月内病虫害的发生情况进行预测；中期预测一般指对1～2个月左右病虫害的发生情况进行预测；长期预测一般是对整个生长季（一般3～6个月）的病虫害发生情况进行预测；跨越年度的预测又被称为超长期预测。根据预测的内容又分为发生期预测和发生程度（量）预测。

病虫害的发生特点不同，所采用的预测方法也不同。概括起来以下几种方法可用于苹果病虫害发生程度的预测。

一、根据病害的发生基数进行预测

有些病害发生速度较慢，即所谓的积年性病害，一年当中病害的增长倍数不是很多，但是，连续多年以后它们往往会成为果园的主要问题，这类病害在初期具有很大的隐蔽性，一旦发展起来难于在短期内收到好的防治效果，如苹果腐烂病、枝干轮纹病、圆斑根腐病等。这类病害潜伏期长，主要通过风雨或土壤传播，传播距离相对很近，往往只有几米至几十米。目前对这类病害的预测主要还是根据果园的发病基数，对一个大的苹果产区来说，如果当年病害发生严重，那么明年很可能还会严重。气候条件如果没有太大的变化，则这种趋势会延续，如果冬季温度低于常年，影响到树势，则病害有加重的可能。目前对这类积年性病害还缺乏通过数学模型进行的预测方法。

二、根据气候条件进行预测

在病害当中，苹果早期落叶病、炭疽叶枯病等属于流行速度比较快的病害，气候条件适宜时，在当年病害就有可能大发生，此类病害潜伏期短、传染性强，可以通过气流和风雨传播，传播距离相对较远。但是，这类病害年度之间变化非常大，上一年发病很严重，而下一年则可能发生很轻。因此，准确的预测预报对这类病害有更强的实际意义。例如，胡同乐等在对生长季苹果斑点落叶病发生情况进行逐日系统调查的基础上，结合气象数据的收集，通过对生长季中多个病原菌关键侵染日天气条件的分析、归纳和总结，提出了苹果新梢旺盛生长期斑点落叶病菌大量侵染的决定性天气条件：在24h内，降水量（mm）与降雨持续时间（h）的乘积至少要达到12，且降雨开始后空气相对湿度维持在90%以上至少10h。该条件对于指导斑点落叶病的防治具有重要参考价值。对于褐斑病来说，在5月若出现降水量超过10mm且阴雨时间超过48h的过程，在阴雨过后的7d内喷施1次内吸性杀菌剂，可以控制已侵染病菌的扩展。

三、根据数学模型进行预测

国外已经建立了苹果黑星病、煤污病等的预测模型，数据上传到计算机后，程序会显示病虫害高峰期是否到来。我国在应用数学模型进行苹果病虫害预测方面还比较薄弱，这方面的工作有待于今后加强。

四、根据有效积温法则进行预测

温度在昆虫的生命周期中发挥着至关重要的作用。昆虫在春季出现的时间取决于土壤温度、每日最高温度及夜间最低温度。推算害虫成熟时间及最可能造成经济损失的时间，很有效的方法之一是使用积温进行推测。每种昆虫进行正常的生命活动都需要达到其最低积温（℃）。

测报人员可以根据当地气象部门提供的日平均温度或者自己悬挂在果园的温度计来计算积温。日度（DD）等于日最高温与日最低温之和的1/2减去基点温度。基点温度是昆虫活动和生长的最低温度。

$$日度 = [（日最高温 + 日最低温）/2] - 基点温度$$

例如：某果园的日最高温和日最低温分别为30℃和18℃，若基点温度为15℃，则该日有效积温为：

$$DD = [（30+18）\div 2]-15 = 9$$

某一时期的有效积温是将每天的有效积温加在一起。例如，已知梨小食心虫卵的发育起点温度为5.5℃，它的卵期有效积温为74℃。如通过调查得知5月12日为卵高峰日，气象预报5月中旬日均气温为18.5℃，推算卵的发育历期（N）为：

$$N = K / （t - t_0） = 74 / （18.5-5.5） = 5.7$$

式中，K为有效积温，t为平均气温，t_0为发育起点温度。卵高峰日加卵历期为卵孵化高峰期，即5月17 ~ 18日。

以下列出了几种主要苹果害虫的发育起点温度和有效积温。于江南等调查表明苹果蠹蛾越冬幼虫化蛹、成虫羽化始期分别在4月下旬和5月中下旬，羽化高峰在5月底6月初。越冬蛹的发育起点温度为9.4℃，有效积温为216.42℃。谌爱东等在室内恒温条件下测定，苹果绵蚜在昭通市的发育起点温度和有效积温分别为（5.86±1.24）℃和235.16℃；苹果绵蚜在6 ~ 9月的发育历期最短（11.33 ~ 14.17d），发育速度也最快。赵力群等在室内自然变温条件下用直接最优法计算出山楂叶螨不同虫态的发育起点温度，卵期为11.3℃，若螨期为14.82℃，成螨期为7.25℃，全世代有效积温为273.67℃，由此还建立了山楂叶螨不同虫态及全世代的历期预测式。孙瑞红等在自然变温条件下研究了金纹细蛾各虫态发育历期。结果表明，成虫产卵前期、卵、幼虫、蛹及全世代的发育起点温度分别为7.5、5.2、10.4、11.3、7.1℃，有效积温分别为40.6、59.7、102.2、15.4、203.1℃。根据有效积温法则，预测出该虫在山东省1年发生4 ~ 6代，第一、二代成虫发生期分别为5月下旬和6月下旬。

目前很多公司生产便携式温湿度记录仪，如法国KIMO-KTH300电子式温湿度记录仪（图5-2）可以连续记录逐小时空气温湿度数据。此仪器配有可长期使用的电池，可挂在果园的树干上使用。每周记录

仪所积累的数据可以分一次或两次传到计算机上。计算机程序会自动计算有效积温，并预测病虫害的发生时期。在病虫害监测和预测中，如果还需要降水量、露点、土壤温湿度等信息，则需要安装较为复杂的气象数据采集器，如Hobo公司生产的气象数据采集器（图5-3），可以自动记录每日乃至逐小时的温度、湿度、降水量、风速、风向、土壤温度、土壤含水量等信息，有些设备还支持数据远程传输，非常便于数据的及时收集和分析。

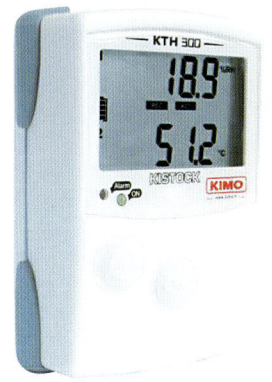

图5-2　便携式温湿度记录仪

图5-3　气象数据采集器

第六章 苹果园常用农药

第一节　农药的剂型

苹果园病虫种类繁多，种群数量大，发生频繁，防治困难。在苹果病虫害防治中，农药由于其高效、速效和特效的特点，使用相当普遍。农药的原药一般不能直接使用，必须加工配制成各种类型的制剂，即剂型，以下介绍生产中常用的几种农药剂型。

一、可湿性粉剂（WP）

可湿性粉剂是用农药原药、惰性填料和一定量的助剂，按比例经充分混合粉碎后，达到一定粉粒细度的剂型。从形状上看，与粉剂无区别，但是由于加入了湿润剂、分散剂等助剂，加到水中后能被水湿润、分散，形成悬浮液，可喷洒施用。与乳油相比，可湿性粉剂生产成本低，可用纸袋或塑料袋包装，储运方便、安全，包装材料比较容易处理；更重要的是，可湿性粉剂不使用溶剂和乳化剂，对植物较安全，在果实套袋前使用，可避免有机溶剂对果面的刺激。常见的如70%代森锰锌可湿性粉剂、70%甲基硫菌灵可湿性粉剂等。

二、水分散粒剂（WG）

水分散粒剂是将固体农药原药与湿润剂、分散剂、增稠剂等助剂和填料混合加工造粒而成，遇水迅速崩解，分散为悬浮剂。水分散粒剂具有流动性好、使用方便、贮藏稳定性好、有效成分含量高等特点，兼有可湿性粉剂和悬浮剂的优点。常见的如10%苯醚甲环唑水分散粒剂等。

三、悬浮剂（SC）

悬浮剂又叫胶悬剂。由不溶于水的固体农药原药加表面活性剂，以水为介质，利用湿法进行超微粉碎制成的黏稠可流动的悬浮液。与可湿性粉剂相比，具有粉粒直径小、无粉尘污染、渗透力强、药效高等特点，兼有可湿性粉剂和乳油两种剂型的优点，能与水随意混合使用。常见的如430g/L戊唑醇悬浮剂等。

四、乳油（EC）

乳油是由不溶于水的原药，有机溶剂苯、二甲苯等和乳化剂配制加工而成的透明状液体，常温下密封存放两年一般不会浑浊、分层和沉淀，加入水中迅速均匀分散成不透明的乳状液。制作乳油使用的有机溶剂属于易燃品，储运过程中应注意安全。乳油的特点是药效高、施用方便、性质较稳定。由于乳油发展的历史较长，具有成熟的加工技术，所以品种多，产量大，应用范围广，是目前我国农药的一个主要剂型。但是，由于其中含有机溶剂较多，因此环保性较其他剂型差。乳油的有效成分含量一般在20%～90%之间。常见的如25%丙环唑乳油、25%腈菌唑乳油等。

五、水剂（AS）

凡能溶于水、在水中又不分解的农药，均可配制成水剂。水剂是农药原药的水溶液，药剂以离子或分子状态均匀分散在水中，药剂的浓度取决于原药的水溶解度，一般情况下是其最大溶解度，使用时再

兑水稀释。水剂与乳油相比，不需要有机溶剂，加适量表面活性剂即可喷雾使用，对环境污染小，制造工艺简单，药效也很好。常见的如4%嘧啶核苷类抗菌素水剂、3%多抗霉素水剂、1.5%噻霉酮水剂等。

六、水乳剂（EW）

水乳剂是由不溶于水的农药原药、乳化剂、分散剂、稳定剂、增稠剂、助溶剂及水经匀化工艺制成，是水包油型乳剂，外观不透明，油珠直径0.2～2μm。与乳油相比，具有节约溶剂、对环境污染小的优点，药效与乳油相当，是一种有发展前景的新剂型。该制剂加水稀释后使用。常见的如1.5%噻霉酮水乳剂等。

七、微乳剂（ME）

微乳剂由有效成分加入乳化剂、防冻剂和水等助剂制成，是透明或半透明的液体，克服了乳油使用大量有机溶剂的缺点，与乳油相比，储运和使用安全，环境污染小，药剂刺激性小。在果实套袋前使用，可避免乳油对幼果的伤害。常见的如45%咪鲜胺微乳剂等。

八、颗粒剂（GR）

颗粒剂是由原药、载体和助剂混合造粒后所得到的一种固体剂型。具有一定的粒度和强度，可以直接使用或稀释后使用，主要用于土壤处理或撒施。目前已发出了漂浮颗粒剂、微粒剂、微胶囊剂等。具有使用方便、药效持久、安全性高等优点，但对于一些具有挥发性的农药，颗粒剂的包装密闭性不好，容易造成药剂的挥发损失，同时其释放速度较慢，必要时需添加促进溶解或扩散的助剂来提高药效。常见的如5%辛硫磷颗粒剂、10%氟啶虫酰胺颗粒剂等。

第二节　苹果园常用药剂

一、苹果园常用杀菌剂

杀菌剂种类多，数量大。按所防治的病原菌种类的多寡，分为广谱性杀菌剂和专一性杀菌剂，如甲基硫菌灵对多种病原菌有生物活性，而三唑酮杀菌谱相对较窄，仅对锈病病菌、白粉病菌等有效。按药剂能否进入作物体内发挥作用，杀菌剂又分为保护性杀菌剂和内吸治疗性杀菌剂。保护性杀菌剂仅在病原菌侵入作物之前有效，施于作物体表后，能保护作物不受病菌侵染，例如代森锰锌；内吸治疗性杀菌剂除具有接触性功效外，还能在作物体各部位传导，对已经侵入寄主的病菌有治疗效果，如多菌灵、戊唑醇等。苹果园可供选择的杀菌剂品种较多，生产中应以低毒杀菌剂为主。表6-1列出了苹果园常用的杀菌剂品种，具体使用范围、用法用量应以药剂产品说明书为准。

表6-1　苹果园常用杀菌剂

品种	作用方式	稀释倍数和使用方法	防治对象
430g/L戊唑醇悬浮剂	内吸	3 000～5 000倍液喷施	褐斑病、斑点落叶病、轮纹病、炭疽病、白粉病、锈病、腐烂病、黑星病、霉心病

（续）

品种	作用方式	稀释倍数和使用方法	防治对象
10%苯醚甲环唑水分散粒剂	内吸	2 500～3 000倍液喷施	褐斑病、斑点落叶病、轮纹病、炭疽病、白粉病、锈病、腐烂病、黑星病、霉心病
4%嘧啶核苷类抗菌素水剂	内吸	500～600倍液喷施	轮纹病、炭疽病、白粉病、斑点落叶病、腐烂病、黑点病
3%多抗霉素水剂	内吸	500～600倍液喷施	斑点落叶病、霉心病等
12.5%烯唑醇可湿性粉剂	内吸	2 500～3 000倍液喷施	白粉病、锈病、腐烂病、黑星病、霉心病
15%三唑酮可湿性粉剂	内吸	1 000～1 500倍液喷施	白粉病、锈病
1.5%噻霉酮水乳剂	内吸	30倍液涂干；500～600倍液喷施	褐斑病、斑点落叶病、轮纹病、炭疽病、腐烂病、炭疽叶枯病、霉心病
25%丙环唑乳油	内吸	200倍液涂抹；1 500～2 000倍液喷施	腐烂病、褐斑病、斑点落叶病、轮纹病、炭疽病、白粉病、锈病、黑星病、霉心病
25%腈菌唑乳油	内吸	2 500～4 000倍液喷施	白粉病、锈病、黑星病、褐斑病
5%菌毒清水剂	内吸	萌芽前30～50倍液涂抹；100倍液喷施	腐烂病、枝干轮纹病
70%甲基硫菌灵可湿性粉剂	内吸	800～1 000倍液喷施	斑点落叶病、轮纹病、炭疽病
50%多菌灵可湿性粉剂	内吸	600～800倍液喷施	轮纹病、炭疽病
40%氟硅唑乳油	内吸	6 000～8 000倍液喷施	黑星病、斑点落叶病、褐斑病、轮纹病、炭疽病
50%异菌脲可湿性粉剂	保护	1 000～1 500倍液喷施	斑点落叶病、轮纹病、炭疽病
80%代森锰锌可湿性粉剂	保护	600～800倍液喷施	斑点落叶病、轮纹病、炭疽病
30%王铜悬浮剂	保护	600～1 000倍液喷施	轮纹病、炭疽病、白粉病、斑点落叶病、腐烂病
75%百菌清可湿性粉剂	保护	600～1 000倍液喷施	轮纹病、炭疽病、白粉病
80%三乙膦酸铝可湿性粉剂	内吸	800～1 000倍液喷施	疫腐病
50%克菌丹可湿性粉剂	保护	600～1 200倍液喷施	黑星病、煤污病
25%吡唑醚菌酯悬浮剂	内吸	1 000～2 000倍液喷施	炭疽叶枯病、褐斑病、轮纹病
倍量式波尔多液	保护	200～240倍液喷施	炭疽叶枯病、褐斑病、轮纹病、疫腐病等
2%宁南霉素水剂	内吸	100倍液涂抹；200～250倍液喷施	腐烂病、白粉病、枝枯病等
1%中生菌素水剂	保护	1 000倍液	枝枯病、炭疽病、斑点落叶病、霉心病
2%春雷霉素水剂	内吸	400～800倍液	炭疽病、黑星病、枝枯病
70%丙森锌可湿性粉剂	保护	600～800倍液喷施	斑点落叶病、炭疽病
40%咪鲜胺水乳剂	保护	2 000～3 000倍液喷施	褐斑病、炭疽病
50%二氰蒽醌悬浮剂	内吸	2 500～3 000倍液喷施	炭疽叶枯病、轮纹病、黑星病
10%抑霉唑水乳剂	内吸	1 000～2 000倍液喷施	轮纹病
50%氟环唑水分散粒剂	内吸	1 000～1 500倍液喷施	轮纹病、炭疽病、白粉病

二、苹果园常用杀虫剂

杀虫剂按照化学结构可分为有机磷类、有机氯类、氨基甲酸酯类、拟除虫菊酯类等类型，按照作用方式又可分为胃毒、触杀、内吸、熏蒸、忌避、引诱、拒食、生长调节等类型。根据当前苹果园主要防治对象，列出常用的杀虫剂，如表6-2，生产中使用时一定按照标签介绍的稀释倍数和使用方法进行操作。

表6-2 苹果园常用杀虫（螨）剂

品种与剂型	作用方式	稀释倍数和使用方法	防治对象
5%噻螨酮乳油	触杀、胃毒	1 500～2 000倍液喷施	山楂叶螨、苹果全爪螨、二斑叶螨
20%四螨嗪悬浮剂	触杀	2 000～2 500倍液喷施	山楂叶螨、苹果全爪螨、二斑叶螨
15%哒螨灵乳油	触杀	2 500～3 000倍液喷施	山楂叶螨、苹果全爪螨
5%唑螨酯乳油	触杀	2 500～3 000倍液喷施	山楂叶螨、苹果全爪螨、二斑叶螨
24%螺螨酯悬浮剂	触杀	5 000～6 000倍液喷施	山楂叶螨、苹果全爪螨、二斑叶螨
10%浏阳霉素水剂	触杀	1 500～2 000倍液喷施	山楂叶螨、苹果全爪螨、二斑叶螨、蚜虫
1.8%阿维菌素乳油	触杀、胃毒	5 000～6 000倍液喷施	二斑叶螨、山楂叶螨、苹果全爪螨、金纹细蛾
1.9%甲氨基阿维菌素苯甲酸盐乳油	触杀、胃毒	5 000～6 000倍液喷施	二斑叶螨、山楂叶螨、苹果全爪螨、金纹细蛾
5%虫螨腈乳油	触杀、胃毒	4 000～6 000倍液喷施	卷叶蛾、二斑叶螨、山楂叶螨
57%炔螨特乳油	触杀、胃毒	1 500～2 000倍液喷施	二斑叶螨、山楂叶螨、苹果全爪螨
10%吡虫啉可湿性粉剂	触杀、胃毒、内吸	3 000～4 000倍液喷施	苹果黄蚜、小绿叶蝉
3%啶虫脒乳油	触杀、胃毒、内吸	2 500～3 000倍液喷施	苹果黄蚜
24%噻虫嗪颗粒剂	触杀、胃毒、内吸	8 000～10 000倍液喷施	苹果黄蚜
40%毒死蜱乳油	触杀、胃毒、熏蒸	1 500～2 000倍液喷施	苹果绵蚜、桃小食心虫
50%杀螟硫磷乳油	触杀、胃毒	1 200～1 500倍液喷施	桃小食心虫、卷叶蛾
20%虫酰肼悬浮剂	胃毒	1 500～2 000倍液喷施	卷叶蛾
5%虱螨脲悬浮剂	触杀、胃毒	1 500～2 000倍液喷施	卷叶蛾
2.5%氯氟氰菊酯乳油	触杀、胃毒	2 500～3 000倍液喷施	桃小食心虫、叶螨
5%氟氯氰菊酯乳油	触杀、胃毒	2 500～3 000倍液喷施	桃小食心虫
4.5%高效氯氰菊酯乳油	触杀、胃毒	1 500～2 000倍液喷施	桃小食心虫
2.5%溴氰菊酯乳油	触杀、胃毒	2 500～3 000倍液喷施	桃小食心虫
20%甲氰菊酯乳油	触杀、驱避	2 500～3 000倍液喷施	桃小食心虫、叶螨
10%联苯菊酯乳油	触杀、胃毒	1 000～1 500倍液喷施	桃小食心虫、叶螨
25%灭幼脲悬浮剂	胃毒	1 500～2 000倍液喷施	金纹细蛾、卷叶蛾
5%杀铃脲乳油	触杀	1 500～2 000倍液喷施	金纹细蛾、卷叶蛾
5%除虫脲悬浮剂	触杀、胃毒	400～600倍液喷施	金纹细蛾、卷叶蛾
25%噻嗪酮可湿性粉剂	触杀、胃毒	1 500～2 000倍液喷施	朝鲜球坚蚧、梨圆蚧、叶蝉

（续）

品种与剂型	作用方式	稀释倍数和使用方法	防治对象
95%机油乳剂	触杀	50～100倍液喷施	朝鲜球坚蚧、梨圆蚧、蚜虫、叶螨
0.3%苦参碱水剂	触杀、胃毒	800～1 000倍液喷施	蚜虫、叶螨
苏云金杆菌（Bt）可湿性粉剂	胃毒、内吸、触杀、驱避	500～1 000倍液喷施	卷叶虫、食心虫、尺蠖、天幕毛虫
5%鱼藤精乳油	触杀、胃毒	2 000倍液喷施	卷叶蛾、食心虫、尺蠖、蚜虫
5%除虫菊素水乳剂	胃毒	1 000～2 000倍液喷施	卷叶蛾、食心虫、尺蠖、蚜虫
40%硫酸烟碱水剂	触杀、胃毒、熏蒸	800～1 000倍液喷施	卷叶蛾、食心虫、潜叶蛾、蚜虫、叶螨
石硫合剂	保护	3～5波美度溶液喷施	叶螨、介壳虫
50%硫磺悬浮剂	保护	800～1 000倍液喷施	叶螨、介壳虫
22.4%螺虫乙酯悬浮剂	内吸	3 000倍液喷施	蚜虫、介壳虫
35%氯虫苯甲酰胺水分散粒剂	触杀、胃毒	2 000～3 000倍液喷施	卷叶蛾、梨小食心虫、桃小食心虫
10%氟啶虫酰胺水分散粒剂	触杀、胃毒	1 000～2 000倍液喷施	蚜虫
50%辛硫磷乳油	触杀、胃毒	500～1 000倍液喷施	蛴螬

三、苹果园常用除草剂

由于果园除草不像农田要求严格，多以广谱性除草剂为主。应用除草剂时要根据杂草的类型、喷施的季节选择合适的药剂。施用除草剂时应定向喷雾，避免在大风及高温高湿时喷药，以免药液飘浮到空中伤害苹果树的枝干和叶片，使用量不得随意增减，喷药后一定要把喷雾器具清洗干净，以免后期使用对作物产生药害。单独配备喷施除草剂的器具。除草剂不要与其他农药或化肥混用，以免发生化学反应或降低药效。苹果园常用除草剂举例如下。

1. 10%草甘膦水剂，内吸传导型广谱灭生性除草剂，低毒。作用机制是抑制植物光合作用所需的莽草酸合酶，从而抑制植物体内莽草酸的合成，阻断莽草酸向苯丙氨酸、色氨酸及蛋氨酸等芳香族氨基酸的转化，导致植物体死亡。一般来说，每亩需要使用10%草甘膦水剂0.5～0.75kg，兑水30～40kg后进行喷雾。

2. 200g/L草铵膦水剂，广谱触杀型灭生性除草剂，低毒。作用机制是能够抑制植物氮代谢途径中的谷氨酰胺合成酶，从而干扰植物的代谢，使植物死亡。一般推荐使用100～120mL 200g/L草铵膦水剂兑水15～17.5kg。

3. 15%精吡氟禾草灵乳油，内吸传导型茎叶处理除草剂。作用机理是抑制植物体内乙酰辅酶A羧化酶，导致脂肪酸合成受阻而杀死杂草。一般在杂草4～6叶期施药，每亩用15%精吡氟禾草灵乳油50～100mL，兑水30kg喷雾。

第七章

苹果有害生物综合治理

有害生物综合治理（IPM）是从农业生态系统总体出发，根据有害生物和环境之间的相互关系，充分发挥自然控制因素的作用，因地制宜，协调应用必要的措施，将有害生物控制在经济受害允许水平之下，以获得最佳的经济、生态、社会效益。IPM策略包括抗病虫品种的利用、危险性有害生物的检疫、农业防治、物理防治、生物防治和化学防治等内容。在IPM策略中，可以使用合成的化学药剂，但是应建立在有害生物监测和生物防治的基础之上，其原则是尽可能保护中性生物和有益生物，运用多种防治策略不使有害生物产生抗药性。

IPM策略不是把有害生物全部杀死，而是将其种群密度控制在经济损害水平以下。实施IPM策略需要掌握有害生物的分布、习性、生活史等知识和果树各个时期的生理需求。要实施IPM策略，果农必须掌握以下基本知识和技能：

- 学会识别昆虫和病害及判断由此造成的损害
- 熟悉主要病虫的生物学和生态学发生规律
- 懂得气候和地域对果园有害生物的影响
- 能够识别有益生物和有害生物
- 能够评估有益生物对有害生物的控制能力
- 能够运用适宜的控制病虫害的方法和技术，对其防效和可能带来的副作用作出正确评价

进行有害生物综合治理要遵循经济阈值原理。经济阈值是指害虫的某一密度，在此密度时害虫所造成的经济损失等于控制害虫所需投入农药的成本。在很多果园，果农防治病虫害是设法根除其为害，而在IPM策略中，应该是设法使其种群密度维持在经济损害水平之下。对病害来讲，往往需要在发病前加以预防，因此，果农必须从实际出发，根据调查结果和以往经验作出预测，适期施药，可减少农药的投入，同时也能更好地控制害虫。但是，并不是所有的果园害虫都有已知的经济阈值，而且有些阈值本身也不是很准确，仅能作为参考。因此，果农在采取防治措施时，应结合果园管理的经验进行经济核算。

以下介绍苹果有害生物综合治理的具体措施。

第一节　植物检疫

植物检疫是由国家颁布法令对植物及其产品，特别是种子和苗木进行管理和控制，防止危险性病、虫、杂草传播蔓延。主要任务有以下3个方面：①禁止危险性病、虫、杂草随着植物及其产品由国外输入和由国内输出；②将在国内局部地区已发生的危险性病、虫、杂草封锁在一定的范围内，不让其传播到尚未发生的地区，并且采取各种措施，逐步将其消灭；③当危险性病、虫、杂草传入新地区时，必须采取各种紧急措施，就地彻底肃清。

例如，苹果蠹蛾是我国苹果上重要的检疫对象，该虫在欧美、澳大利亚等地发生很普遍，是苹果上最重要的蛀果害虫。1984年我国在新疆首次发现并逐年扩展，目前已扩展到甘肃兰州附近，在东部已经从牡丹江扩展到吉林、辽宁等地，2020年在河北承德果品批发市场周边的果园也发现有该虫的发生，此虫一旦进入陕西或渤海湾苹果主产区，会对我国苹果产业造成严重的影响，因此，要加强对过往车辆的检查，防止随带虫果实从疫区传入苹果主产区。

现在苹果上的检疫性有害生物包括苹果蠹蛾、美国白蛾、梨火疫病菌等，另外一些有害生物如苹果黑星病菌、苹果绵蚜等，过去曾是检疫对象，后来因为发生比较普遍，在检疫名单中不再列入。橘小实蝇等虽未被列为苹果上的检疫性害虫，但是该虫已经在我国云南一些苹果产区发生，在河南、河北市区周边果园也有发现，但尚未在生产上造成严重危害，应该密切监测其发生动向，以防对我国苹果产业造成不利影响。

第二节　农业防治

农业防治是在果树的栽培过程中，有目的地创造有利于果树生长发育的环境条件，使果树生长健壮，提高果树的抗病虫能力；同时，创造不利于病原和害虫活动、繁殖和侵染的环境条件，以减轻病虫害的发生程度。

目前，我国苹果栽植正在经历一个转型期。新中国成立以来，我国苹果的栽培模式主要是乔砧，经历了乔砧稀植和乔砧密植，由于乔砧果树树体高大，密植造成的主要问题是果园密闭，不能实现机械操作，加上修剪量大，以腐烂病为代表的病害发生严重，果园打药不均匀，也使得叶部病害和各种虫害难以有效防控。随着用工成本的提高，自21世纪初，矮砧密植开始被我国果树工作者关注并推广，因其易成花成果、便于操作和果实质量提升，很快被人们所接受，目前在全国已经发展超过百万亩。

农业防治是最经济有效的病虫害防治方法。具体措施包括以下几个方面。

一、使用无病虫苗木

很多病虫害可随苗木、接穗、插条、根茎、种子等繁殖材料而扩大传播乃至远距离（跨省、跨国）传播。对于这类病虫害必须把培育无病苗木作为十分重要的措施。例如苹果锈果病、花叶病等病毒病主要通过嫁接传播，由于我国现在尚未对苗木培育实施有效的法律保护，因此带病种苗已经成为制约我国苹果产业发展的一个限制性因素。苗木一旦带毒，会对果树终生带来影响。苗木除了可以携带病毒，还可以传播其他多种病虫害，如轮纹病、腐烂病、根癌病，以及苹果绵蚜、螨类等。因此，对苗圃的病虫害一定要加强管理，否则会随着种苗的调运，使病虫害进行远距离传播。

二、保持果园清洁

果园卫生包括清除病株残体，摘除树上残留的病果、虫果、虫叶苞，清扫落叶等，刮除老翘皮、砍除转主寄主等措施，其目的在于及时消灭和减少初始病虫来源。例如，苹果树腐烂病和轮纹病的流行与果园菌源量多少有密切的关系，如果在果园堆放大量修剪下来的病枝，必然会增加果园中的菌源量，加重病害的流行。苹果斑点落叶病菌和褐斑病菌都可在落叶中越冬，山楂红蜘蛛在树皮缝中越冬，因此，及时处理病枝、刮治病疤、清扫并深埋落叶、刮除粗皮翘皮，可以明显减少上述病虫害的发生和流行。受到病菌或害虫为害的果实在成熟前常常脱落，应每周清理一次果园中脱落的病虫果，用于饲喂家畜、家禽或积肥。通过清除病果可以减少病原菌及其他直接为害果实的害虫虫口密度。

在刮除粗翘皮时，一定不要伤及健康树皮，因为很多病害如腐烂病、轮纹病和病毒病都可以通过伤口侵染，刮皮工具是造成病害传播的重要途径，因此，刮除粗翘皮的操作规范性非常重要，有些果农对出现轮纹病病瘤的树皮进行刮除，刮后再用药，由于刮皮很重加上涂药较多，造成死树的情况不在少数。

三、合理修剪

合理修剪可以调节树体的营养分配，促进树体的生长发育，调节结果量，夏季修剪可以改善通风透光状况和降低湿度，从而减轻苹果早期落叶病和煤污病、蝇粪病的发生。此外，结合修剪还可以去掉病枝、病梢、病芽和僵果等，降低病虫基数。休眠期修剪疏枝可以使杀虫剂、杀菌剂在树冠更好地分布，更有效地发挥防控作用。

但是，修剪所造成的伤口是许多病菌的侵入门户，冬季修剪是果园最常规的管理工序，很多人对于冬剪传病的情况没有认识，以为冬季果树处于休眠期，病菌也在休眠，不会造成病害的传染，实际上这是非常错误的。笔者研究发现，腐烂病菌的分生孢子在冬季也能够释放，病菌在0 ~ 10℃条件下能够萌发，11月至翌年1月通过修剪工具造成的腐烂病传染率远高于2 ~ 3月的传染率。且腐烂病菌在低温刺激下侵染性更强，冬季造成的伤口很难愈合，因此，要尽量避免在寒冬修剪，提倡在早春修剪，这样有利于伤口愈合。修剪的剪口必须要平滑，剪口距主干5cm，有利于伤口出芽和伤口后期的愈合。还要避免在同侧上下或相对位置同时去掉两个大枝，这样伤口很难愈合。修剪过重或不合理会严重削弱树势，在剪锯口部位容易发生腐烂病、干腐病以及日灼或冻害。修剪过程又是腐烂病、轮纹病和病毒病传播的重要途径，剪过病枝的工具要经过酒精或消毒液消毒后才能再修剪健枝，对锯口一定要在当日涂药保护。

四、合理施肥和灌水

施肥和灌水对果树的作用不言而喻，但是真正要做到合理施肥和灌水却是一个非常复杂的问题。我国90%以上的苹果分布在渤海湾、黄河故道和黄土高原产区，这些产区的一个特点是春季干旱，降雨主要集中在夏季，春季有灌溉的地方能够保证果树的健康生长，但是遇到干旱年份，如山东淄博2015年春季干旱，很多果园灌溉跟不上就影响了果树春季的生长。另一个特点是夏秋普遍多雨，果树在夏季需要停长进行花芽分化，遇到过多的水分，果树的秋梢生长过旺，容易造成果园密闭，不利于成花成果，很多果园还有春季大量施肥的习惯，加上夏季较多的水分，果树徒长严重，形成很多枝条，不得不在冬季剪除，既增加了工作量，又降低了肥水的转化效率。

合理的水肥管理，可以调整果树的营养状况，提高抗病能力，起到壮树防病的作用。在施肥上目前特别强调秋施肥，在苹果秋梢停长期，采用上喷下施的方法补充速效肥料或有机肥料，增加树体营养积累，对于压低苹果树腐烂病的春季高峰，有非常明显的效果。对于缺素的果树，有针对性地增施肥料和微量元素，可以抑制缺素症的发展，促使树体恢复正常。

果园的水分状况和灌排制度影响病害的发生和发展。例如苹果白绢病、白纹羽病、紫纹羽病、圆斑根腐病，在果园积水的条件下发生较重，适当控制灌水，及时排除积水，翻耕根围土壤，可以大大减轻其为害。以上病害还可随流水传播，因此特别提倡起垄栽培，不使病原菌随水由病树流到健树树干附近，可以避免其传播。在北方果区，树体进入休眠期前灌水过多，则枝条柔嫩，树体充水，严冬易受冻害，加重枝干病害的发生，应该适当控制灌水量。

合理施肥对果树的生长发育及其抗病性也有很大的作用。偏施氮肥，易造成枝条徒长，组织柔嫩，降低其抗病性。适当增施磷、钾肥和微量元素，多施有机肥，可以改良土壤，促进根系发育，提高抗病性。已有研究表明，树体钾含量高，腐烂病发生率低，实验条件下腐烂病菌在钾含量较高的培养基上生长非常缓慢，也证实了树体钾含量高表现抗病的现象。

在国外通常通过叶片营养诊断来确定肥料的投入，在美国华盛顿苹果产区，由于该地夏季降雨很少，可以通过对滴灌和肥料的调控来控制苹果树的生长节奏，苹果生产人为操控性很强。对我国而言，加强对叶部营养的研究十分重要。在水分管理上，在矮砧密植园有研究人员通过对根的侧切来控制苹果树地上部的长势，但该措施尚处于试验阶段。

五、果园生草

近年来，一些果园开始在园内种植三叶草及其他开花植物，如暂无适合于本地果园的草种，也可以采取自然生草的模式。草在果园生长可以降低夏季地表温度，会在一定程度上减轻炭疽叶枯病这种喜欢高温高湿病害的发生程度。草根系的生长能够改良土壤物理结构，使土壤更加疏松，便于机械在果园内操作，还能起到肥水保持作用。尤其对矮砧密植果园来说，果园生草非常必要。果园生草可为有益生物提供食物和栖息地，增加果园生物多样性。有些益虫需要开花植物以完成其生命周期，在果树行间的空地上种植三叶草和其他开花植物，可使许多益虫（如赤眼蜂）的种群数量增多。如整个季节果园地面都有花朵开放，有益昆虫就有取食、隐蔽、繁殖的场所。如有的果园在行间种植了油菜，春季盛开的油菜花可以给授粉昆虫提供花粉的来源，使得一些授粉昆虫如壁蜂完成其生活史。也有人发现，果园种植向

日葵，绿盲蝽会转到向日葵取食，从而减轻对苹果树的为害。

果园生草过程中每年需要刈割几次，避免草与果树争夺太多的养分，割下来的草要回返果园，可提高果园有机质含量。每次割草可保留一半不割，在园内总有花朵开放，也能给有益昆虫提供很好的栖息场所。

六、适期采收和合理贮藏

苹果采收过早或过晚，贮藏场所温度过高、通风不良等引起的果品生理活动不正常，往往引发苹果虎皮病。很多引起贮藏果实腐烂的病菌是弱寄生菌，必须从伤口侵入。因此，在果品采收、包装、运输过程中造成的伤口往往加重各种霉菌（如青霉）的发生。

为了保证贮藏的安全，必须从各个方面严加注意。例如病果、虫果、伤果不贮藏，贮藏前进行药剂处理，推广气调贮藏，保持适宜的温湿度等，都能减轻贮藏期病害的发生。实践中发现，如果将果箱内的果实放在一个大的塑料袋内，会减少果实的失水，在同等室温条件下能够延长果实的贮藏期。但是，也要注意塑料袋的厚度，过厚会影响苹果的呼吸，导致袋内苹果二氧化碳中毒。

苹果的采收主要根据不同品种的生长天数、果个儿、着色、可溶性固形物含量、硬度、种子成熟度、风味等来确定，且受市场价格的影响很大。国外普遍采用根据果实淀粉含量来确定采摘期，我国目前很少有应用，为了保证果品的质量，根据果实特性确定采摘期将是一个发展方向。

七、选育和利用抗病品种和抗性砧木

选育和利用抗病品种是苹果病害防治的重要途径之一。不同的苹果品种对病害的抗性有很大差异。因此，可以充分利用品种的抗病性，达到预防病害的目的。需要指出的是品种的抗病性是相对的，因为病原的致病性总是处于动态变化中，过去的抗病品种有可能因为病原的变异而表现感病。

苹果重茬病是老果园种植新树所遇到的最大问题。现在我国不少果区都面临老果园更新改造，克服重茬病成为生产上的当务之急。除了施用土壤消毒剂、生物菌剂以外，利用抗性砧木应该是最为便捷和低成本的防病措施。国外已经选育出抗重茬病较强的砧木，如Geneva系列，国内也发现G935、G41对重茬病具有较好的抗性，尚需进一步开展更广泛的试验研究。对于苹果枝干轮纹病，山东、河北已选育出一些抗性较好的材料，有待于进一步扩大应用。

第三节　生物防治

生物防治是利用有益生物及生物代谢产物来控制有害生物的方法，包括传统的天敌、有益菌利用和近年出现的昆虫不育技术、昆虫激素及信息素的利用。

生物防治不污染环境，对人畜及农作物安全，不会引起抗药性，不杀伤天敌及其他有益生物。但是，生物防治也存在着一定的局限性。天敌、寄主、环境之间的相互关系比较复杂，受到多种因素的影响，在利用上涉及的问题较多，如杀虫作用较缓慢，杀虫范围较窄，不容易批量生产，贮存运输限制性强等。

一、天敌昆虫

到目前为止，利用天敌昆虫防治害虫是生物防治中应用最广和最多的方法。效果较好的捕食性天敌昆虫主要有瓢虫、草蛉、食蚜蝇、食虫虻、泥蜂等。寄生性天敌昆虫大多属膜翅目和双翅目，被广泛利用的主要是寄生蜂和寄生蝇，如用周氏啮小蜂防控美国白蛾已实现产业化，在美国白蛾的防控上发挥了非常大的作用。用塔六点蓟马防控果园有害螨类，已在中国农业科学院郑州果树研究所实现小批量生产，在生产中发挥了一定作用。

天敌昆虫的利用途径包括：①保护利用自然天敌昆虫。②天敌昆虫的引进和移殖。③天敌昆虫的繁殖与释放。在国外，经常见到果园树上悬挂一些天敌昆虫的庇护装置，主要用于帮助天敌越冬，如适合蠼螋越冬的花盆，下面放有干草，另外有些果园悬挂瓦楞纸，有利于蜘蛛和一些天敌昆虫越冬。

二、昆虫病原微生物

目前利用病原微生物防治害虫主要有2种途径：一是发挥其持续作用把害虫种群控制在较低水平；二是使用微生物农药在短期内大量杀伤害虫。病原微生物的种类较多，有真菌、细菌、病毒、立克次体、原生动物和线虫等。

（1）细菌。能导致昆虫患病死亡的细菌较多，其中以芽孢杆菌、无芽孢杆菌、球杆菌和链霉菌研究最多。芽孢杆菌能产生芽孢抵抗不良环境，并且在生长发育过程中能形成具有蛋白质毒素的伴孢晶体，对多种昆虫，尤其是鳞翅目昆虫有很强的毒杀作用。因此，国内外的有关研究最多，应用也最为广泛。目前，国内外普遍应用的细菌杀虫剂有苏云金杆菌（*Bacillus thuringiensis*）（Bt）。链霉素是链霉菌的代谢产物，主要用于细菌性病害的防治。在苹果霉心病和斑点落叶病的防治上应用较多的主要是多抗霉素、春雷霉素等，这些抗生素类的药物属于链霉菌产生的代谢产物。

（2）真菌。真菌占昆虫病原微生物种类的60%以上，现已发现500余种。真菌一般通过表皮侵入昆虫体内，由风、雨等传播。昆虫被真菌侵染致病后虫体僵硬，称为硬化病。目前广泛应用的有白僵菌、绿僵菌和蜡蚧轮枝菌等。

（3）病毒。病毒是近年来发展较快的一个病原物类群，对害虫有专一性，且在一定条件下能反复感染。据报道昆虫和螨类病毒有1 000多种，其中以鳞翅目昆虫病毒最多。昆虫病毒通常分为包涵体病毒和非包涵体病毒两大类。根据病毒在寄主细胞中生长发育所处的部位又可以分为核病毒和细胞质病毒两类，其中核型多角体病毒NPV、质型多角体病毒CPV、颗粒体病毒GV应用研究最多。

（4）病原线虫。昆虫病原线虫是有效天敌类群之一，现已发现有3 000种以上的昆虫有线虫寄生，可导致昆虫发育不良、生殖力减退以至滞育和死亡。其中最主要的是斯氏线虫科、异小杆线虫科、索线虫科。目前国际上研究较多的昆虫病原线虫是斯氏线虫与异小杆线虫。这类线虫寄生范围广，对寄主的搜索能力强，特别是对钻蛀性和土栖性害虫防效较好。

（5）其他病原微生物。微孢子虫国外研究较多，在防治蝗虫中已取得很好的效果。能使昆虫致病的立克次体主要是微立克次体属的一些种，寄生双翅目、鞘翅目和鳞翅目的一些害虫种类。杀虫抗生素——阿维菌素已成功用于防治多种害虫和害螨。

三、其他有益动物

节肢动物门蛛形纲中的蜘蛛及蜱螨类中的一些种类对害虫的控制作用已日益受到人们的重视。食虫益鸟如大山雀、杜鹃、啄木鸟等和某些两栖类动物如青蛙和蟾蜍等在捕食害虫方面也有一定的作用。

四、昆虫不育原理及其利用

昆虫不育防治就是利用多种特异性方法破坏昆虫生殖器官的生理功能，使雄性不产生精子，雌性不排卵，或受精卵不能正常发育。将这些不育个体释放到自然种群中去交配造成后代不育，经若干代连续释放后，使害虫的种群数量不断减少，甚至种群灭亡。昆虫不育的方法包括辐射不育、化学不育、遗传不育和杂交不育。

五、昆虫激素的利用

昆虫激素的类别很多，根据激素的分泌及作用过程可分为内激素（又称昆虫生长调节剂）和外激素

（又称昆虫信息素）两大类。在害虫防治工作中应用较多的是保幼激素和性外激素。

（1）保幼激素的应用。昆虫保幼激素多在幼虫末期和蛹期使用，可抑制昆虫的变态或蜕皮，影响昆虫的生殖或滞育，常用的如杀虫剂灭幼脲。

（2）性外激素的应用。性外激素也称为性信息素。目前性外激素在害虫治理中的应用可分为害虫监测和害虫控制两方面。应用性外激素可以预测害虫发生期、发生量及分布为害范围，是一种有效监测特定害虫出现时间和数量的方法。如对桃小食心虫、苹果蠹蛾等已广泛使用性外激素进行预测和防控。

第四节　物理防治

物理防治是利用各种物理因子、人工或器械防治有害生物的方法。包括最简单的人工捕杀、灯光诱杀、物理隔离、热力处理等技术。

一、人工捕杀

人工捕杀是根据害虫的栖息或活动习性，直接用人工或用简单器械进行捕杀。例如对黑绒金龟子的防治，可利用其假死性，在傍晚进行人工捕杀；对桑天牛可用天牛钩杀器进行钩杀。

二、诱杀

诱杀主要是利用害虫的某种趋性或其他特性如潜藏、产卵、越冬等对环境条件的要求，采取适当的方法诱集，然后集中处理，也可结合化学药剂进行诱杀。

（1）趋光性的利用。多数夜间活动的昆虫有趋光性，可用光源进行诱集，如蛾类、金龟子、蝼蛄、叶蝉和飞虱等。

（2）其他趋性和习性的利用。如在秋季将瓦楞纸或碎布条绑于树干上，可以诱集多种昆虫和螨类在此越冬，进而可以在冬季将诱虫带取下将害虫集中消灭。陕西省大面积推广诱虫带防除叶螨类害虫，通过9月在主干捆绑由瓦楞纸制作的诱虫带，11月摘除并销毁的方式，大大减少了生长季使用杀虫、杀螨剂的次数。

三、物理隔离

掌握害虫的活动规律，设置适当的障碍物阻止害虫扩散蔓延或直接消灭的方法。例如果实套袋可阻止食心虫在果实上产卵，也阻断了病菌对果实的侵入途径，使蛀果率和果实轮纹病、炭疽病大幅度减轻；在树干上涂胶或缠胶带，可阻止害虫下树越冬或上树产卵为害。

四、热力处理

热力处理是防治多种病害的有效方法，主要用于带病的种子、苗木、接穗等繁殖材料的热力消毒。

五、其他技术的应用

应用红外线、紫外线、X射线以及激光技术处理害虫，除能造成不育外，还能直接杀死害虫。病斑刮治是防治枝干病害的必要手段。如治疗苹果树腐烂病，可以直接用刀具将病组织刮干净，刮后及时涂药以提高刮治效果。对枝干轮纹病的防治也需要先浅刮病瘤，然后涂抹药剂。

第五节　化学防治

化学防治法是利用化学药剂来防治有害生物。根据作用靶标的不同，化学药剂又分为杀菌剂、杀虫剂、除草剂、杀螨剂、杀鼠剂等。

目前，化学防治在害虫综合防治中仍占有重要地位，是当前国内外广泛应用的一类防治方法。化学防治具有许多优点：①收效快，防治效果显著。②使用方便，受地区及季节性的限制较小。③可以大面积使用，便于机械化操作。④防治范围广，几乎所有病虫害都可利用化学农药来防治。⑤可以大规模工业化生产，品种和剂型多。⑥可远距离运输，且可长期保存。

但化学防治也存在不少缺点：①长期广泛使用易造成病虫抗药性。②应用广谱性化学药剂，在防治病虫害的同时，会杀死天敌和有益菌，易出现一些主要病虫害再猖獗和次要病虫害上升为主要病虫害。③长期广泛大量使用易污染大气、水域、土壤，对人畜健康造成威胁。

第六节　苹果园病虫害防治历

在苹果生产中，果农往往使用日历或物候表来安排防治病虫害的时间。果农很少监测果实和害虫的发展动态，经常是根据防治历每15～20d喷1次药，或依据物候表，根据树的发展阶段喷药。需要指出的是防治历所提供的防治方法有很大的局限性，因为每年的气候差异很大，病虫害发生的严重程度变化也很大，这种以不变应万变的方式容易造成病虫害重发生年防治不足，而轻发生年防治过度，两者都会导致经济损失。因此这里特别强调在参照防治历的基础上，一定要结合病虫害的实际监测和预测结果，经分析后再做出防治决策。

以下整理了幼树和结果树两套防控方案，并以物候期为主线提供防控措施，所列月份参照渤海湾苹果产区，在实际生产中应根据当地物候期进行适当调整。所列农药使用浓度和方法仅供参考，实际使用时一定要按照农药标签的说明进行。

一、幼树期（1～3年）病虫害防控方案

1.定植前准备

（1）苗木准备。育苗地应远离老果园和村庄，应从专门隔离的采穗圃取品种接穗，生长季要根据天气情况喷施杀虫、杀菌剂。主要预防腐烂病、轮纹病、黑星病、根癌病、苹果绵蚜等能在苗木上潜伏的病虫害。起苗时应尽量保持根系带土，减少根系损伤。

（2）苗木运输。苗木运输过程中要全程保持湿润，避免在运输过程中失水。

（3）定植前处理。在苗木定植前，剪除嫁接口上部的枯死桩，用甲基硫菌灵或多菌灵浸泡2h或至少整体喷淋一遍。如果发现个别苗木带有苹果绵蚜，则建议在药剂处理时加入毒死蜱；如带有根癌病则剔除带病苗，对其他同批次苗木用放射土壤杆菌K84菌剂制成的泥浆蘸根，然后进行栽植。

2.定植后幼树的管理

（1）枝干病虫害的预防。为防止新栽苗抽条导致干腐病，以及预防金龟子对幼芽的取食，单干苗定植后立即套塑料袋，待幼叶长出树体成活后将袋去除。为预防腐烂病、干腐病和枝干轮纹病等枝干病害，在幼树定植成活后，要在主干涂轮纹终结者1号或腐轮4号等涂白剂。因幼树枝叶量较小，涂白剂也可以

预防主干发生日灼。

（2）叶部病虫害的防治。建立以波尔多液为核心的药剂防治体系。在6～8月喷施2～3次波尔多液。在两次波尔多液之间喷施1～2次化学杀菌剂和杀虫杀螨剂。杀菌剂可以选择代森锰锌、甲基硫菌灵、多菌灵、多抗霉素、异菌脲、苯醚甲环唑等。杀虫剂可以选择阿维菌素、噻虫啉、吡虫啉、氟啶虫胺腈、烯啶虫胺、高效氯氟氰菊酯、甲氨基阿维菌素苯甲酸盐、螺虫乙酯、哒螨灵、克螨特、乙螨唑等。针对幼树阶段的金龟子为害，可以通过安装杀虫灯（每50亩果园安装1台）、使用糖醋液（需要不断补充更换）等进行诱杀，也可通过地面用药如高效氯氰菊酯进行防控。

二、结果树病虫害防控方案

1.休眠期（2～3月）

（1）防治对象及发生特点

枝干病害（腐烂病、轮纹病、干腐病）：病菌在粗翘皮、皮下干斑、伤口等死组织上存活。

尺蠖：2月下旬至3月上旬成虫羽化，雌虫上树产卵。

草履蚧：2月下旬至3月上旬卵孵化，若虫上树为害。

（2）防治方法

喷施铲除性药剂：喷施3～5波美度石硫合剂或3%矿物油，可防治叶螨的卵和介壳虫等。

历年白粉病发生的果园，剪掉得病枝条，然后用25%苯醚甲环唑微乳剂5 000倍液喷雾。

刮除病斑：腐烂病病斑要刮治，刮除病组织后，可在伤口涂抹3.315%甲硫萘乙酸涂抹剂、2.12%腐殖酸铜水剂或45%代森胺水剂50～100倍液灭菌。

小叶病发生严重的果园，可喷施硫酸锌20倍液（注意剪枝后3周以内不要喷施硫酸锌，否则会导致伤口坏死）。修剪可以在喷施硫酸锌2d后进行。

对以往发生黑星病的果园，从萌芽开始监测黑星病病斑。

2.发芽—开花期（4～5月）

（1）防治对象及发生特点

花芽露红期：苹果绵蚜越冬若虫开始出蛰；瘤蚜和黄蚜越冬卵孵化；山楂叶螨和苹果全爪螨开始孵化或产卵为害。

白粉病、锈病、个别地区黑星病开始发生初侵染。

霉心病：病菌在花期通过萼筒至心室间的开口侵入果心。

（2）防治方法

花芽露红期：对苹果绵蚜、瘤蚜发生严重的果园，可用22.4%螺虫乙酯悬浮剂2 000倍液、5%啶虫脒可湿性粉剂2 000～2 500倍液喷雾。

对树体喷施45%代森胺水剂300倍液或25%丙环唑乳油2 000倍液可预防腐烂病对枝干的侵染。

防治霉心病，开花30%、落花80%时各喷1次80%代森锰锌可湿性粉剂600～800倍液、25%苯醚甲环唑微乳剂6 000倍液或3%多抗霉素可湿性粉剂800倍液。

在开花期避免使用对蜜蜂具有毒性的药剂。

根据天气条件和果园是否出现黑星病病叶确定是否喷施黑星病防控药剂。

3.落花后—套袋前（5月至6月上旬）

（1）防治对象及发生特点

炭疽病：病菌在病果、僵果、果台枝上越冬，主要造成烂果，在果面上形成近圆形病斑，病斑上有排成轮纹状的小黑点。在潮湿情况下，小黑点上冒出粉红色黏液。

果实轮纹病：病菌主要在枝干的死组织上存活。病菌不仅侵染枝干，还为害果实。主要在果面形成深浅交错的轮纹状病斑。雨水多的年份发病较重。

褐斑病：主要为害叶片，在叶片上形成褐色病斑，导致早期落叶。病菌主要在落叶中越冬。

斑点落叶病：一年有两个发病期：一是春梢期，二是秋梢期。病菌在落叶、枝干上越冬。在叶片上的发生特点是形成红褐色的圆形病斑，病斑周围有黄色晕圈。

叶螨类：山楂叶螨以受精雌成螨在粗翘皮下越冬。苹果落花后7～10d为山楂叶螨产卵盛期，此时用药剂杀死螨卵防效优异。6月上旬二斑叶螨上树为害。

食心虫：桃小食心虫以幼虫在树基土层中越冬。6月上旬遇雨后出土活动后再入土化蛹，此时地面施药，杀死出土幼虫，为全年防治的第一关键期。

苹小卷叶蛾：以初孵幼虫在剪口、锯口、树皮缝隙处做白色薄茧越冬。幼虫为害叶片，吐丝缀合，常造成2～3片叶粘连，掰开有白色丝状物。

蚜虫：成、若蚜均刺吸汁液为害，此时，蚜虫世代重叠严重，主要以苹果绵蚜为主，常在新梢上分泌棉絮状物，拨开其分泌物会看到红色蚜虫。

绿盲蝽：以成、若虫刺吸幼叶、幼果，常造成叶片皱缩、穿孔及幼果果顶形成凹陷的青疔状。

朝鲜球坚蚧：以二龄若虫在枝干上越冬，3月中下旬越冬若虫开始活动，4月中下旬成虫羽化交尾，5月中下旬为产卵盛期。

（2）防治方法

针对5、6月的发病情况，可用80%代森锰锌可湿性粉剂600～800倍液、25%苯醚甲环唑微乳剂6 000～8 000倍液喷雾，主要防治轮纹病、炭疽病、褐斑病、斑点落叶病。

5月上旬至6月上旬为叶螨类的发生盛期，5月上旬主杀螨卵，可用50%四螨嗪悬浮剂5 000倍液，后期可用6%阿维菌素·噻螨酮可溶性液剂2 000倍液喷雾，成、若螨及螨卵都可防治。

此时期对于鳞翅目害虫（食心虫类、卷叶蛾类）用35%氯虫苯甲酰胺水剂20 000倍液或25%灭幼脲悬浮剂1 200倍液，也兼治蚜虫和盲蝽。

防治朝鲜球坚蚧的两个关键时期分别是3月上旬和5月中下旬。

根据对苹果蠹蛾和黑星病发生动态的监测结果确定是否喷药。黑星病的初侵染一般在5～6月结束。

4.果实膨大期—采收前（6月中旬至10月）

（1）防治对象及发生特点

叶部病害：褐斑病、斑点落叶病、黑星病等。

虫害：卷叶蛾、螨类、苹果绵蚜、苹果蠹蛾。

（2）防治方法

杀菌剂可选用多抗霉素、异菌脲、噻霉酮、吡唑醚菌酯、戊唑醇、波尔多液、代森锰锌、氟唑菌酰羟胺等。杀虫剂可选用氯虫苯甲酰胺、菊酯类、甲氨基阿维菌素苯甲酸盐、茚虫威、噻虫啉、吡虫啉、氟啶虫胺腈、烯啶虫胺、螺虫乙酯、哒螨灵、克螨特、乙螨唑等。根据具体病虫害发生情况选择药剂，每隔15～20d喷药1次。

捕捉天牛成虫，挑杀产卵痕上的虫卵和小幼虫。

刮除腐烂病斑，涂抹甲硫萘乙酸涂抹剂或菌清膏剂。

收获以前用药一定要注意安全间隔期。

（3）其他措施

秋施肥（9月至10月上旬）：增施农家腐熟有机肥。

主干涂刷轮纹终结者或腐轮4号等涂干剂，预防冻害及来年枝干轮纹病。

5.采收后—休眠期（11月至翌年2月）

清园：清除果园内的病枝、僵果、落叶，集中处理。可喷45%代森胺水剂200～400倍液或1.5%噻霉酮水剂600～800倍液。对黑星病发生严重的果园，在落叶20%～50%时，树上树下均匀喷施5%尿素溶液，有助于落叶在土壤中腐解。

修剪防病：对剪锯口要进行涂药保护，对修剪工具要用消毒液或酒精消毒，以防病菌的相互传染。

农业部2007年建立了国家苹果产业技术体系，形成了一支聚焦苹果产业的专家队伍，为我国苹果产业的健康发展起到引领和保驾护航的作用。病虫害防控研究室成员通过日积月累的工作，收集到很多平时难以见到的苹果病虫害第一手资料。"体系"这个平台，使我们也了解了一些苹果品种、栽培技术和肥水管理等方面的知识，这些都是做好苹果植保工作的前提。在此要特别感谢国家苹果产业技术体系的岗位专家、试验站站长及团队成员给我们提供的各种信息、资料和帮助。

近年来，作者团队得到农业农村部公益性行业（农业）科研专项"果树腐烂病防控技术研究与示范"、国家重点研发计划项目"苹果化肥农药减施增效技术集成研究与示范"、河北省现代农业产业技术体系苹果创新团队、云南昭通曹克强专家工作站及木美土里公司的资金支持，在此表示感谢。感谢束怀瑞院士、康振生院士及马占鸿教授对本书的推荐，感谢中国农业出版社将本书列为重点图书项目。

随着苹果产业的提质增效和转型升级，新的病虫害问题还会不断出现，我们将一如既往努力工作，进一步探明苹果病虫害发生规律，研发更加实用有效的防控技术，为苹果产业的健康发展保驾护航。

本书编委会

2024年8月28日

图书在版编目（CIP）数据

中国苹果病虫害图鉴 / 曹克强, 王勤英, 王树桐主编. -- 北京 : 中国农业出版社, 2025.3. -- ISBN 978-7-109-32538-8

Ⅰ. S436.611-64

中国国家版本馆CIP数据核字第2024R0S449号

ZHONGGUO PINGGUO BINGCHONGHAI TUJIAN

中国农业出版社出版

地址：北京市朝阳区麦子店街18号楼

邮编：100125

责任编辑：阎莎莎

版式设计：王　晨　　责任校对：吴丽婷　　责任印制：王　宏

印刷：北京中科印刷有限公司

版次：2025年3月第1版

印次：2025年3月北京第1次印刷

发行：新华书店北京发行所

开本：880mm×1230mm　1/16

印张：21.75

字数：712千字

定价：258.00元